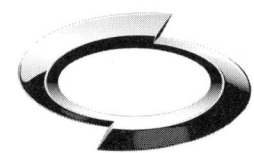

QM3

바디 리페어 매뉴얼
(MR470)

2013.12

머리말

르노삼성자동차를 사랑해 주시는 여러분께 감사드립니다.

본 리페어 매뉴얼은 르노삼성자동차 QM3 차량에 대한 정비 지침서입니다. 본 정비 지침서에는 차량의 제원, 부품의 탈거 및 장착방법이 수록되어 있어 정비 작업 시 빠르고 정확하게 작업을 할 수 있도록 도와줍니다. 필요시 본 정비 지침서와 더불어 아래의 관련자료를 활용하여 주십시오. 또한 정비 시 반드시 부품 카탈로그를 참고하여 부품설정 등의 내용을 확인하시기 바랍니다.

본 매뉴얼은 2013년 12월을 기준으로 제작 및 발간되었습니다. 발간 이후, 르노삼성자동차의 지속적인 품질향상 정책에 따른 설계변경에 관한 정보는 르노삼성자동차 정비 포털 사이트에서 확인하실 수 있습니다.

끝으로 르노삼성자동차의 신차인 QM3 차량에 대한 성원과 사랑 부탁드립니다.

2013 년 12 월
르노삼성자동차주식회사
서비스 & 부품 엔지니어링팀

★ 관련자료

1. 리페어 매뉴얼 (MR469)
2. 바디 리페어 매뉴얼 (MR470)
3. 오버홀 매뉴얼 [K9K 엔진 (TN6006A)]

★ 르노삼성자동차 리페어 매뉴얼의 구입은 도서출판 골든벨 (전화 : 02-713-7452) 로 문의 하시기 바랍니다.

르노삼성자동차를 선택하는 또 하나의 이유 !

매뉴얼 구성

※MR469/470은 르노삼성자동차와 다르게 르노가 공통으로 관리하는 문서 번호임.

매뉴얼명	Chapter 명	Sub-chapter 명 및 번호
리페어 매뉴얼 (MR469)	0. 일반 정보	01A 차량의 기계적 사양
		01D 기계적인 소개
		04B 소모품 - 제품
	1. 엔진	10A 엔진 및 실린더 블록 어셈블리
		11A 엔진 탑 및 프론트
		12A 연료 혼합기
		12B 터보차저
		13A 연료 공급
		13B 디젤 분사
		13C 예열
		14A 공해 방지
		16A 시동 - 충전
		19A 냉각
		19B 배기 시스템
		19C 탱크
		19D 엔진 마운팅
	2. 변속기	20A 클러치
		23A 자동변속기
		29A 드라이브샤프트
	3. 샤시	30A 일반 정보
		31A 프론트 액슬 어셈블리
		33A 리어 액슬 어셈블리
		35B 타이어 프레셔 모니터링 시스템
		36A 스티어링 기어 어셈블리
		37A 샤시 컨트롤 장치
		37B 전자제어 파킹 브레이크
		38C ABS
	6. 에어컨	61A 히팅 시스템
		62A 에어 컨디셔닝 시스템

매뉴얼 구성

매뉴얼명	Chapter 명	Sub-chapter 명 및 번호
리페어 매뉴얼 (MR469)	8. 전장	80A 배터리
		80B 프론트 라이팅 시스템
		81A 리어 라이팅 시스템
		81B 실내 라이팅
		81C 퓨즈
		82A 이모빌라이저 시스템
		83A 컴비네이션 미터
		83C 내비게이션 시스템
		83D 크루즈 컨트롤
		84A 스위치 장치
		85A 와이퍼 및 워셔
		86A 라디오
		87B 바디 컨트롤 시스템
		87F 파킹 에이드 시스템
		87G IPDM
		88A 컴퓨터 장치
		88C 에어백 및 프리텐셔너
		88D 시가잭

매뉴얼 구성

매뉴얼명	Chapter 명	Sub-chapter 명 및 번호
바디 리페어 매뉴얼 (MR470)	0. 일반 정보	01C 바디 제원
		02A 리프팅
	4. 판금 작업	40A 일반 사항
		41A 프론트 로어 스트럭쳐
		41B 센터 로어 스트럭쳐
		41C 사이드 로어 스트럭쳐
		41D 리어 로어 스트럭쳐
		42A 프론트 어퍼 스트럭쳐
		43A 사이드 어퍼 스트럭쳐
		44A 리어 어퍼 스트럭쳐
		45A 바디 어퍼 스트럭쳐
		47A 사이드 도어 패널
		48A 사이드 도어 이외 패널
	5. 메커니즘과 액세서리	51A 사이드 도어 메커니즘
		52A 사이드 도어 이외 메커니즘
		54A 윈도우
		55A 외장 보호 트림
		56A 외장 장착 부품
		57A 내장 장착 부품
	7. 내·외장 트림	71A 인테리어 트림
		72A 사이드 도어 트림
		73A 사이드 도어 이외 트림
		75A 프론트 시트 프레임과 러너
		76A 리어 시트 프레임과 러너

매뉴얼 구성

매뉴얼명	Chapter 명	Sub-chapter 명 및 번호
바디 리페어 매뉴얼 (MR470)	첨부판 (판금 작업 데이터)	1 재질 변환표 및 고장력 강판 (HSS) 작업 방법 : 일반 설명
		2 바디 얼라인먼트 : 일반 설명
		4 바디 실링 : 설명

매뉴얼명	Chapter 명	Sub-chapter 명 및 번호
오버홀 매뉴얼	K9K 엔진 오버홀 (TN6006A)	10A 엔진 및 실린더 블록 어셈블리

사양 구분

카테고리	적용 사양
차종	QM3
엔진 / 변속기	K9K
	DC4
파킹 에이드 시스템	파킹 에이드 센서 적용
	파킹 에이드 센서 미적용
에어컨	수동 에어컨
	자동 에어컨
	자동 에어컨 / 3 존 에어컨
이오나이저	이오나이저 적용
	이오나이저 미적용
와이퍼 시스템	레인 센싱 와이퍼 적용
	레인 센싱 와이퍼 미적용
브레이크	ESP 적용
	ESP 미적용
TPMS	타이어 프레셔 모니터링 시스템 적용
	타이어 프레셔 모니터링 시스템 미적용
파킹 브레이크	전자제어 파킹 브레이크 적용
	전자제어 파킹 브레이크 미적용
AV 시스템	네비게이션 적용
히팅 시트	히팅 시트 적용
	히팅 시트 미적용
조정식 시트	전동 시트 적용
	전동 시트 미적용
선루프	선루프 미적용
	선루프 적용
스마트 키	스마트 키 적용
	스마트 키 미적용
트림 레벨	EA 1
	EA 2
	EA 3
	EA 4
에어백	프론트 사이드 에어백 / 사이드 커튼 에어백 적용

참조 사용 방법

참조 사용 방법

1. 다른 매뉴얼로 참조시
   - 작업내용 (매뉴얼명, Sub-chapter 번호, Sub-chapter 명, 작업명 참조)
2. 같은 매뉴얼, 다른 Sub-chapter로 참조시
   - 작업내용 (Sub-chapter 번호, Sub-chapter 명, 작업명 참조)
3. 같은 매뉴얼, 같은 Sub-chapter로 참조시 (리페어/바디 매뉴얼)
   - 작업내용 (Sub-chapter 번호, Sub-chapter 명, 작업명 참조)

사용 예)
- 리어 범퍼를 탈거한다 (MR 437 바디 리페어 매뉴얼, 55A, 외장 보호 트림, 리어 범퍼 : 탈거 - 장착 참조).

| 작업 내용 | 매뉴얼명 | Sub-chapter 번호 | Sub-chapter 명 | 작업명 |

사양 구분 및 참조 사용 예

엔진 및 실린더 블록 어셈블리
엔진 및 변속기 어셈블리 : 탈거 – 장착

10A

L43/M4R ← ㉮

탈거

I – 탈거 준비 작업

> **경고**
> 작업 중 차량이 균형을 잃지 않도록 스트랩을 사용하여 차량을 리프트에 고정한다.

㉯

- 차량을 2 주식 리프트에 위치시킨다 (02A, 리프팅, 차량 : 견인 및 리프팅 참조).

M4RK

- IPDM 커버를 탈거한다 (87G, IPDM E/R, IPDM: 탈거 – 장착 참조).

㉰

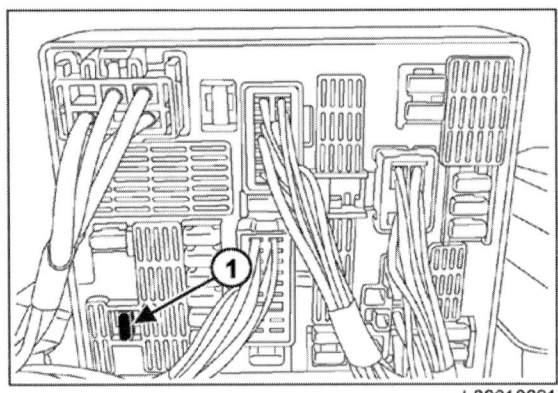

- 연료 펌프의 퓨즈 (1) (F13) (15A) 를 탈거한다 .
- 엔진을 시동하여 연료 라인에서 연료 압력을 해제한다 .

> **참고 :**
> – 엔진 정지 후에도 잔여 연료 압력을 해제하기 위해 2~3 회 시동을 반복한다 .

M4RN

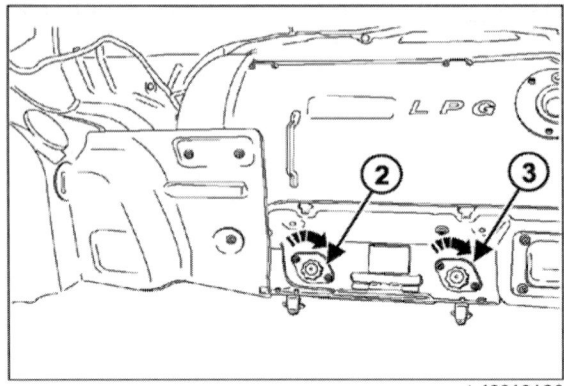

- 엔진이 작동 중일 때 인렛 핸들 (2) 과 아웃렛 핸들 (3) 을 닫는다 .
- LPG 탱크와 엔진 사이의 파이프에 있는 LPG 를 모두 사용한다 .

> **참고 :**
> LPG 스위치만 제어하는 경우 , 다량의 LPG 가 누출될 수 있다 . LPG 파이프에 있는 LPG 를 모두 사용해야 한다 .

- 밸브 케이스를 닫는다 .
- 엔진을 끈 후 이그니션 스위치를 OFF 시킨다 .
- 배터리 단자를 분리한다 (80A, 배터리 , 배터리 : 탈거 – 장착 참조).

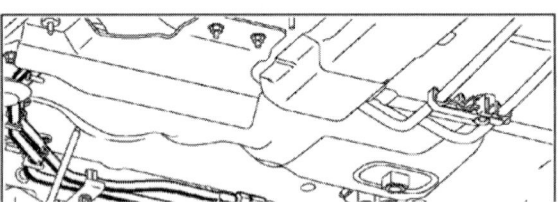

㉮ 작업 전체에 적용되는 사양을 표시.
㉯ 작업 일부분에 적용되는 사양을 표시.
㉰ 참조 사용 예.

르노삼성자동차

| 0 | 일반 정보 |

| 4 | 판금 작업 |

| 5 | 메커니즘과 액세서리 |

| 7 | 내·외장 트림 |

| | 첨부판 (판금 작업 데이터) |

르노삼성자동차

0 일반 정보

01C 바디 제원

02A 리프팅

J87

2013. 12

본 리페어 매뉴얼은 2013년 12월의 양산 차량을 기준으로 작성하였으며, 향후 차량의 설계 변경에 따라 실차와 다른 내용이 있을 수 있으므로, 양해를 구합니다.

주 : 설계 변경에 대한 정보는 www.rsmservice.com 을 참조하여 주시기 바랍니다.

이 문서의 모든 권리는 르노삼성자동차에 있습니다.

ⓒ 르노삼성자동차(주), 2013

J87-Section 0

목차

페이지

01C	바디 제원

    차량 틈새 : 조정 값   01C-1

02A	리프팅

    차량 : 견인 및 리프팅   02A-1

바디 제원
차량 틈새 : 조정 값

01C

J87

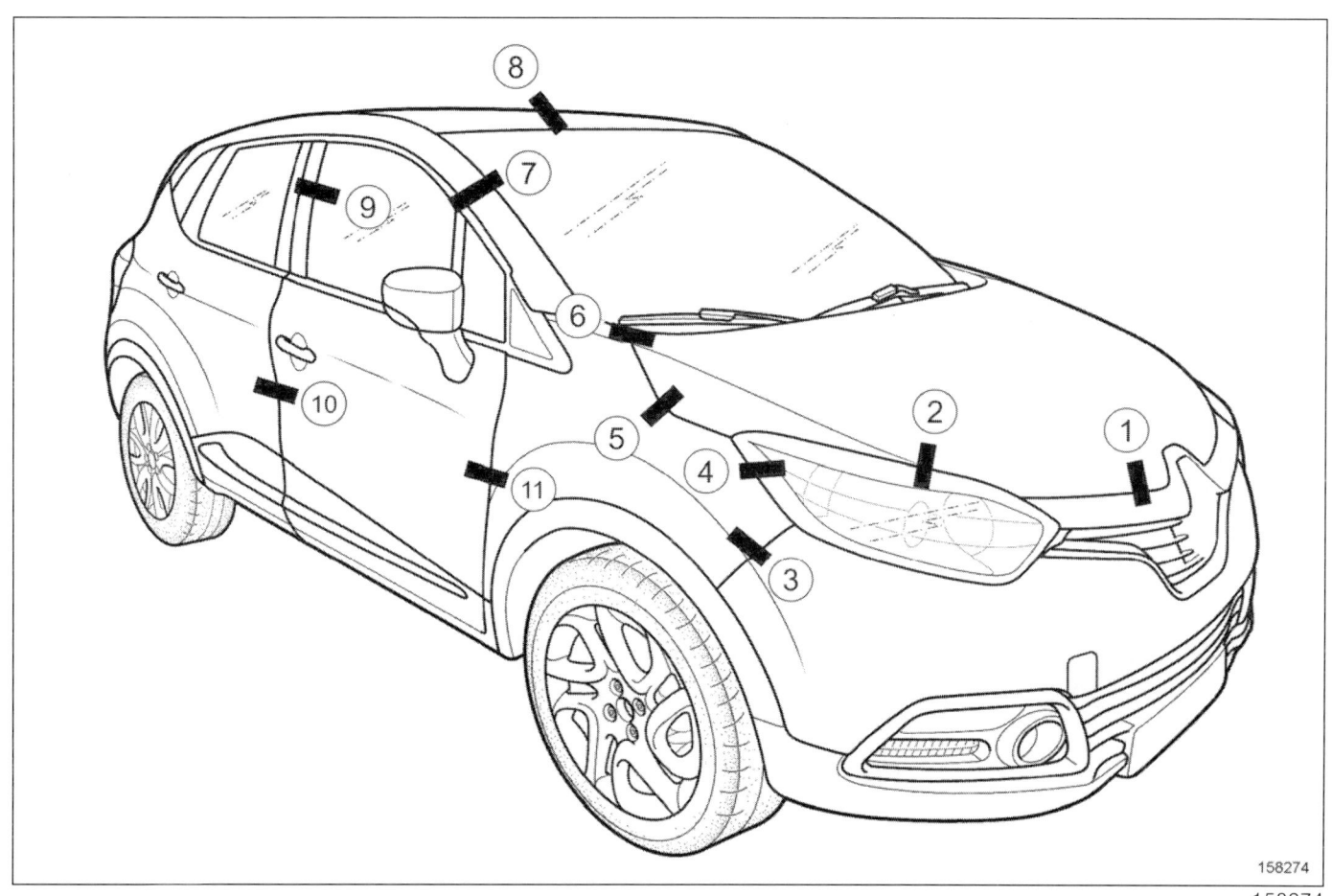

번호	위치	틈새 (mm)
(1)	어퍼 트림 – 후드	6 ± 2.5
(2)	후드 – 헤드램프	3.7 ± 1.7
(3)	프론트 범퍼 – 프론트 펜더	0 ± 0.6
(4)	헤드램프 – 프론트 펜더	1.5 ± 1.5
(5)	프론트 펜더 – 후드	3.7 ± 1.5
(6)	프론트 펜더 – 후드	4.2 ± 1.5
(7)	윈드실드 – 프론트 필러	4 ± 2
(8)	윈드실드 – 루프 패널	3 ± 1.5
(9)	프론트 사이드 도어 – 리어 사이드 도어	4.6 ± 1.6
(10)	프론트 사이드 도어 – 리어 사이드 도어	4 ± 1.2
(11)	프론트 도어 – 프론트 펜더	4.2 ± 1.3

바디 제원
차량 틈새 : 조정 값

01C

J87

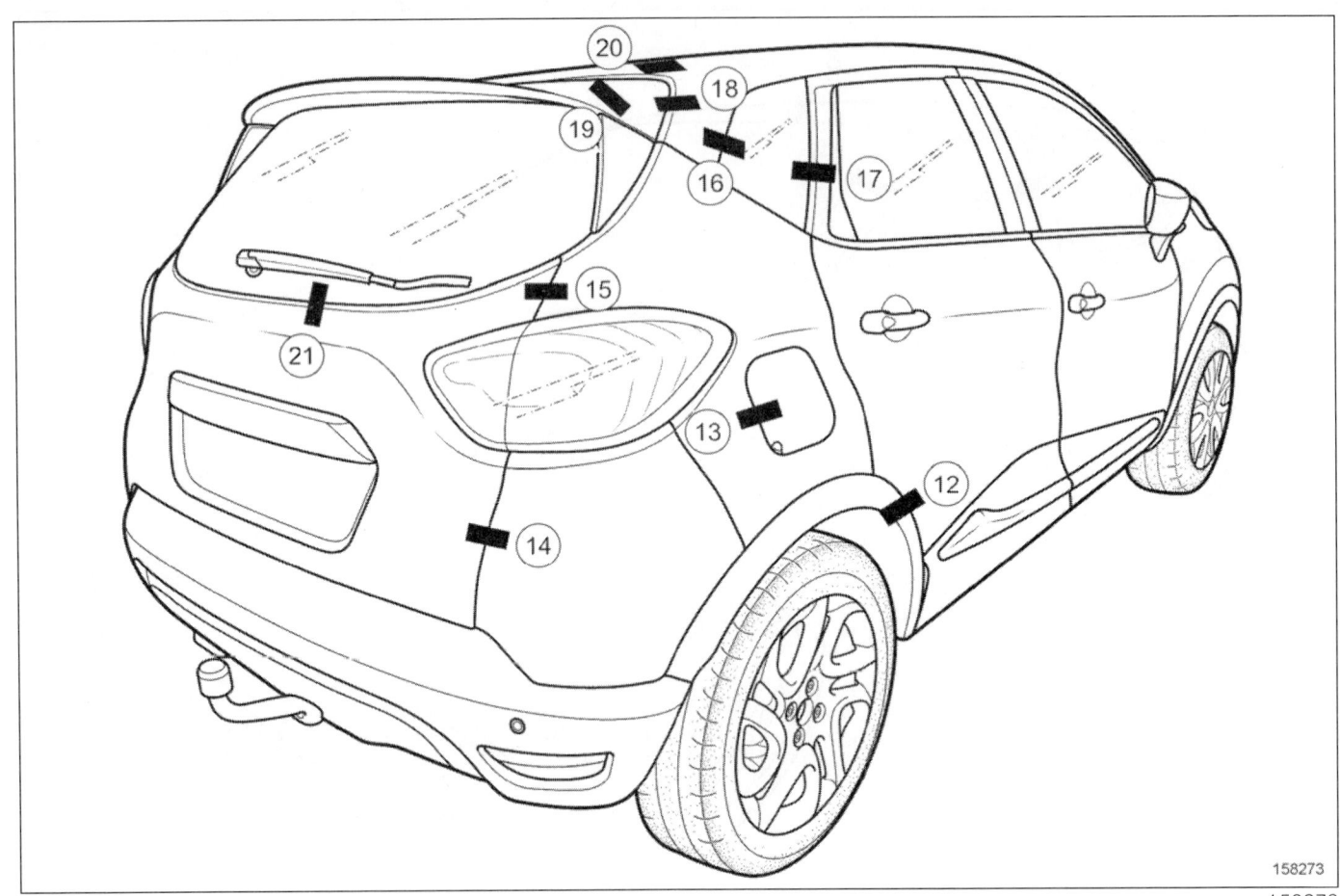

번호	위치	틈새 (mm)
(12)	리어 펜더 익스텐더 - 리어 사이드 도어	4.5 ± 1.6
(13)	연료 주입구 플랩 - 바디 사이드	2.5 ± 1
(14)	트렁크 리드 - 리어 범퍼	4 ± 2
(15)	바디 사이드 - 트렁크 리드	4 ± 1.9
(16)	리어 쿼터 패널 윈도우 - 바디 사이드	3 ± 0.8
(17)	리어 사이드 도어 - 리어 쿼터 패널 윈도우	6.5 ± 2.1
(18)	리어 스포일러 - 바디 사이드	4 ± 2
(19)	리어 스포일러 - 디플렉터	1
(20)	루프 - 리어 스포일러	6 ± 1.9
(21)	리어 글라스 - 트렁크 리드	3 ± 1.2

리프팅
차량 : 견인 및 리프팅

02A

J87

필요 장비
안전 스트랩

I - 견인

> **주의**
>
> 드라이브샤프트를 연결 포인트로 사용해서는 안 된다.
>
> 견인 포인트는 도로에서 견인 시에만 사용해야 한다.
>
> 직접 또는 간접적으로 배수로에 빠진 차량을 꺼내거나 들어 올리기 위해 견인 포인트를 사용해서는 안 된다.
>
> 견인하기 전에 견인 링을 조여 고정시킨다.
>
> 자동변속기 장착 차량 :
>
> - 차량은 플랫폼 위에 놓고 운송하거나 프론트 휠을 들어올려 견인하는 것이 좋다. 예외적으로 차량의 휠이 지면에 닿은 채 견인할 수 있지만 기어 레버 중립 상태에서 최대 거리 **30 km** 내에서 20 km/h 미만 속도로 견인해야 한다.
>
> 스마트카드 장착 차량 :
>
> - 차량 배터리가 방전되면 스티어링 칼럼이 잠긴 상태로 유지된다. 이런 경우에는 신품 배터리를 장착하거나 전기 공급장치에 연결하고 진단 장비를 사용하여 에어백 컨트롤 유닛을 잠그면 스티어링 칼럼이 잠금 해제된다 (MR 469 리페어 매뉴얼, 88C, 에어백 및 프리텐셔너, 에어백 및 프리텐셔너 : 사전 주의사항 참조),
>
> - 에어백 컨트롤 유닛을 잠그는 것이 불가능한 경우, 차량 앞쪽을 들어 올려야 한다.

1 - 프론트 연결 포인트 위치

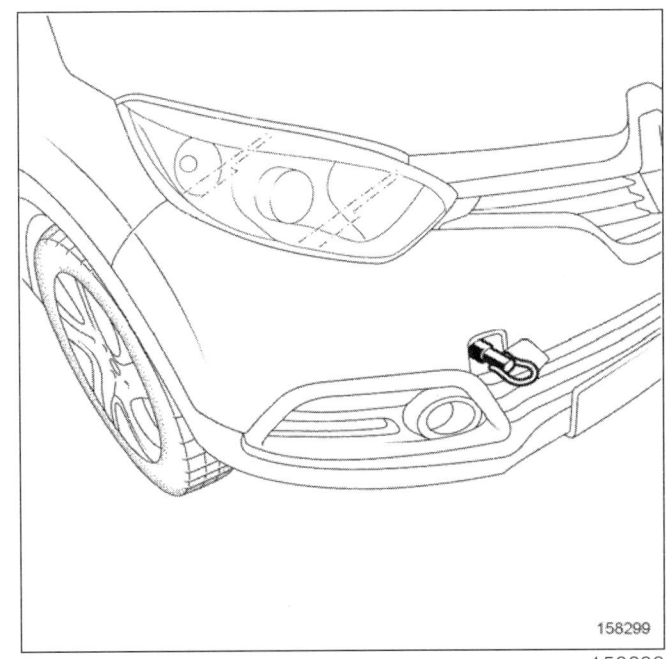

2 - 리어 연결 포인트 위치

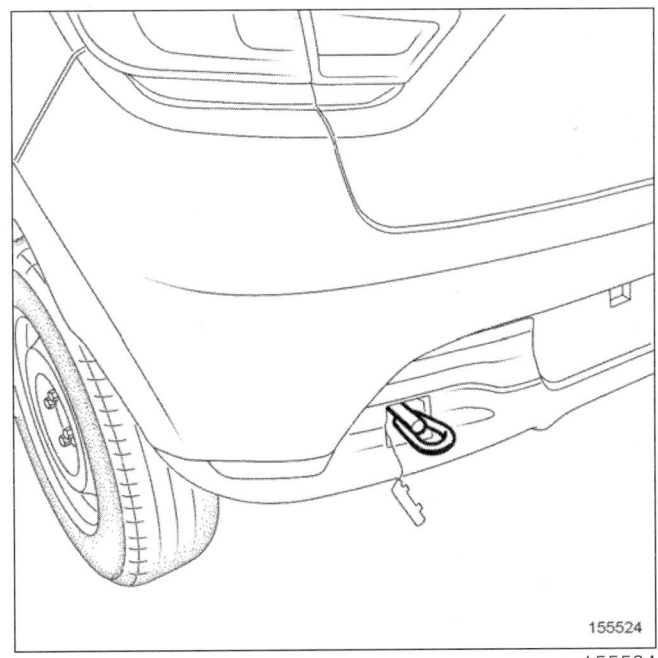

트렁크의 스페어 휠 안에 있는 차량 공구 키트에 들어 있는 견인 고리를 끝까지 돌려서 끼운다.

리프팅
차량 : 견인 및 리프팅

J87

II - 개러지 잭을 사용한 리프팅

경고

사고 방지를 위해 개러지 잭은 차량을 들어 올리거나 이동시킬 용도로만 사용해야 한다. 차량 무게를 충분히 지지하는 안전 스탠드를 사용하여 차량 높이를 유지해야 한다.

주의

차량의 손상을 피하기 위해, 차량에 직접 접촉되지 않도록 고무 패드가 장착된 장비를 사용한다.

액슬 어셈블리의 손상을 피하기 위해, 프론트 서스펜션 암 또는 리어 액슬 아래를 이용하여 차량을 들어 올리지 않는다.

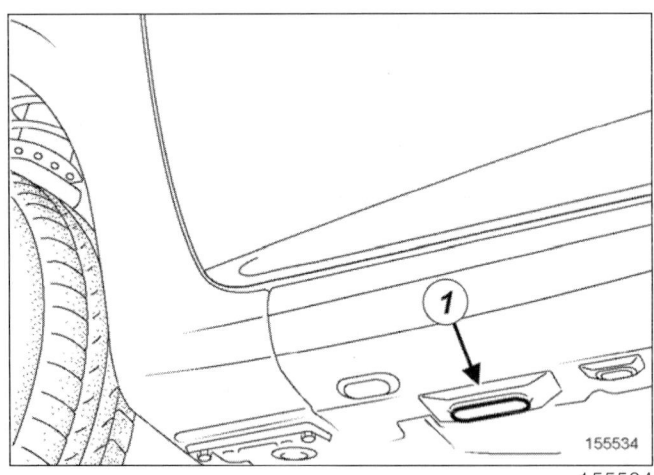

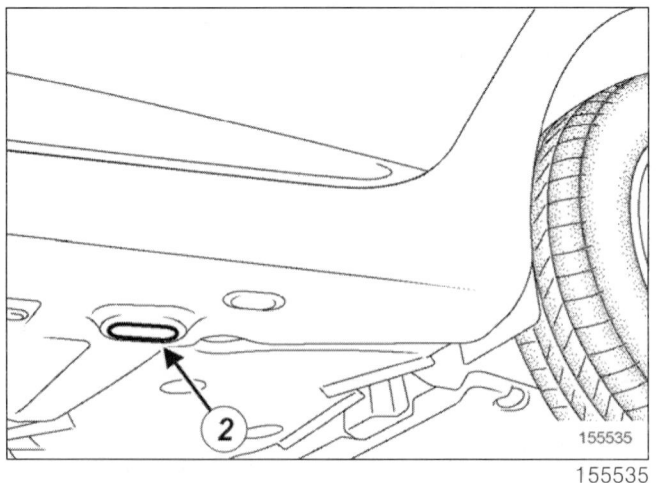

안전 스탠드에 차량을 마운팅하려면 한쪽에서 전체 차량을 들어 올려야 하고, (1) 또는 (2) 에서 잭킹 포인트로 사용되는 바디 리인포스먼트 아래에 안전 스탠드를 위치시켜야 한다.

III - 리프트를 사용한 리프팅

1 - 안전 관련 권장 사항

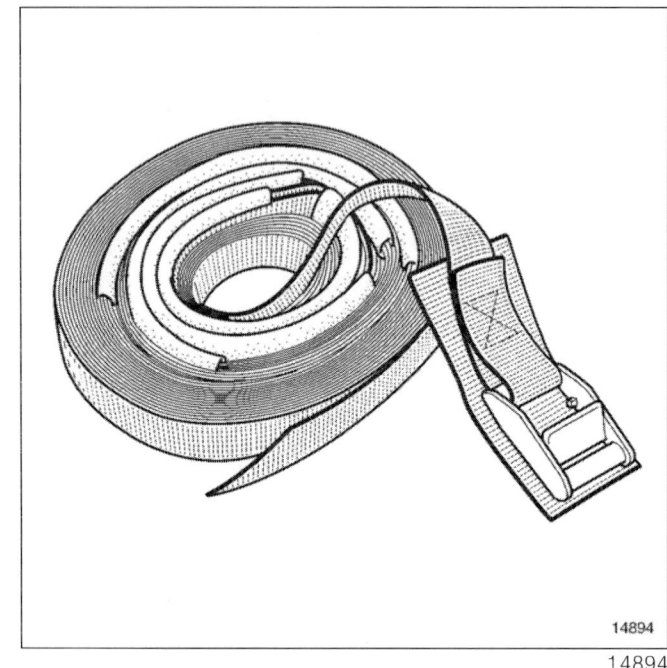

안전 관련 권장 사항 :

차량에서 무거운 구성부품을 탈거해야 하는 경우 4 주식 리프트를 사용하는 것이 바람직하다.

2 주식 리프트의 경우 특정 구성부품을 탈거할 때 차량이 기울어질 위험이 있다 (예 : 엔진 및 변속기 어셈블리, 리어 액슬, 변속기). 그러므로 이 경우에는 안전 스트랩을 장착하여 차량을 고정시켜야 한다.

리프팅
차량 : 견인 및 리프팅

02A

J87

2 - 스트랩 장착

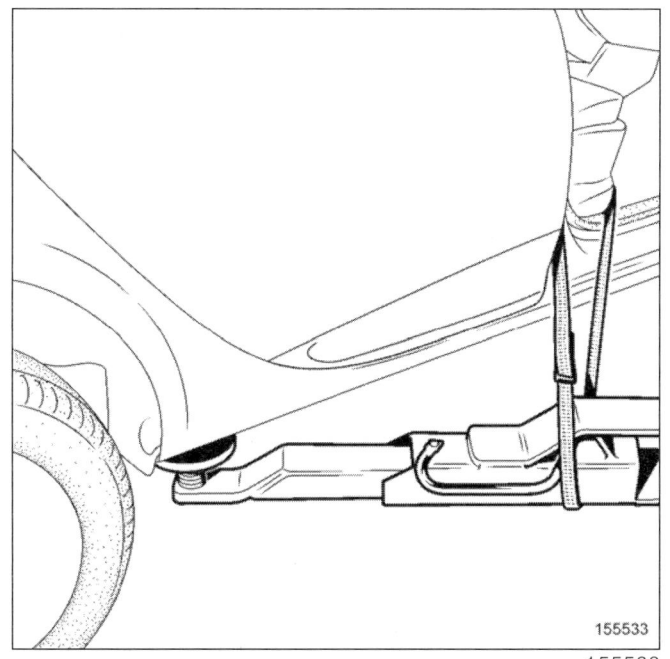

다음 위치에 스트랩을 장착한다 :

안전을 위해 스트랩은 항상 완벽한 상태를 유지해야 한다. 마모 흔적이 보이면 즉시 교환한다.

스트랩을 장착하는 경우 차량의 시트 및 손상되기 쉬운 부품이 제대로 보호되고 있는지 점검한다.

a - 앞쪽이 무거운 경우

리어 우측 암 밑으로 안전 스트랩을 통과시킨다.

차량 내부에 스트랩을 통과시킨다.

리프트의 리어 좌측 암 아래로 스트랩을 통과시킨다.

차량 내부에 안전 스트랩을 다시 통과시킨다.

스트랩을 조인다.

b - 뒤쪽이 무거운 경우

프론트 우측 암 밑으로 안전 스트랩을 통과시킨다.

차량 내부에 스트랩을 통과시킨다.

리프트의 프론트 좌측 암 아래로 스트랩을 통과시킨다.

차량 내부에 안전 스트랩을 다시 통과시킨다.

스트랩을 조인다.

3 - 허용되는 리프팅 포인트

차량을 들어 올리려면 프론트 펜더의 끝 부분이나 사이드 실 패널의 하부가 손상되지 않도록 주의하면서 아래에 설명된대로 리프팅 암 패드를 위치시킨다.

경고

지시된 잭 포인트를 사용하는 경우에만 차량을 안전하게 들어 올릴 수 있다.

설명된 포인트 이외의 포인트를 사용하여 차량을 들어 올리지 않는다.

프론트 리프팅 포인트

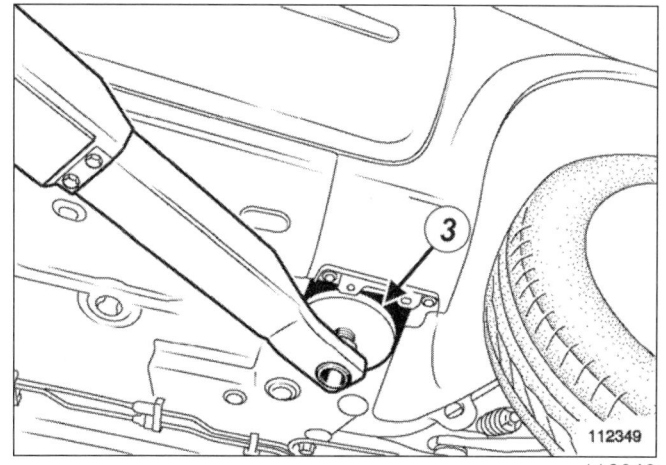

리프팅 암을 사이드 크로스 멤버 (3) 에 위치시킨다.

리어 리프팅 포인트

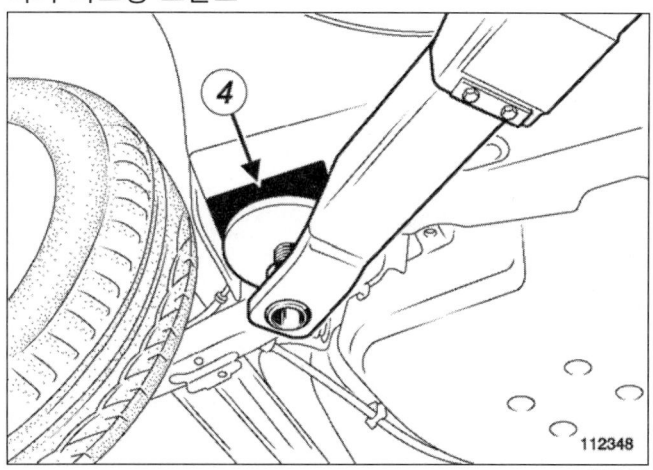

리프팅 암을 실 패널 바디 플랜지 엔드 (4) 에 위치시킨다.

참고 :

바디 지그 벤치에서 차체 재조립을 위해 언더바디 서포트를 사용하는 경우와 같이 이러한 배치가 가능하지 않은 경우 다음 절차를 따른다 :

리프팅
차량 : 견인 및 리프팅

02A

J87

IV - 크로스 멤버 탈거

프론트 사이드 크로스 멤버 탈거 :

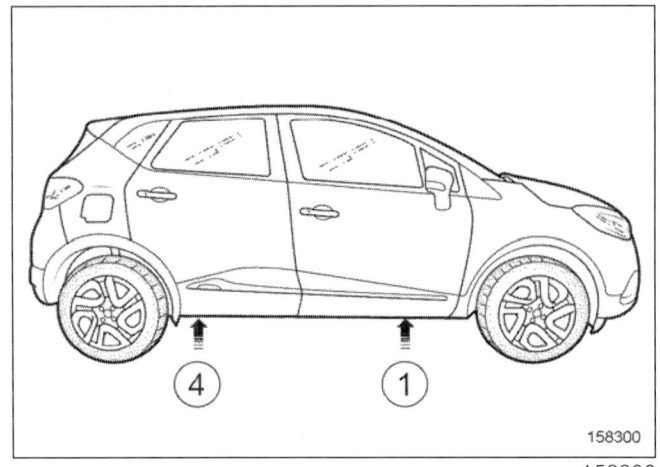

프론트 (1) 의 잭킹 포인트와 리어 (4) 의 실 패널 바디 플랜지 아래에서 차량을 지지한다 .

세부도

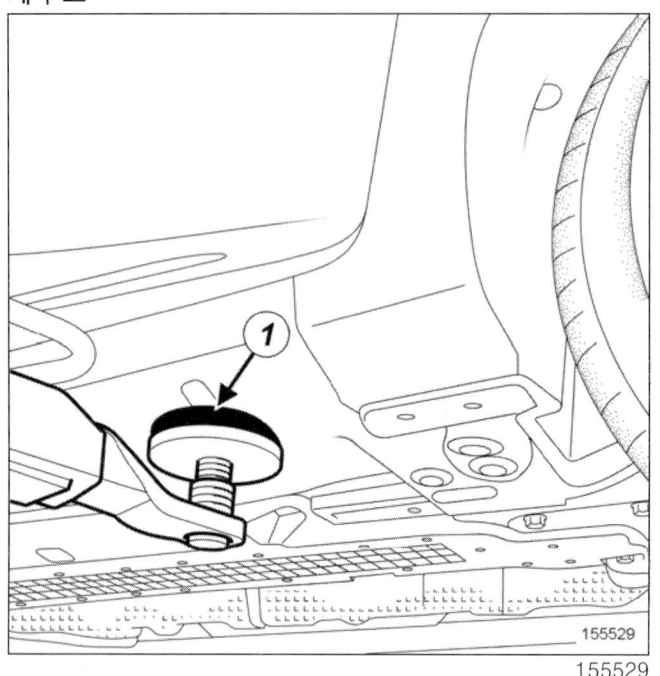

경고

이 경우 차량이 앞쪽으로 기울 위험이 증가하므로 차량의 리어 섹션에서 구성부품을 탈거해서는 안 된다.

리어 사이드 크로스 멤버 탈거 :

리프팅 암을 서브프레임 바디 플랜지 아래에 위치시킨다 .

프론트 펜더의 끝 부분이 손상되지 않도록 주의하면서 프론트 (3) 의 사이드 크로스 멤버 아래와 리어 (2) 의 잭킹 포인트 아래에서 차량을 지지한다 .

세부도

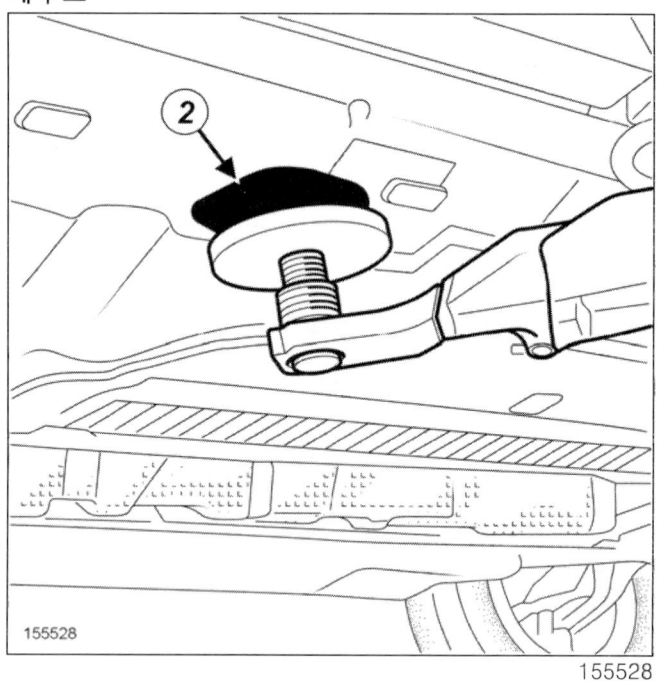

경고

이 경우 차량이 뒤쪽으로 기울 위험이 높다 . 따라서 차량 프론트 섹션의 구성부품을 탈거해서는 안 된다.

르노삼성자동차

4 판금작업

40A 일반 사항

41A 프론트 로어 스트럭쳐

41B 센터 로어 스트럭쳐

41C 사이드 로어 스트럭쳐

41D 리어 로어 스트럭쳐

42A 프론트 어퍼 스트럭쳐

43A 사이드 어퍼 스트럭쳐

44A 리어 어퍼 스트럭쳐

45A 바디 어퍼 스트럭쳐

47A 사이드 도어 패널

48A 사이드 도어 이외 패널

J87

2013. 12

본 리페어 매뉴얼은 2013년 12월의 양산 차량을 기준으로 작성하였으며, 향후 차량의 설계 변경에 따라 실차와 다른 내용이 있을 수 있으므로, 양해를 구합니다.
주 : 설계 변경에 대한 정보는 www.rsmservice.com 을 참조하여 주시기 바랍니다.
이 문서의 모든 권리는 르노삼성자동차에 있습니다.

ⓒ 르노삼성자동차 (주), 2013

J87-Section 4

목차

	페이지
40A 일반 사항	
차체 구조 설명서 : 설명	40A-1
서브 프레임 : 제원	40A-7
접지 위치 : 구성부품 리스트 및 위치	40A-10
차량 앞 부분 스트럭쳐 : 일반 설명	40A-13
차량 옆 부분 스트럭쳐 : 일반 설명	40A-16
차량 중앙 부분 스트럭쳐 : 일반 설명	40A-18
차량 뒷 부분 스트럭쳐 : 일반 설명	40A-20
지그 장착 시 스트럭쳐에 장착할 위치 : 일반 설명	40A-23
방음재 : 사전 주의사항	40A-28
41A 프론트 로어 스트럭쳐	
프론트 사이드 멤버 크로져 패널 : 교환	41A-1
프론트 사이드 멤버 프론트 섹션 : 교환	41A-4
배터리 트레이 마운팅 : 교환	41A-7
엔진 마운팅 : 교환	41A-9
프론트 하프 유닛 : 교환	41A-11
41B 센터 로어 스트럭쳐	
센터 플로어 사이드 섹션 : 교환	41B-1

	페이지
41C 사이드 로어 스트럭쳐	
사이드 실 패널 : 교환	41C-1
이너 실 : 교환	41C-5
41D 리어 로어 스트럭쳐	
리어 플로어, 프론트 섹션 : 교환	41D-1
리어 사이드 멤버 어셈블리 : 교환	41D-2
리어 사이드 멤버 익스텐션 : 교환	41D-4
42A 프론트 어퍼 스트럭쳐	
프론트 범퍼 마운팅 : 탈거 - 장착	42A-1
프론트 펜더 어퍼 마운팅 서포트 : 교환	42A-2
프론트 펜더 : 탈거 - 장착	42A-3
인스트루먼트 패널 크로스 멤버 : 탈거 - 장착	42A-5
43A 사이드 어퍼 스트럭쳐	
바디 사이드 프론트 섹션 : 교환	43A-1
프론트 필러 리인포스먼트 : 교환	43A-3
대시 사이드 : 교환	43A-6
프론트 필러 가니쉬 : 교환	43A-8

목차

페이지

| 43A | 사이드 어퍼 스트럭쳐 |

    센터 필러 : 교환　　　　　43A-10

    센터 필러 리인포스먼트 : 교환　　　　　43A-13

| 44A | 리어 어퍼 스트럭쳐 |

    리어 컴비네이션 램프 마운팅 : 교환　　　　　44A-1

    리어 사이드 패널 : 교환　　　　　44A-3

    아우터 리어 휠 아치 : 교환　　　　　44A-7

    쿼터 패널 이너 패널 : 교환　　　　　44A-9

    리어 엔드 패널 : 교환　　　　　44A-10

| 45A | 바디 어퍼 스트럭쳐 |

    루프 : 교환　　　　　45A-1

| 47A | 사이드 도어 패널 |

    프론트 사이드 도어 : 탈거 - 장착　　　　　47A-1

    프론트 사이드 도어 : 조정　　　　　47A-4

    리어 사이드 도어 : 탈거 - 장착　　　　　47A-7

    리어 사이드 도어 : 조정　　　　　47A-9

| 48A | 사이드 도어 이외 패널 |

    후드 : 탈거 - 장착　　　　　48A-1

    후드 : 조정　　　　　48A-2

    테일 게이트 : 탈거 - 장착　　　　　48A-4

    테일 게이트 : 조정　　　　　48A-6

일반 사항
차체 구조 설명서 : 설명

40A

J87

I – 분류 정보

이 정보는 다음 두 보조 문서에서 분류되어 있다 :

1 – 차량 스트럭쳐 차체 수리 절차 (해당 차량의 리페어 매뉴얼)

이 문서는 다음 두 섹션으로 구성된다 :

a – 섹션 0:

이 섹션에는 정비 방법이 포함되어 있지 않고 설명 정보만 포함되어 있으며 , 다음의 여러 하위 섹션으로 구성된다 :

- 01C 바디 제원 ,
- 02A 리프팅 ,
- 02B 차체 혁신 ,
- 03B 충돌 ,
- 04B 소모품 – 제품 ,
- 04E 도장 ,
- 05B 차체 장비 및 특수 공구 .

b – 섹션 4:

이 섹션은 다음의 여러 하위 섹션으로 구성된다 :

- 40A 일반 정보 ,
- 41A 프론트 로어 스트럭쳐 ,
- 41B 센터 로어 스트럭쳐 ,
- 41C 사이드 로어 스트럭쳐 ,
- 41D 리어 로어 스트럭쳐 ,
- 42A 프론트 어퍼 스트럭쳐 ,
- 43A 사이드 어퍼 스트럭쳐 ,
- 44A 리어 어퍼 스트럭쳐 ,
- 45A 바디 상부 스트럭쳐 ,
- 47A 사이드 도어 ,
- 48A 사이드 도어 이외 .

이들 하위 섹션은 교환 부품 카탈로그에 연결되어 있고 다음 두 가지 유형의 정보를 포함한다 :

- 섹션 1: 일반 설명 . 이 섹션에는 일반적인 스트럭 쳐 서비스 부품 및 설계와 관련된 정보가 포함되어 있다 . 이 정보는 여러 차량에 대해 동일할 수도 있 다 .
- 섹션 2: 설명 , 탈거 – 장착 , 분해 – 재조립 및 조 정 . 이 섹션에는 해당 차량의 스트럭쳐 서비스 부품 및 특수 기능과 관련된 정보가 포함되어 있다 .

> 참고 :
> 항상 두 파트를 모두 읽어 차량 정비에 필수적인 모든 정보를 습득해야 한다 .

2 – 스트럭쳐 차체 수리의 기본 사항 (MR 400)

이 문서는 다음 두 섹션으로 구성된다 :

a – 섹션 0:

이 섹션은 다음의 여러 하위 섹션으로 구성된다 :

- 04F 차체 제품 및 마운팅 ,
- 05B 차체 장비 및 특수 공구 .

b – 섹션 4:

이 섹션에는 차리 수리 공장 기술자와 관계된 기본적 인 작업 범위에 대한 정보가 포함되어 있다 .

이 섹션은 다음의 여러 하위 섹션으로 구성된다 :

- 40A 일반 정보 ,
- 40B 전기 저항 용접 접합부 ,
- 40C 아크 용접 접합 (GMAW),
- 40D 레이저 용접 접합부 ,
- 40E 부분 교환 연결부 ,
- 04F 본딩 접합 ,
- 40G 리벳 결합 ,
- 40H 스크류 결합 ,
- 40J 보호 장치 .

일반 사항
차체 구조 설명서 : 설명

J87

II - 정보 검색

질문	대답
특정 차량의 수리를 위한 특수 공구의 기능.	우선 차량 리페어 매뉴얼의 섹션 0 을 참조한 다음, 《특수 공구 리스트》또는《정비 공구 리스트》를 참조한다.
특정 차량의 수리를 위한 특수 제품의 기능.	우선 차량 리페어 매뉴얼의 섹션 0 을 참조한 다음, 《IXELL 제품 카탈로그》를 참조한다.
특정 차량의 수리를 위한 특수 공구의 부품 번호와 설명.	우선 차량 리페어 매뉴얼의 섹션 0 을 참조한다.
차체 공구 사용.	차량 리페어 매뉴얼의 하위 섹션 40A 를 참조한다.
특정 차량의 부품 교환에 관한 정보 : - 차량의 위치별 교환 가능성, - 조립 전 적응, - 해당 절단에 관한 설명을 포함한 절단 부위, - 좌우 대칭에 관한 설명. - 버전 또는 장비의 특징.	관련 부품에 해당하는 차량 리페어 매뉴얼의 하위 섹션 41-48 을 참조한다.
특정 차량의 서비스 부품, 구성 및 각 부품의 사양 에 관한 정보.	차량 리페어 매뉴얼의 하위 섹션 40 에서 부품 설명 분해도를 먼저 참조한다.
	문서에 세부 사항이 설명되어 있는 경우, 관련 부품 에 해당하는 차량 리페어 매뉴얼의 하위 섹션 41-48 을 참조한다.
	이 내용이 설명에 나타나지 않는 경우에는 다음 상위 수준의 부품에 대한 하위 섹션 41-48 을 참조한다.
관련 정보 : - 조인트에서 패널이 겹치는 부분의 세부 사항, - 르노삼성자동차에서 새로운 유형의 어셈블리와 관련된 절차와 작동 모드, - 르노삼성자동차에서 생소한 공구나 신제품을 사용 하는 방법.	관련 부품에 해당하는 차량 MR 의 하위 섹션 41-48 을 참조한 다음 차량 MR 400의 하위 섹션 40을 참조한다.
사고 후 차량 인양 및 견인.	우선 차량 리페어 매뉴얼의 하위 섹션 02A 를 참조한 다음, 장비 카탈로그를 참조한다.
특정 차량의 복합 손상 수리.	차량 리페어 매뉴얼의 하위 섹션 03B 를 참조한다.
특정 차량의 충돌에 대한 고장진단.	우선 차량 리페어 매뉴얼 또는 리페어 매뉴얼 400 의 하위 섹션 03B 를 참조한다.
충돌 고장진단의 로직.	MR 400 을 참조한다.
일반 지침 : - 수리, - 안전, - 차량 준비, - 특수 공구 분류, - 사전 주의사항.	차량 리페어 매뉴얼 또는 리페어 매뉴얼 400 의 섹션 0 을 참조한다.

일반 사항
차체 구조 설명서 : 설명

40A

J87

III - 스트럭쳐 수리 절차에 관한 기호

스트럭쳐 차체 작업에 사용되는 모든 기호에 대한 자세한 설명은 아래에 나와 있다.

각 DU 의 맨 위에서 다음과 같은 각각의 구성부품에 대한 주의사항을 확인할 수 있다 :

- 규정 토크 ,
- 특수 공구 .

1 - 서비스 부품의 사양

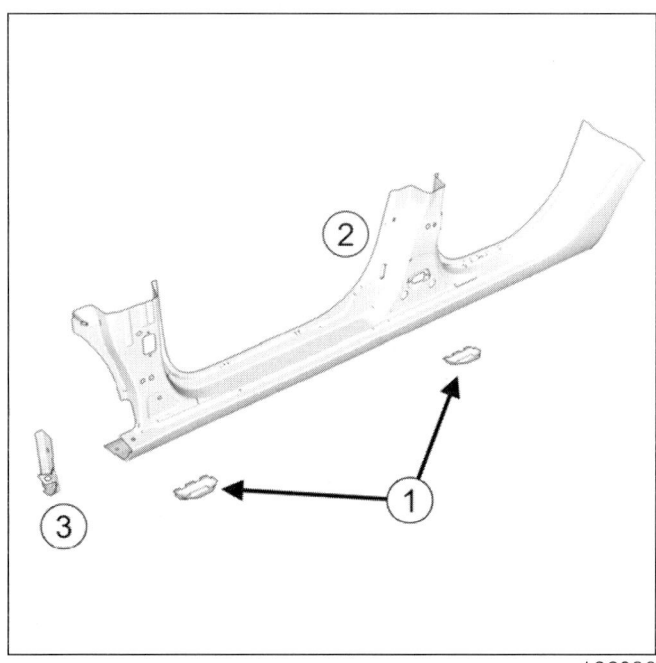

136096

서비스 부품이 여러 부품으로 구성되어 있는 경우 , 표에는 그림에 대한 설명과 함께 서비스 부품의 구성 부품이 표시된다 .

번호	설명	재질	두께 (mm)
(1)			
(2)			
(3)			

2 - 교환 작업

굵은 선은 교환 부품 도면에서만 부분 교환 시 절단 가능한 부분을 나타낸다 .

교환의 한계를 정하는 표시와 이름이 목록에 표시된다 .

부품 교환 방법 :

- 전체 교환 A-D-F,
- 프론트 엔드 부분 교환 A-C,
- 프론트 섹션 부분 교환 A-D-E,
- 도어 아래의 부분 교환 B-C,
- 리어 섹션 부분 교환 C-D-F,
- 리어 엔드 섹션 부분 교환 E-F.

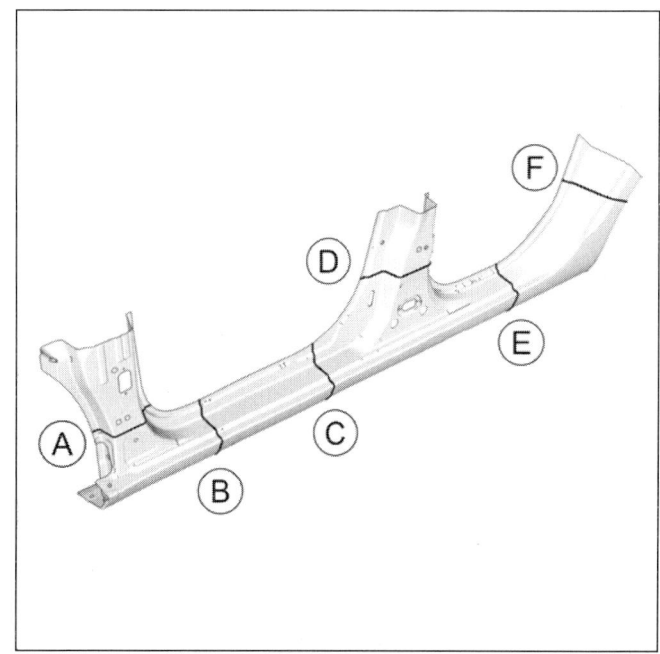

136098

3 - 차량의 부품 장착 위치

차량에 서비스 부품이 표시될 때 항상 음영으로 표시된다 .

교환 방법에 따라 도면에 여러 부품의 우선 순위가 표시된다 .

그림은 인접한 구성부품을 이미 탈거한 것처럼 해당 구성부품이 없는 상태에서 교환할 부품을 표시한다 .

하지만 , 일부 그림에서는 교환할 부품과 그 위치를 더욱 정확히 묘사하기 위해 이런 규칙을 따르지 않을 수도 있다 .

스트럭쳐 수리 작업은 코팅하지 않은 스틸 차체 패널을 사용하여 수행한다 . 기존 매스틱은 그림에 표시 되지 않는다 .

일반 사항
차체 구조 설명서 : 설명

40A

J87

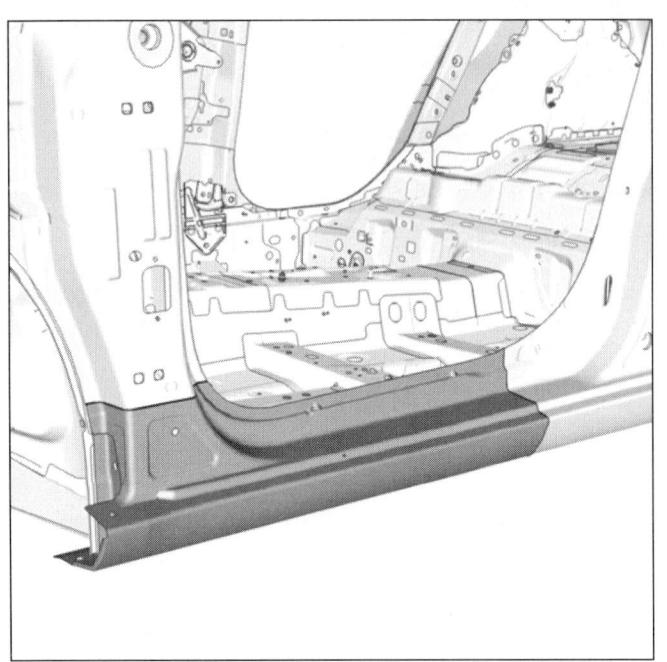

서비스 부품의 숨겨진 부분은 점선으로 표시된다.

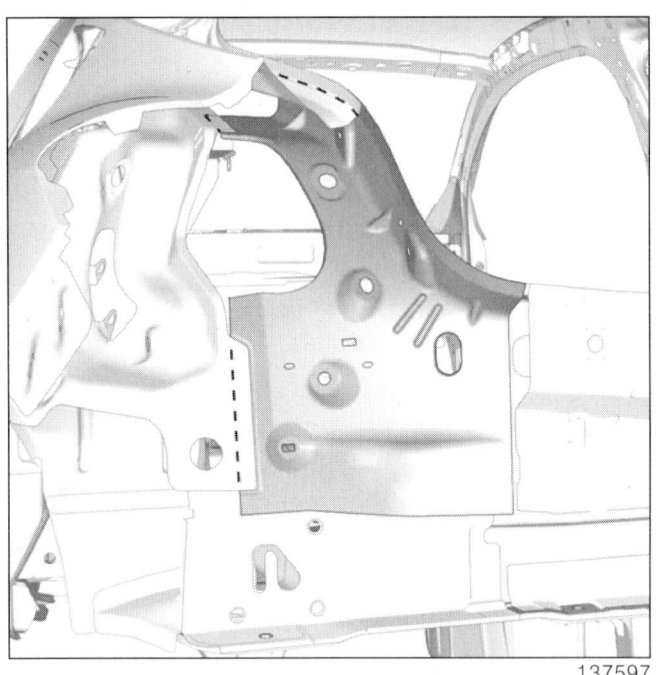

어떤 부품이 대칭일 때는 (좌우측 동일) 그림에 한 쪽만 표시된다 (예 : 리어 섹션 리어 플로어의 부분 교환).

이와 같은 경우 반대쪽에서도 같은 작업 (스폿 용접 횟수 등이 동일) 을 수행해야 한다.

반대쪽이 케이스인 경우에는 (좌우측 버전의 케이스를 포함한) 구체적인 세부 정보가 표시된다.

4 - 세부도에 사용되는 기호

세부도에서는 교환할 부품과 차량 스트럭쳐 사이의 공간을 정의한다.

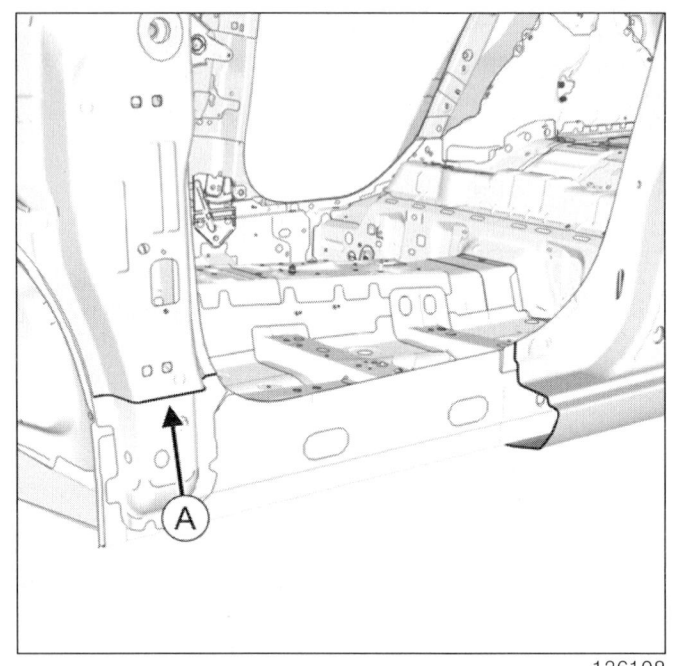

표시 (A) 는 관련 세부도의 올바른 방향을 위해 세부 도를 보는 방향을 지정한다.

세부도 A

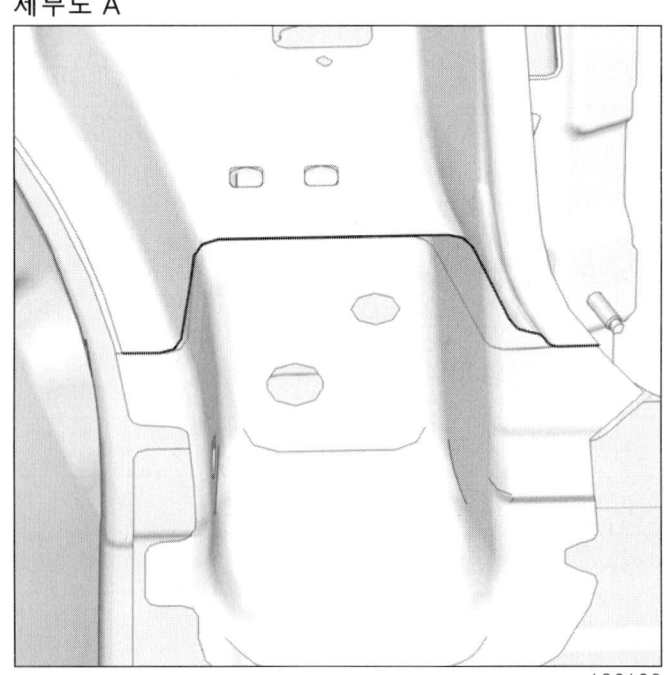

40A-4

일반 사항
차체 구조 설명서 : 설명

40A

J87

5 - 오프닝 조정 기호

여러 기호로 가능한 조정 방법을 나타낸다 :

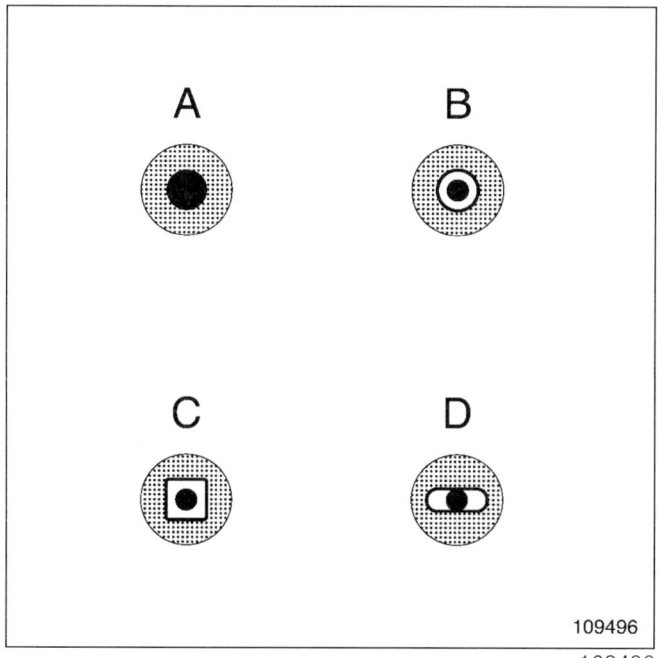

마운팅은 음영으로 표시된다.

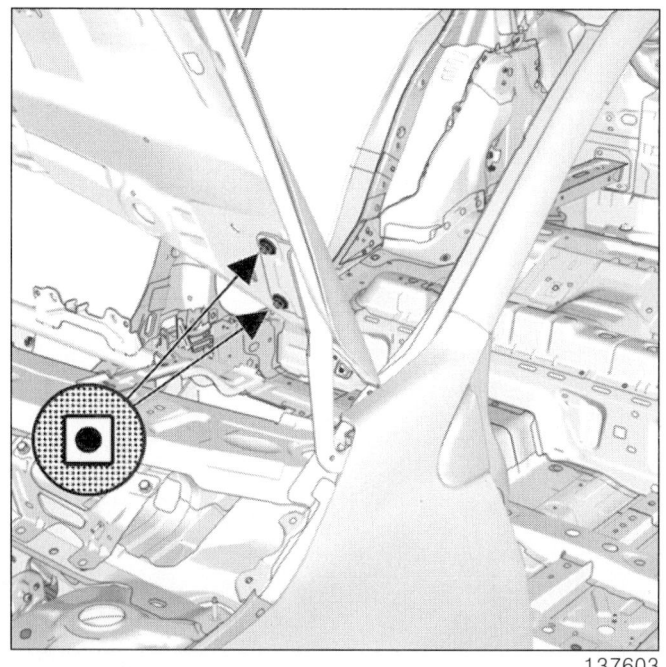

6 - 접착제 및 매스틱 기호

음영 표시된 띠로 접착체 또는 매스틱의 비드 경로를 나타낸다.

7 - 용접 기호

원래 용접이 아닌 경우 여러 기호로 작업할 용접 유형을 나타낸다.

이중 또는 겹침 용접의 경우, 작업할 용접 유형은 그림에 텍스트로 표시된다.

이중 용접

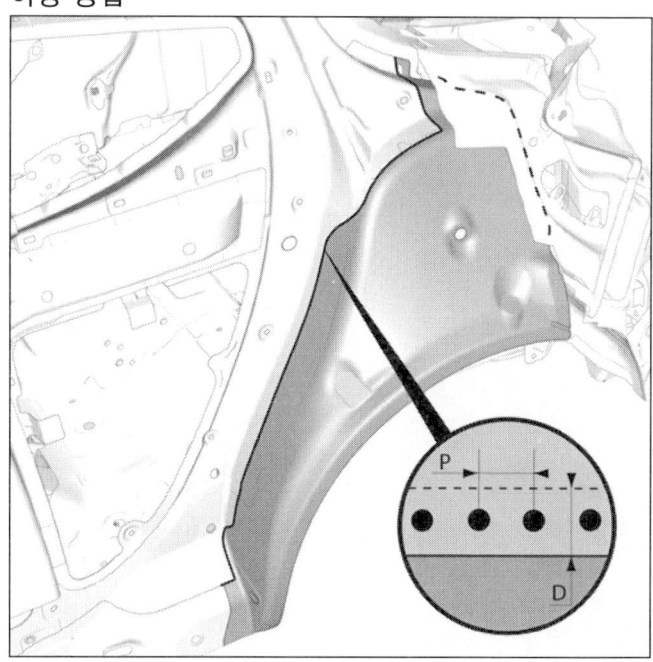

40A-5

일반 사항
차체 구조 설명서 : 설명

40A

J87

두 가지 유형의 용접 조합

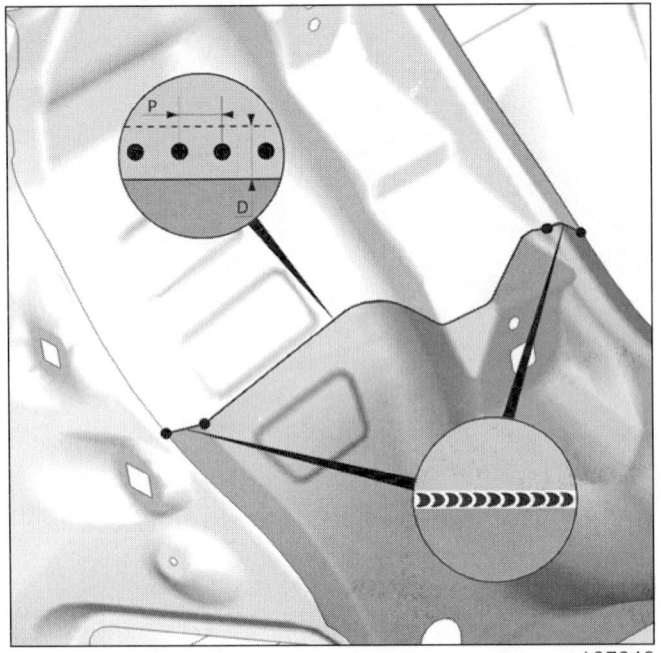

두 가지 유형의 용접이 사용되는 경우, 점으로 해당 영역의 범위를 정한다.

일반 사항
서브 프레임 : 제원

40A

J87

일반 사항
서브 프레임 : 제원

40A

J87

번호	설명	치수 X(mm)	치수 Y(mm)	치수 Z(mm)	직경 (mm)	각도 (°)
(A)	프론트 서브프레임 리어 마운팅 (메커니컬 구성품 탈거)	301	305	77.8	M12	
(A)	프론트 서브프레임 리어 마운팅 (메커니컬 구성품 장착)	301	305	6.70	M12	
(B)	리어 사이드 멤버 프론트 리더 핀	1920.9	−518.7	118	20 x 20	
(B1)	리어 액슬 어셈블리 프론트 마운팅 (메커니컬 구성품 탈거)	2077.3	−633	118	M10	
(B1)	리어 액슬 어셈블리 프론트 마운팅 (메커니컬 구성품 장착)	2077.3	−633	113	M10	
(B2)	리어 액슬 어셈블리 프론트 마운팅 (메커니컬 구성품 탈거)	2015.4	−558.3	118	M10	
(B2)	리어 액슬 어셈블리 프론트 마운팅 (메커니컬 구성품 장착)	2015.4	−558.3	113	M10	
(B3)	리어 액슬 어셈블리 프론트 마운팅 (메커니컬 구성품 탈거)	2166	−536	118	M10	
(B3)	리어 액슬 어셈블리 프론트 마운팅 (메커니컬 구성품 장착)	2166	−536	113	M10	
(Cg)	프론트 서브프레임 프론트 좌측 마운팅 (메커니컬 구성품 탈거)	−141.5	−478	260.5	M12	
(Cg)	프론트 서브프레임 프론트 좌측 마운팅 (메커니컬 구성품 장착)	−141.5	−478	195	M12	
(Cd)	프론트 서브프레임 프론트 우측 마운팅 (메커니컬 구성품 탈거)	141.5	468	256	M12	
(Cd)	프론트 서브프레임 프론트 우측 마운팅 (메커니컬 구성품 장착)	141.5	468	190.5	M12	
(E)	리어 쇽업소버 어퍼 마운팅	2614.2	−561.9	536.4	Ø 20	
(F)	프론트 쇽 업소버 어퍼 스토퍼	8.3	−582.5	671.7	Ø 33	
(G)	프론트 사이드 멤버 리어 마운팅	547	−410	9.8	Ø 16	
(Hd)	프론트 사이드 멤버 프론트 리더 핀	−303.5	471.3	292.8	16 x 16	
(Hg)	프론트 사이드 멤버 프론트 리더 핀	283.5	−460.8	292.8	16 x 16	
(H1)	프론트 사이드 멤버 프론트 마운팅 (메커니컬 구성품 탈거)	−502	−476	83.5	M12	
(H1)	프론트 사이드 멤버 프론트 마운팅 (메커니컬 구성품 장착)	−502	−476	77.8	M12	

일반 사항
서브 프레임 : 제원

40A

J87

번호	설명	치수 X(mm)	치수 Y(mm)	치수 Z(mm)	직경 (mm)	각도 (°)
(H2)	프론트 사이드 멤버 프론트 마운팅 (메커니컬 구성품 탈거)	−525	492	83.5	M12	
(H2)	프론트 사이드 멤버 프론트 마운팅 (메커니컬 구성품 장착)	−525	492	77.8	M12	
(Jg)	리어 사이드 멤버 리어 리더 핀	2533	−497.9	176.8	20 x 20	
(Jd)	리어 사이드 멤버 리어 리더 핀	2533	487.5	176.8	20 x 20	
(J1)	리어 사이드 멤버 리어 마운팅	2876	−529.4	220	Ø 24.5	90°
(J3)	리어 사이드 멤버 리어 마운팅	2876	−454	215	Ø 10.7	90°
(J2)	리어 사이드 멤버 리어 마운팅	2876	517.4	220	Ø 24.5	90°
(J4)	리어 사이드 멤버 리어 마운팅	2876	458	215	Ø 10.7	90°
(K1g)	프론트 엔드 크로스 멤버 마운팅	−503.3	464.2	415	M10	90°
(K2g)	프론트 엔드 크로스 멤버 마운팅	−497.8	542.4	340	M10	90°
(K3g)	프론트 엔드 크로스 멤버 마운팅	−502.6	482.7	265	M10	90°
(K1d)	프론트 엔드 크로스 멤버 마운팅	−503.6	−453.1	415	M10	90°
(K2d)	프론트 엔드 크로스 멤버 마운팅	−497.5	−539.8	340	M10	90°
(K3d)	프론트 엔드 크로스 멤버 마운팅	−501	−465.9	265	M10	90°
(P1)	엔진 마운팅	−310.2	492.5	491.4	M10	180°
(P2)	엔진 마운팅	−150.2	514.5	491.4	M10	180°

일반 사항
접지 위치 : 구성부품 리스트 및 위치

40A

J87

주의

차량의 전기 및 전자 구성부품 손상을 방지하기 위해 용접 부위 근처에 있는 와이어링 하네스의 접지를 분리해야 한다.

용접기의 접지는 용접 부위에서 최대한 가까운 위치에 있어야 한다 (MR 400 차체 구조 수리 매뉴얼, 40H, 볼트 결합, 접지를 위한 볼트 결합: 장착 참조).

접지 스터드 교환 절차 (MR 400 차체 구조 수리 매뉴얼, 40H, 볼트 결합, 접지를 위한 볼트 결합 : 장착 참조).

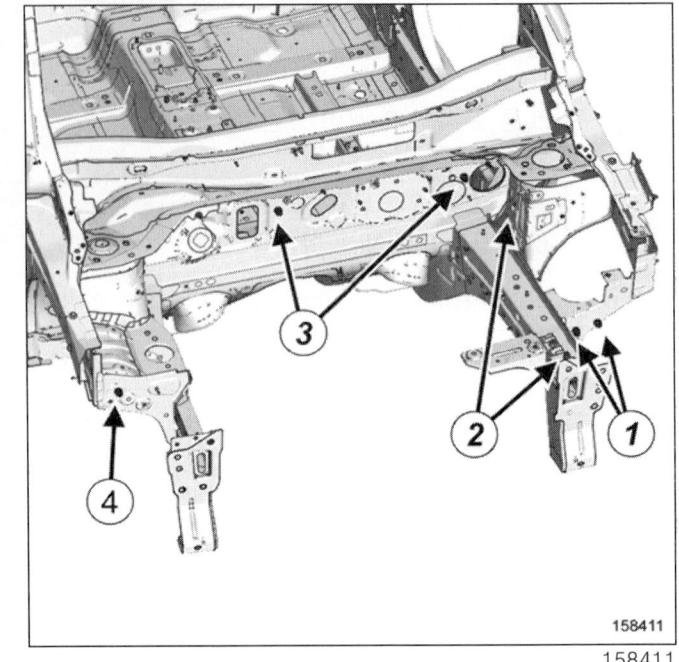

158411

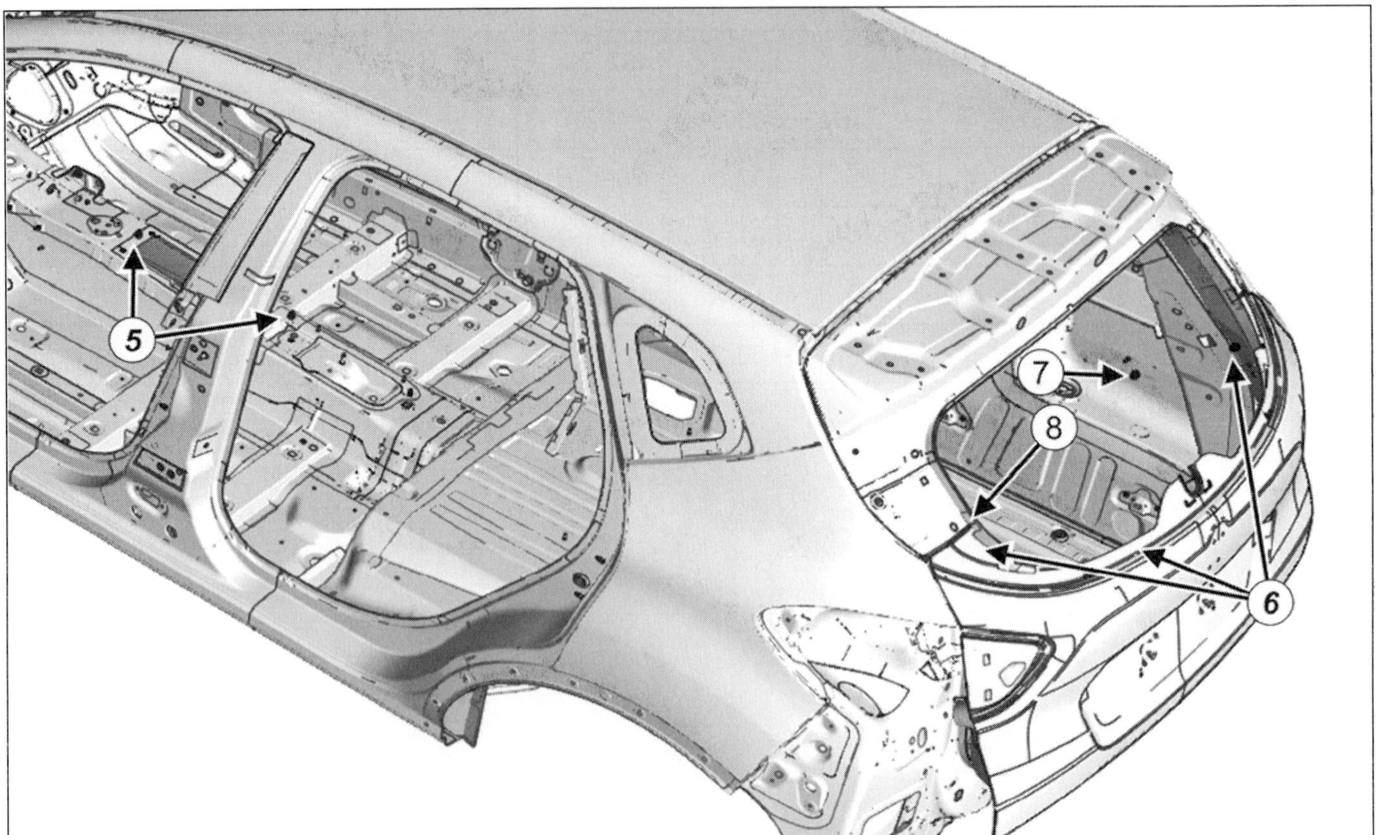

158421

40A-10

일반 사항
접지 위치 : 구성부품 리스트 및 위치

40A

J87

차량의 접지 위치 세부도

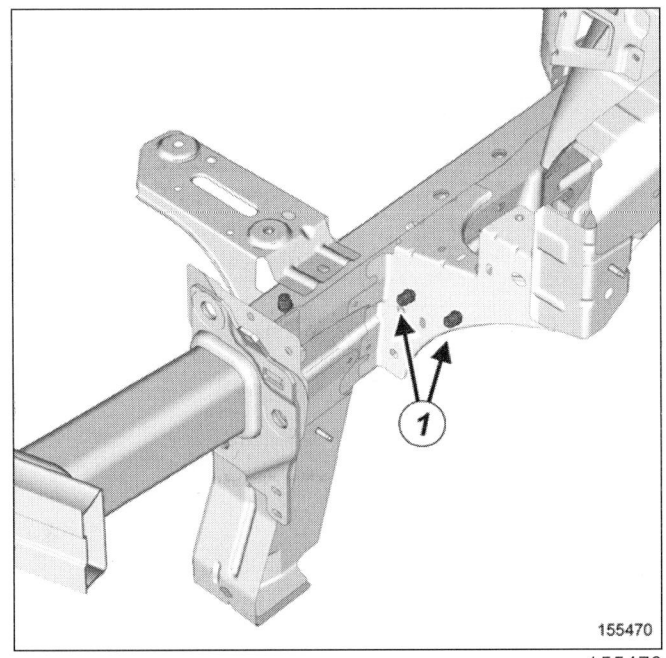

프론트 좌측 사이드 멤버와 좌측 프론트 필러 가니쉬 사이 연결 구성부품의 접지 스터드 (1).

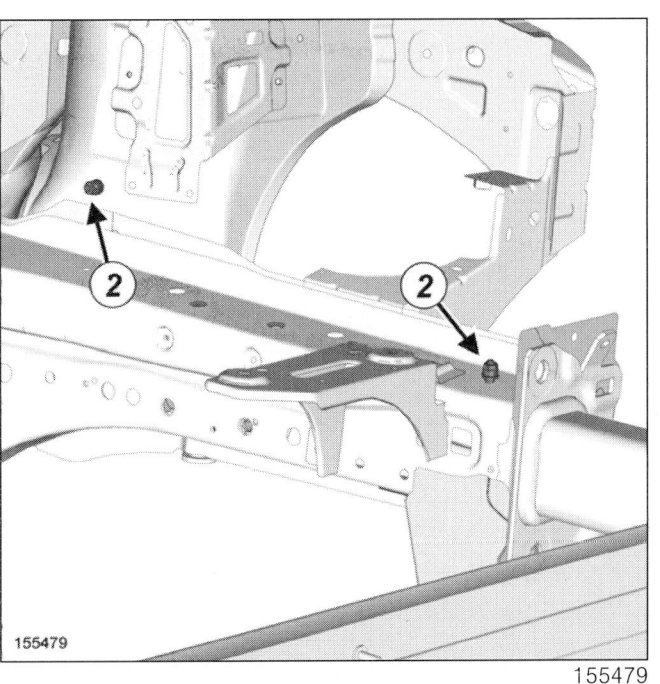

좌측 프론트 엔드 사이드 크로스 멤버의 접지 스터드 (2).

좌측 프론트 하프 유닛의 접지 스터드 (2).

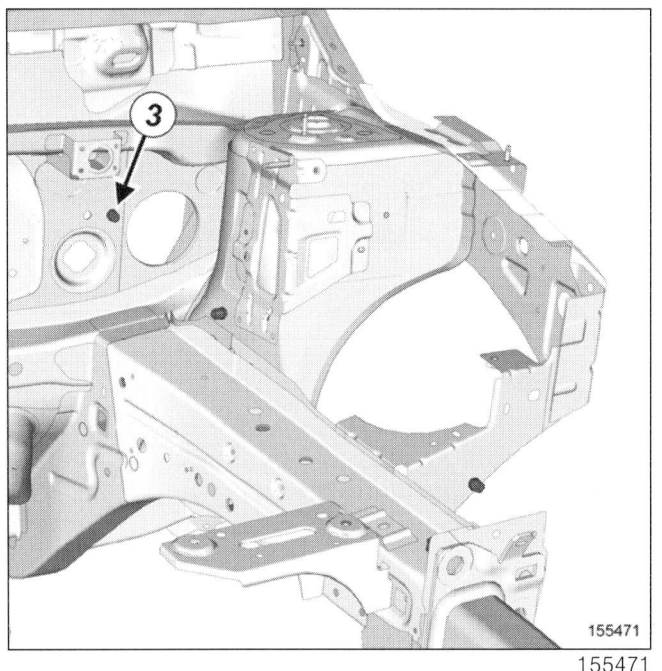

벌크 헤드의 접지 스터드 (3).

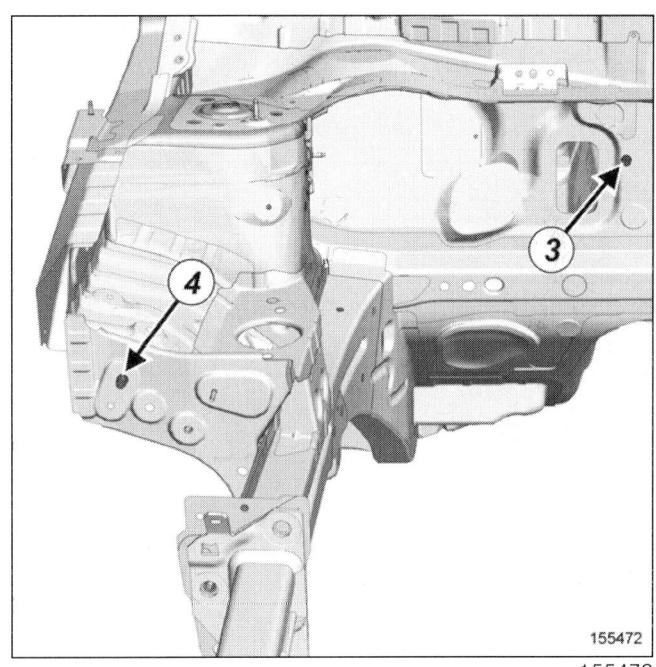

벌크 헤드의 접지 스터드 (3).

프론트 우측 사이드 멤버와 우측 프론트 필러 가니쉬 사이 연결 구성부품의 접지 스터드 (4).

일반 사항
접지 위치 : 구성부품 리스트 및 위치

40A

J87

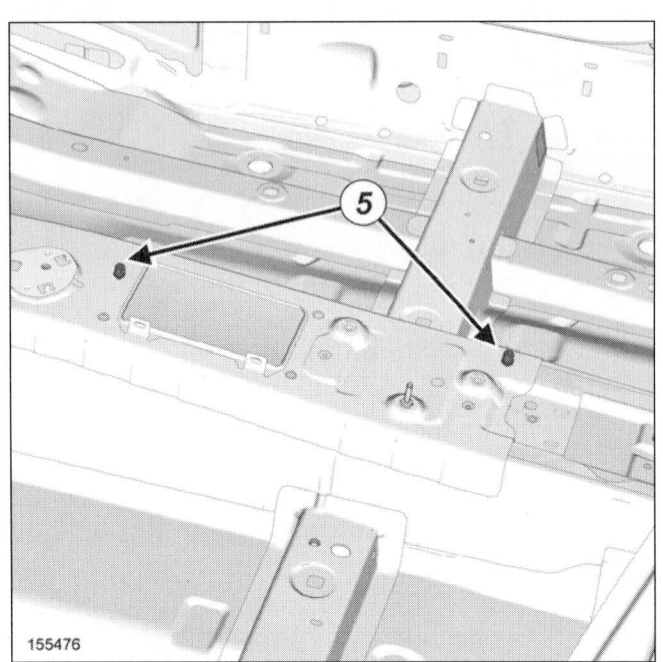

센터 플로어 터널의 접지 스터드 (5).

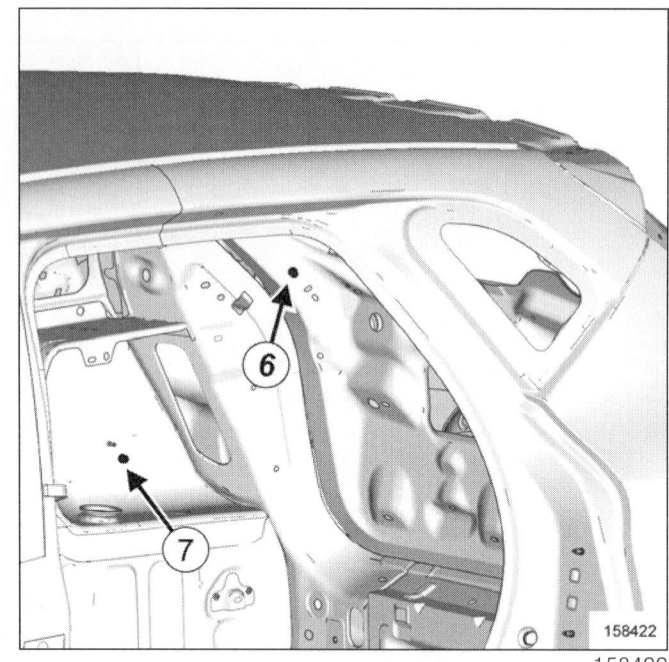

테일게이트의 접지 스터드 (6).

우측 이너 휠 아치의 접지 스터드 (7).

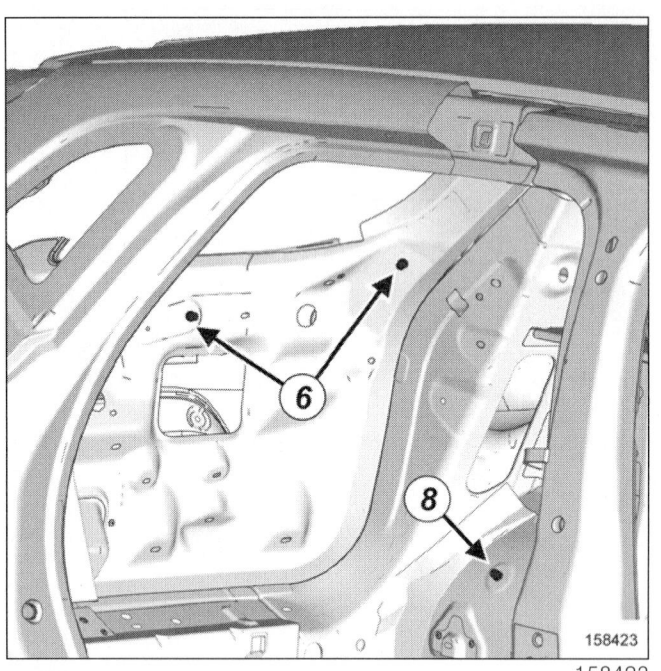

좌측 이너 휠 아치의 접지 스터드 (8).

일반 사항
차량 앞 부분 스트럭쳐 : 일반 설명

40A

J87

프론트 스트럭쳐

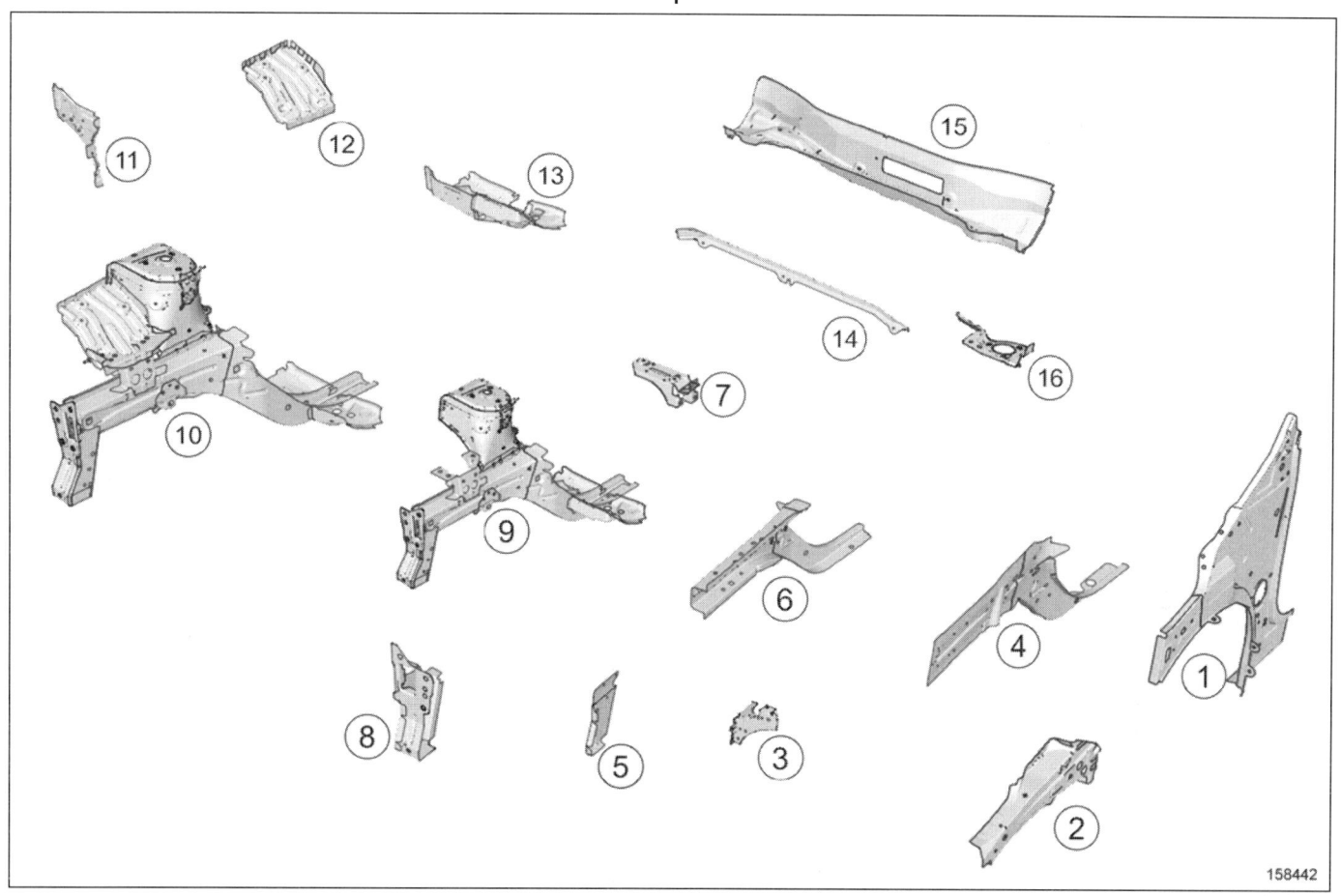

번호	설명	분류	재질	두께 (mm)
(1)	대시 사이드	(43A, 사이드 어퍼 스트럭쳐, 대시 사이드 : 교환 참조)		
(2)	대시 사이드 어퍼 리인포스먼트		고장력강판	1
(3)	프론트 범퍼 리인포스먼트		고장력강판	1
(4)	프론트 좌측 사이드 멤버 크로져 패널	(41A, 프론트 로어 스트럭쳐, 프론트 사이드 멤버 크로져 패널 : 교환 참조)		
(5)	라디에이터 크로스 멤버 마운팅 크로져 패널		고장력강판	1
(6)	프론트 사이드 멤버	(41A, 프론트 로어 스트럭쳐, 프론트 사이드 멤버 프론트 섹션 : 교환 참조)		
(7)	배터리 트레이 서포트			2
(8)	임팩트 업소버 유닛	(부품 세부도 참조)		
(9)	프론트 좌측 하프 유닛	(41A, 프론트 로어 스트럭쳐, 프론트 하프 유닛 : 교환 참조)		
(10)	프론트 우측 하프 유닛	(41A, 프론트 로어 스트럭쳐, 프론트 하프 유닛 : 교환 참조)		
(11)	프론트 섹션 엔진 마운팅		고장력강판	1.5

40A-13

일반 사항
차량 앞 부분 스트럭쳐 : 일반 설명

40A

J87

번호	설명	분류	재질	두께 (mm)
(12)	엔진 마운팅 어퍼 섹션			1.5
(13)	센터 플로어 프론트 사이드 크로스 멤버	(부품 세부도 참조)		
(14)	대시보드 로어 인슐레이터 사이드 리인포스먼트		고장력강판	1.5
(15)	대시보드 로어 인슐레이터		고장력강판	1
(16)	대시보드 로어 인슐레이터 리인포스먼트		고장력강판	1.5

부품 세부도

임팩트 업소버 유닛

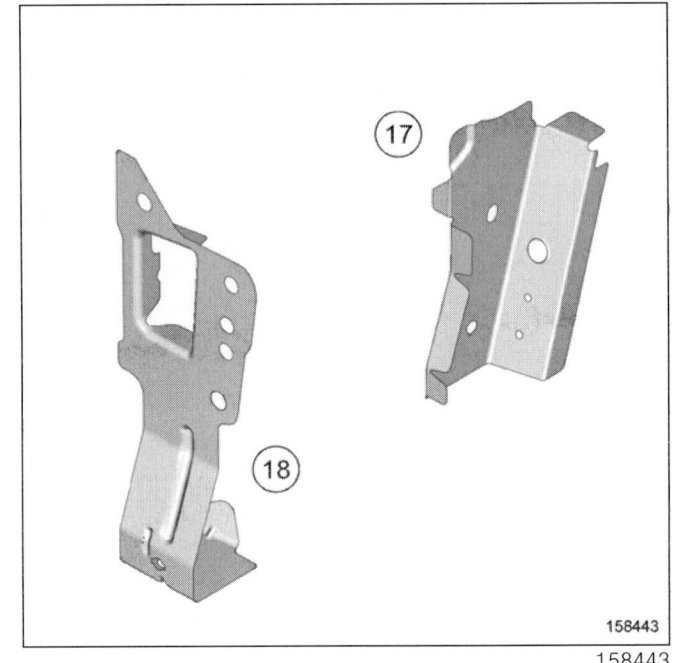

번호	설명	부품의 구성	하부 섹션 번호	재질	두께 (mm)
(8)	임팩트 업소버 유닛	임팩트 업소버 유닛 마운팅	(17)	고장력강판	1.2
(8)	임팩트 업소버 유닛	임팩트 업소버 유닛 마운팅	(18)	고장력강판	1.2

일반 사항
차량 앞 부분 스트럭쳐 : 일반 설명

J87

센터 플로어, 프론트 사이드 크로스 멤버

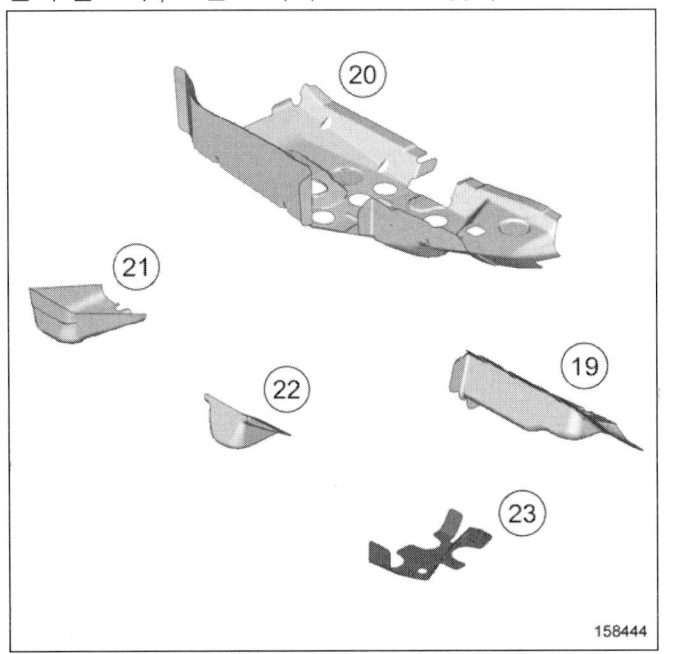

번호	설명	부품의 구성	하부 섹션 번호	재질	두께 (mm)
(13)	센터 플로어, 프론트 사이드 크로스 멤버	서브프레임 마운팅 리어 유닛	(19)	고장력강판	2
(13)	센터 플로어, 프론트 사이드 크로스 멤버	우측 사이드 크로스 멤버	(20)	고장력강판	1
(13)	센터 플로어, 프론트 사이드 크로스 멤버	우측 사이드 크로스 멤버 리인포스먼트	(21)	고장력강판	1.5
(13)	센터 플로어, 프론트 사이드 크로스 멤버	서브프레임 리어 마운팅 리인포스먼트	(22)	고장력강판	2.6
(13)	센터 플로어, 프론트 사이드 크로스 멤버	서브프레임 마운팅 서포트의 프론트 우측 플레이트	(23)	고장력강판	2

센터 플로어, 프론트 사이드 크로스 멤버

일반 사항
챠량 옆 부분 스트럭쳐 : 일반 설명

40A

J87

사이드 스트럭쳐

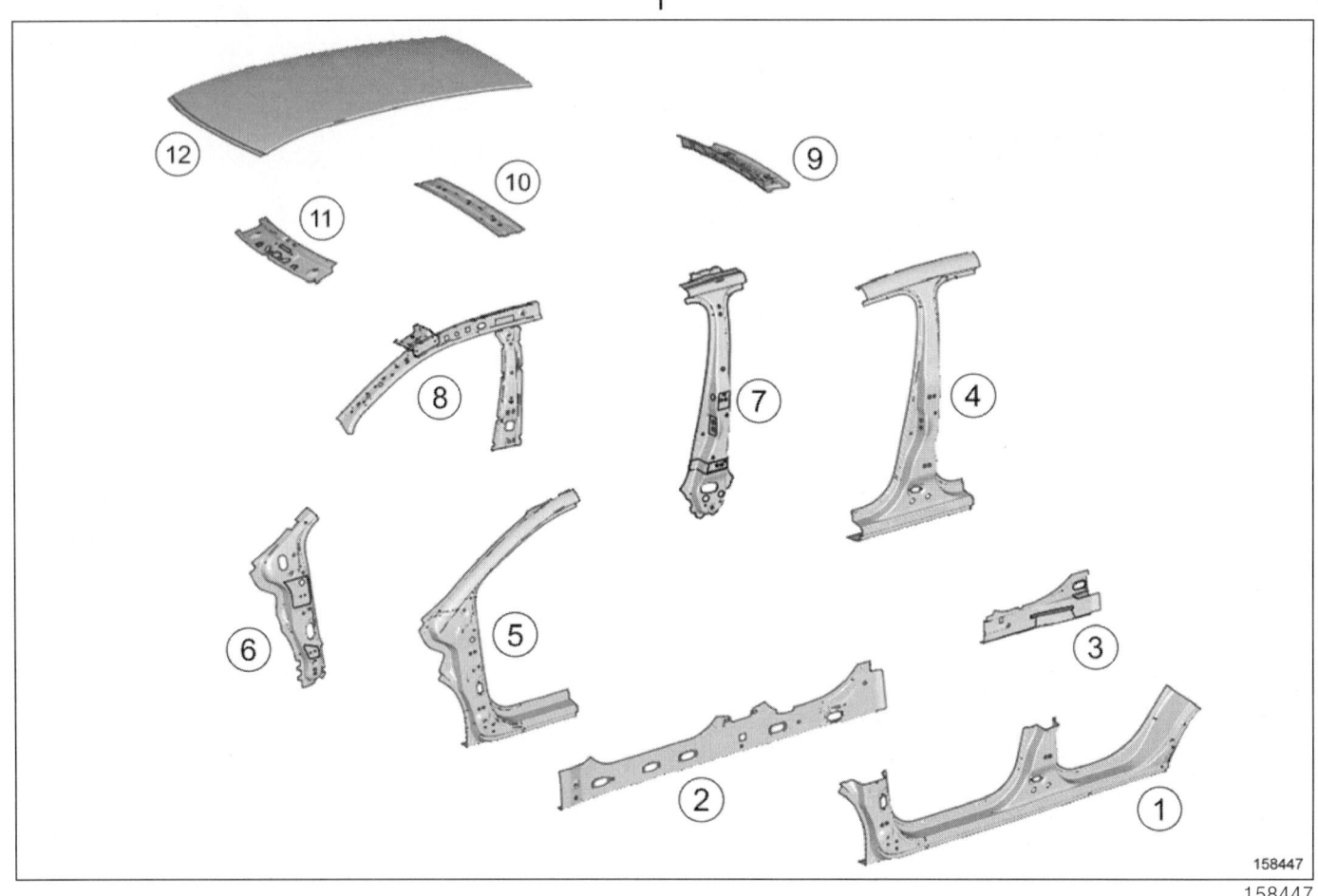

번호	설명	분류	재질	두께 (mm)
(1)	사이드 실 패널	(41C, 사이드 로어 스트럭쳐, 사이드 실 패널 : 교환 참조)		
(2)	실 크로져 패널 구성부품	(41C, 사이드 로어 스트럭쳐, 이너 실 : 교환 참조)		
(3)	실 리인포스먼트			1.5
(4)	센터 필러	(43A, 사이드 어퍼 스트럭쳐, 센터 필러 : 교환 참조)		
(5)	바디 사이드 프론트 섹션	(43A, 사이드 어퍼 스트럭쳐, 바디 사이드 프론트 섹션 : 교환 참조)		
(6)	프론트 필러 리인포스먼트	(43A, 사이드 어퍼 스트럭쳐, 프론트 필러 리인포스먼트 : 교환 참조)		
(7)	센터 필러 리인포스먼트	(43A, 사이드 어퍼 스트럭쳐, 센터 필러 리인포스먼트 : 교환 참조)		
(8)	프론트 필러 가니쉬		고장력 강판	1.4
(9)	루프 리어 크로스 멤버		고장력 강판	0.95
(10)	루프 센터 크로스 멤버			1.3
(11)	루프 프론트 크로스 멤버			0.95

일반 사항
챠량 옆 부분 스트럭쳐 : 일반 설명

40A

J87

번호	설명	분류	재질	두께 (mm)
(12)	루프	(45A, 바디 어퍼 스트럭쳐 , 루프 : 교환 참조)		

일반 사항
차량 중앙 부분 스트럭쳐 : 일반 설명

J87

주의

차량의 전기 및 전자 구성부품 손상을 방지하기 위해 용접 부위 근처에 있는 와이어링 하네스의 접지를 분리해야 한다.

용접기의 접지는 용접 부위에서 최대한 가까운 위치에 있어야 한다 (MR 400 차체 구조 수리 매뉴얼, 40H, 볼트 결합, 접지를 위한 볼트 결합: 장착 참조).

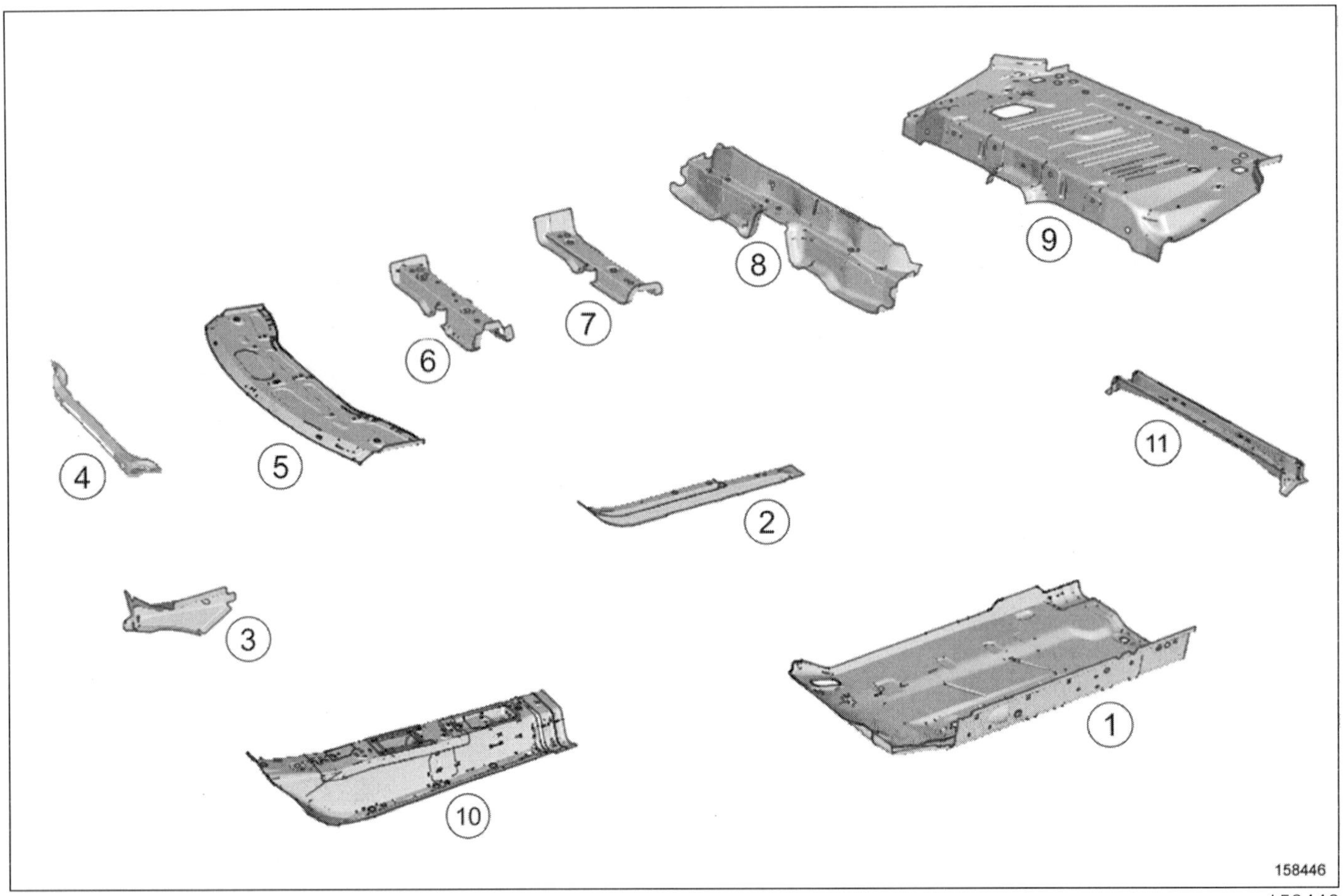

I - 센터 스트럭쳐

번호	설명	분류	재질	두께 (mm)
(1)	센터 플로어, 사이드 섹션	(41B, 센터 로어 스트럭쳐, 센터 플로어 사이드 섹션: 교환 참조)		
(2)	센터 사이드 멤버	(부품 세부도 참조)		
(3)	대시보드 사이드 리인포스먼트		고장력 강판	1.5
(4)	대시보드 로어 크로스 멤버		고장력 강판	2
(5)	윈드실드 로어 크로스 멤버 크로져 패널			0.7
(6)	프론트 시트 언더 프론트 크로스 멤버			1.1

일반 사항
차량 중앙 부분 스트럭쳐 : 일반 설명

40A

J87

I

번호	설명	분류	재질	두께 (mm)
(7)	리어 플로어 사이드 크로스 멤버			1.1
(8)	크로스 멤버 리인포스먼트		고장력 강판	1.1
(9)	리어 플로어 프론트 섹션	(41D, 리어 로어 스트럭쳐 , 리어 플로어 , 프론트 섹션 : 교환 참조)		
(10)	리어 플로어 센터 크로스 멤버		고장력 강판	1.4
(11)	크로스 멤버 리인포스먼트		고장력 강판	1.1

II - 부품 세부도

센터 사이드 멤버

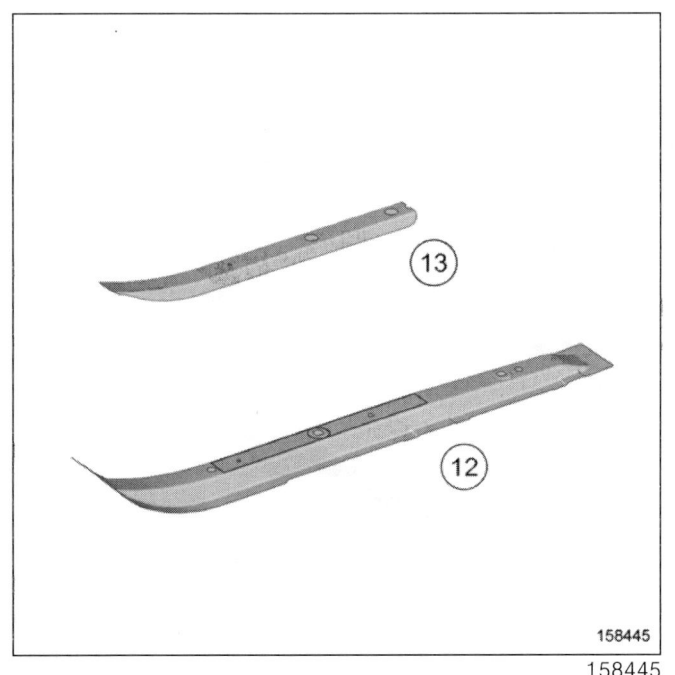

158445

번호	설명	부품의 구성	하부 섹션 번호	재질	두께 (mm)
(2)	센터 사이드 멤버	센터 사이드 멤버	(12)	고장력강판	2
(2)	센터 사이드 멤버	센터 사이드 멤버 오프셋 리인포스먼트	(13)	고장력강판	2.5

일반 사항
차량 뒷 부분 스트럭쳐 : 일반 설명

J87

주의

차량의 전기 및 전자 구성부품 손상을 방지하기 위해 용접 부위 근처에 있는 와이어링 하네스의 접지를 분리해야 한다.

용접기의 접지는 용접 부위에서 최대한 가까운 위치에 있어야 한다 (MR 400 차체 구조 수리 매뉴얼, 40H, 볼트 결합, 접지를 위한 볼트 결합: 장착 참조).

I – 리어 스트럭쳐

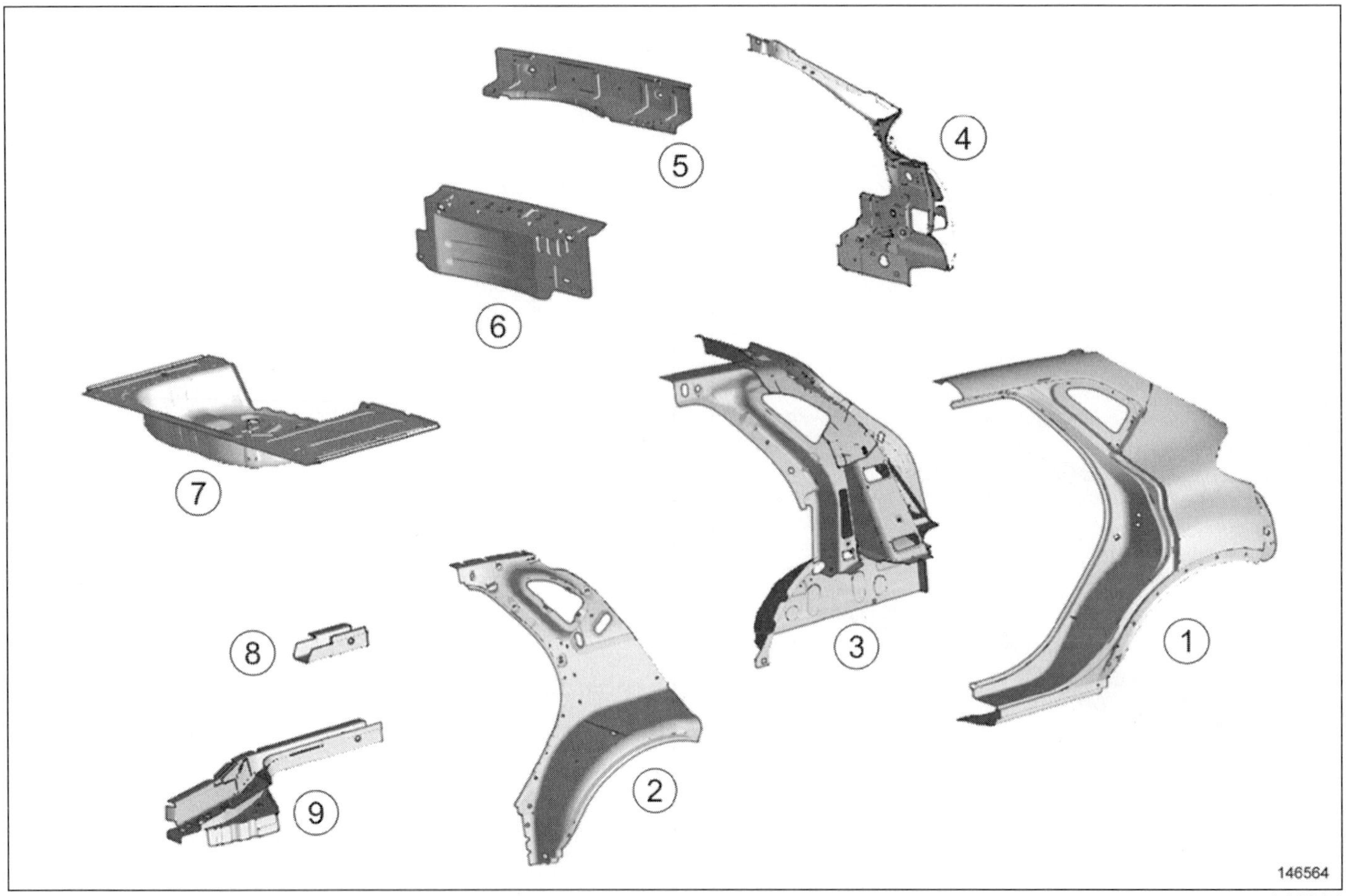

번호	설명	분류	재질	두께 (mm)
(1)	리어 펜더	(44A, 리어 어퍼 스트럭쳐, 리어 사이드 패널 : 교환 참조)		
(2)	쿼터 패널 이너 패널	(44A, 리어 어퍼 스트럭쳐, 쿼터 패널 이너 패널 : 교환 참조)		
(3)	바디 사이드 리어 라이닝			0.6/2
(4)	리어 컴비네이션 램프 마운팅	(44A, 리어 어퍼 스트럭쳐, 리어 컴비네이션 램프 마운팅 : 교환 참조)		
(5)	리어 엔드 패널	(44A, 리어 어퍼 스트럭쳐, 리어 엔드 패널 : 교환 참조)		
(6)	트렁크 리어 플레이트	(부품 세부도 참조)		
(7)	리어 플로어, 리어 섹션	(부품 세부도 참조)		

일반 사항
차량 뒷 부분 스트럭쳐 : 일반 설명

40A

J87

번호	설명	분류	재질	두께 (mm)
(8)	리어 사이드 멤버 익스텐션	(41D, 리어 로어 스트럭쳐, 리어 플로어, 리어 사이드 멤버 익스텐션 : 교환 참조)		
(9)	리어 사이드 멤버 어셈블리	(41D, 리어 로어 스트럭쳐, 리어 사이드 멤버 어셈블리 : 교환 참조)		

II - 부품 세부도

1 - 트렁크 리어 플레이트

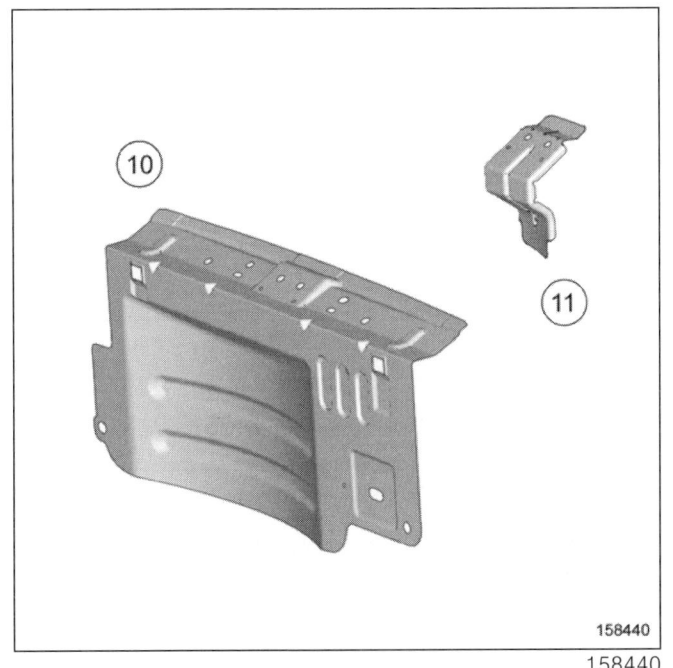

번호	설명	부품의 구성	하부 섹션 번호	두께 (mm)
(6)	트렁크 리어 플레이트 어셈블리	트렁크 리어 플레이트	(10)	0.85
(6)	트렁크 리어 플레이트 어셈블리	바디의 트렁크 리드 스트라이커 패널 리인포스먼트	(11)	1.2

일반 사항
차량 뒷 부분 스트럭쳐 : 일반 설명

40A

J87

2 - 리어 플로어 , 리어 섹션

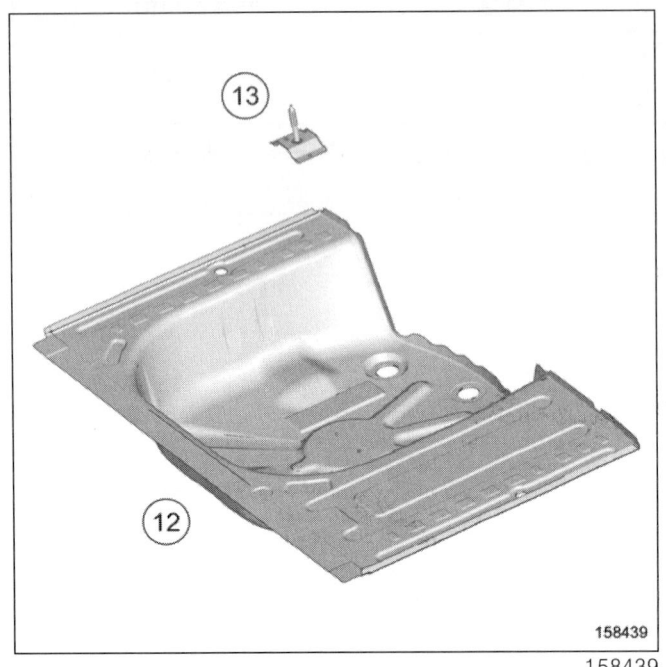

번호	설명	부품의 구성	하부 섹션 번호	두께 (mm)
(7)	리어 플로어 , 리어 섹션 어셈블리	리어 플로어 , 리어 섹션	(12)	0.65
(7)	리어 플로어 , 리어 섹션 어셈블리	스페어 휠 마운팅 리인포스먼트	(13)	1.17

40A-22

일반 사항
지그 장착 시 스트럭쳐에 장착할 위치 : 일반 설명

40A

J87

I - 지그 벤치를 사용해야 하는 부품

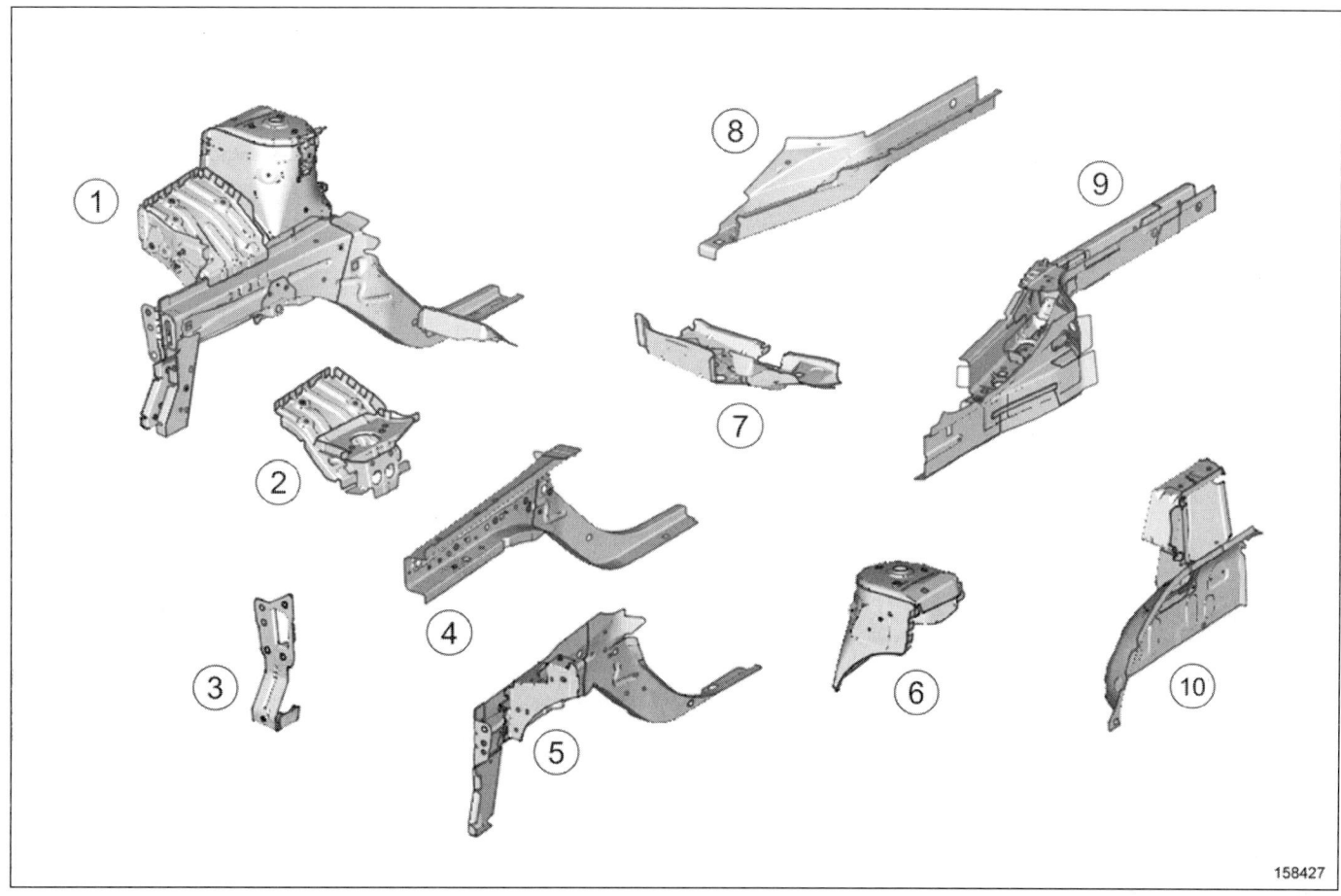

(1): 프론트 하프 유닛
(2): 엔진 마운팅
(3): 라디에이터 크로스 멤버 서포트
(4): 프론트 사이드 멤버
(5): 프론트 사이드 멤버 크로져 패널
(6): 프론트 휠 아치
(7): 센터 플로어 프론트 사이드 크로스 멤버
(8): 리어 사이드 멤버, 리어 섹션
(9): 리어 사이드 멤버
(10): 이너 리어 휠 아치

일반 사항
지그 장착 시 스트럭쳐에 장착할 위치 : 일반 설명

J87

II - 프론트 서브프레임 리어 마운팅

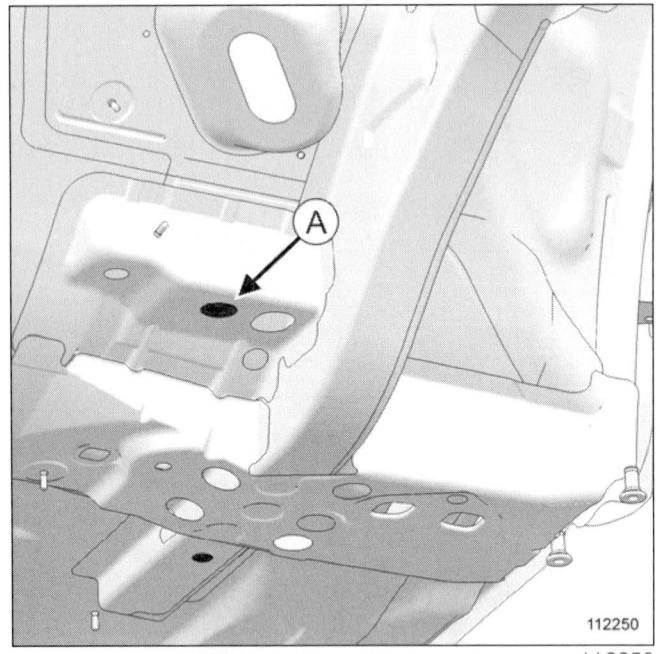

지그는 서브프레임 마운팅 유닛 아래에 위치시키고, 나사 구멍 (A) 을 통해 센터를 맞춘다.

이 위치는 전체 프론트 하프 유닛을 교환할 때 사용된다.

경고

이러한 위치는 올바른 액슬 어셈블리의 위치를 확인하기 위해 사용된다.

III - 리어 액슬 어셈블리 프론트 마운팅

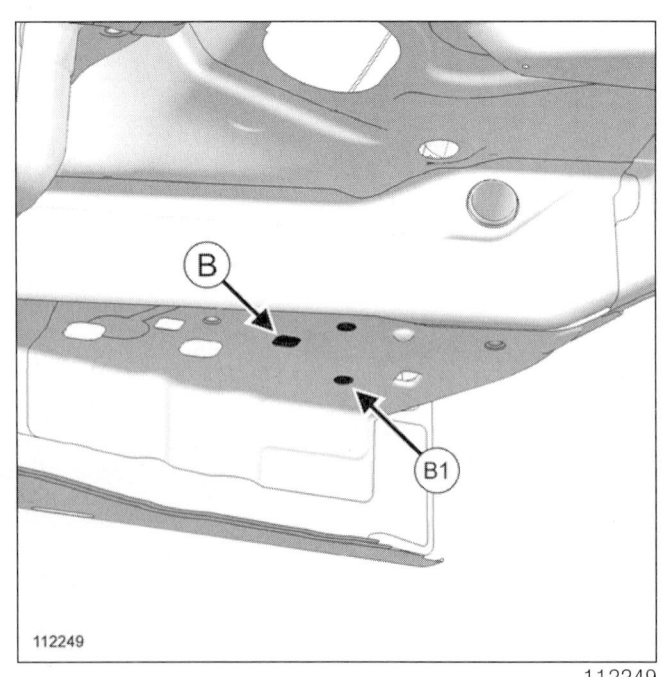

지그는 리어 액슬 어셈블리 마운팅 유닛 아래쪽을 지지하고, 사각형 구멍 (B) 을 통해 센터를 맞추며 리어 액슬 베어링 마운팅의 나사 구멍 (B1) 에 고정한다.

이 위치는 리어 사이드 멤버 어셈블리를 교환할 때 사용된다.

경고

이러한 위치는 올바른 액슬 어셈블리의 위치를 확인하기 위해 사용된다.

IV - 프론트 서브프레임 프론트 마운팅

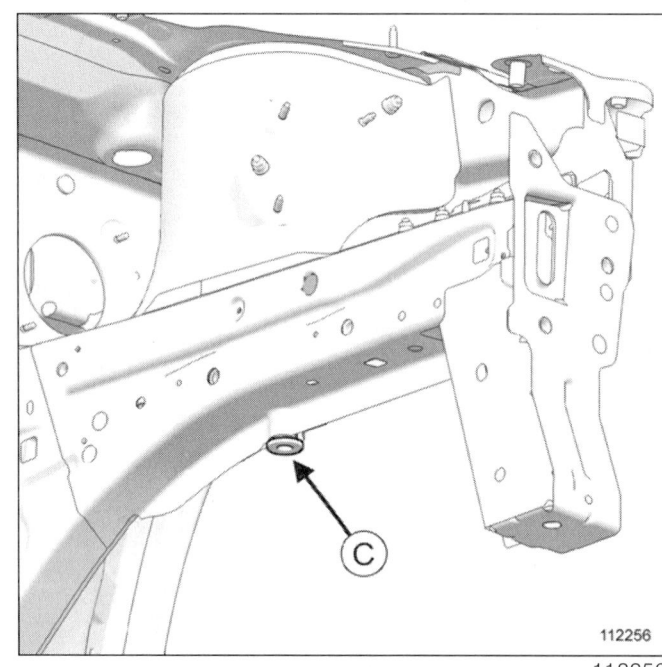

지그는 프론트 서브프레임 마운팅 아래쪽을 지지하고, 나사 구멍 (C) 을 통해 센터를 맞춘다.

이 위치는 다음 부품의 교환 시에도 사용된다 :

- 전체 프론트 사이드 멤버,
- 프론트 하프 유닛.

경고

이러한 위치는 올바른 액슬 어셈블리의 위치를 확인하기 위해 사용된다.

일반 사항
지그 장착 시 스트럭쳐에 장착할 위치 : 일반 설명

40A

J87

V – 프론트 쇽업소버 어퍼 마운팅

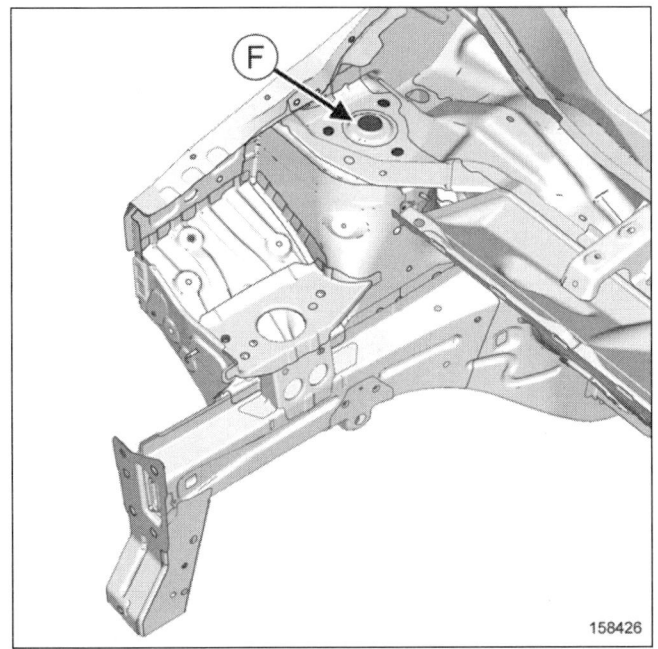

지그는 쇽업소버 컵 아래쪽을 지지하고, 쇽업소버 컵에 있는 구멍 (F) 을 통해 센터를 맞춘다.

이 위치는 다음 부품의 교환 시에도 사용된다 :

- 휠 아치,
- 프론트 하프 유닛.

이 위치는 지그를 이용한 교정 작업에도 사용된다.

> **경고**
> 이러한 위치는 올바른 액슬 어셈블리의 위치를 확인하기 위해 사용된다.

VI – 엔진 마운팅

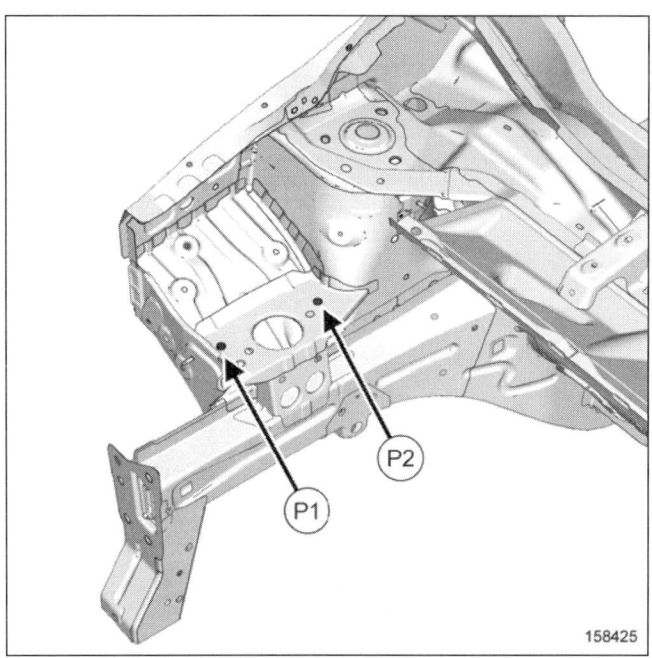

지그는 엔진 마운팅에 위치시키고, 엔진 마운팅 고정 구멍 ((P1) 및 (P2)) 을 통해 센터를 맞춘다.

이 위치는 다음을 교환하기 위해 메커니컬 구성품을 탈거하는 경우에 사용된다 :

- 프론트 하프 유닛,
- 엔진 마운팅.

VII – 라디에이터 마운팅 크로스 멤버 마운팅

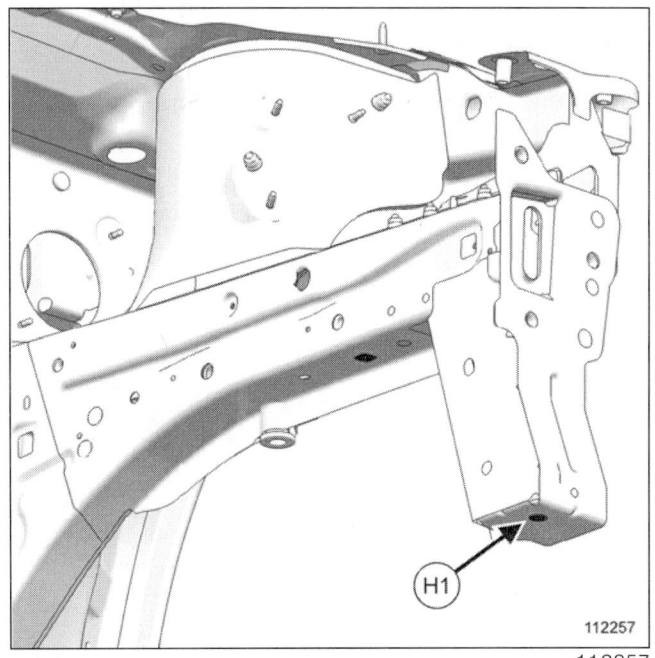

지그는 라디에이터 크로스 멤버 아래쪽을 지지하고, 나사 구멍 (H1) 을 통해 센터를 맞춘다.

일반 사항
지그 장착 시 스트럭쳐에 장착할 위치 : 일반 설명

J87

이 위치는 다음 부품의 교환 시에도 사용된다 :
- 프라디에이터 크로스 멤버 마운팅,
- 프론트 사이드 멤버의 전체 또는 일부,
- 하프 유닛.

VIII - 프론트 임팩트 크로스 멤버 마운팅

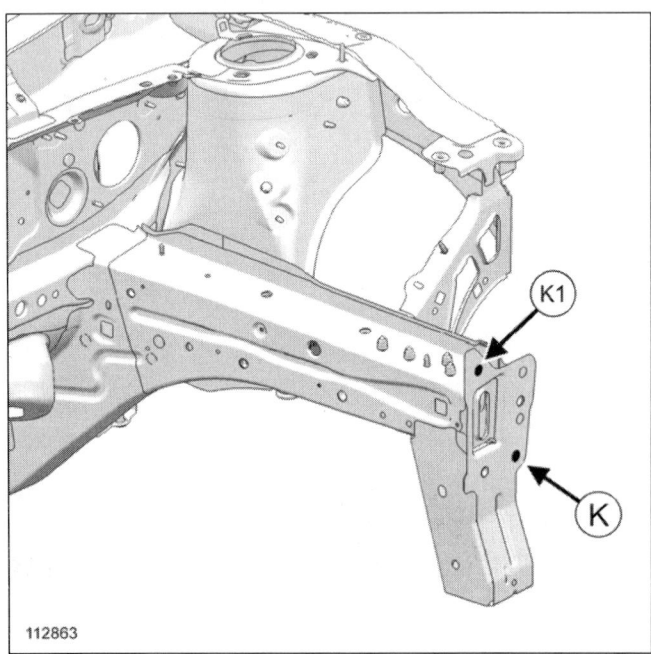

지그는 라디에이터 크로스 멤버 마운팅 유닛에 대해 세로로 놓고, 마운팅 구멍 ((K) 및 (K1))을 통해 센터를 맞춘다.

이 위치는 다음 부품의 교환 시에도 사용된다 :
- 라디에이터 크로스 멤버 마운팅,
- 프론트 사이드 멤버의 전체 또는 일부.

IX - 리어 사이드 멤버의 끝단

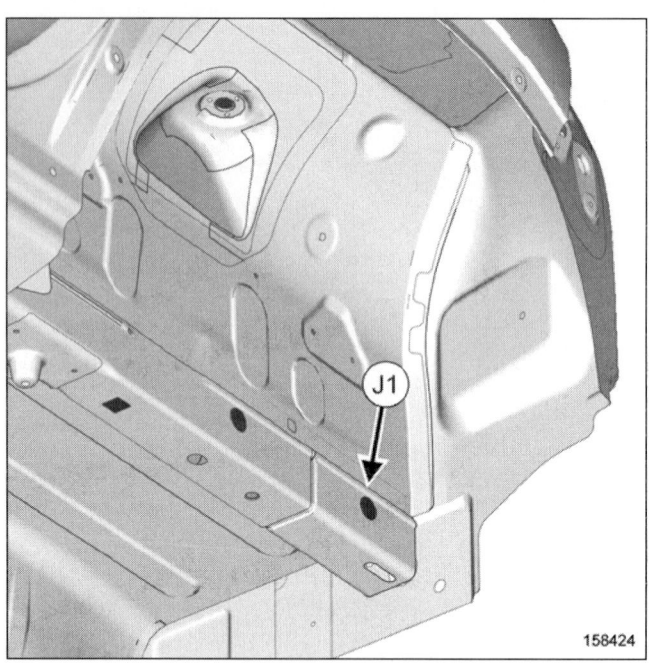

지그는 사이드 멤버에 대해 세로로 놓고, 구멍 (J1)을 통해 센터를 맞춘다.

이 위치는 리어 사이드 멤버를 부분적으로 교환할 때 사용된다.

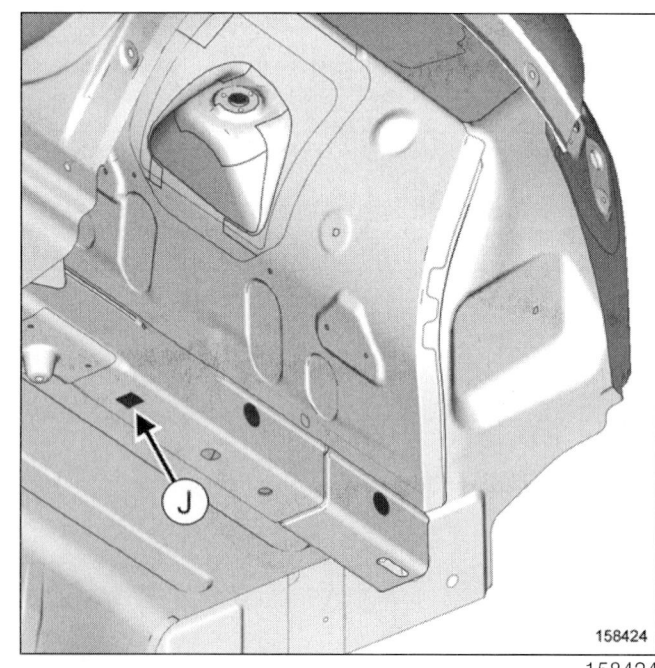

지그는 리어 사이드 멤버 아래에 위치시키고, 구멍 (J)을 통해 센터를 맞춘다.

이 위치는 전체 리어 사이드 멤버를 재정렬하기 위해 메커니컬 구성품을 제자리에 위치시키는 경우에 사용해야 한다.

일반 사항
지그 장착 시 스트럭쳐에 장착할 위치 : 일반 설명

40A

| J87 |

이 위치는 동일한 조건에서 전체 리어 사이드 멤버를 교환하기 위해 메커니컬 구성품을 탈거하는 경우에 사용된다.

X – 이너 리어 휠 아치

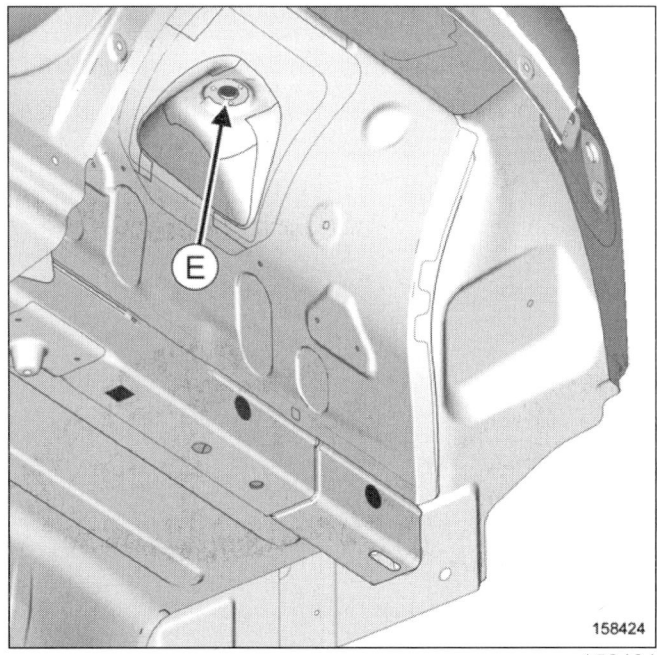

지그는 리어 쇽업소버 컵 아래쪽을 지지하고, 구멍 (E) 을 통해 센터를 맞춘다.

이 위치는 리어 휠 아치를 교환할 때 사용된다.

일반 사항
방음재 : 사전 주의사항

40A

J87

확장 인서트로 중공 부위를 확실히 씰링 및 방음 처리할 수 있다. 확장 인서트는 공장에서 차체를 전기 영동조에 담글 때의 온도에 반응한다. 이런 조건들은 차체에서 재현할 수 없다.

패널을 교환하면, 확장 인서트는 항상 교환한다.

작업시 반드시 순정 용품을 사용하도록 한다.

동일한 씰링 및 방음 특성을 얻기 위해, 다음 작업을 수행한다 :

– 헵탄으로 본딩 표면을 청소한다,

– 필요한 경우, 방음 패드에서 절단한 조각을 이용해 인서트의 구멍을 막는다,

– 인서트 구멍 주위와 내부에 미리 성형된 트림 씰링 매스틱을 바른다,

– 매스틱을 압축하여 인서트를 장착한다.

주의

비드를 압축한 후에는 부품을 장착하면 안 된다.

용접 작업시, 이물질 비산과 열 분산으로부터 인서트를 보호한다.

예를 들어, 히트 프로텍터를 사용한다.

어떤 경우에는 인서트의 접근 가능한 부분만 교환할 수도 있으며, 해당 부분은 교환 부품에서 잘라내야 한다.

프론트 로어 스트럭쳐
프론트 사이드 멤버 크로져 패널 : 교환

41A

J87

I - 서비스 부품의 구성

1 - 우측

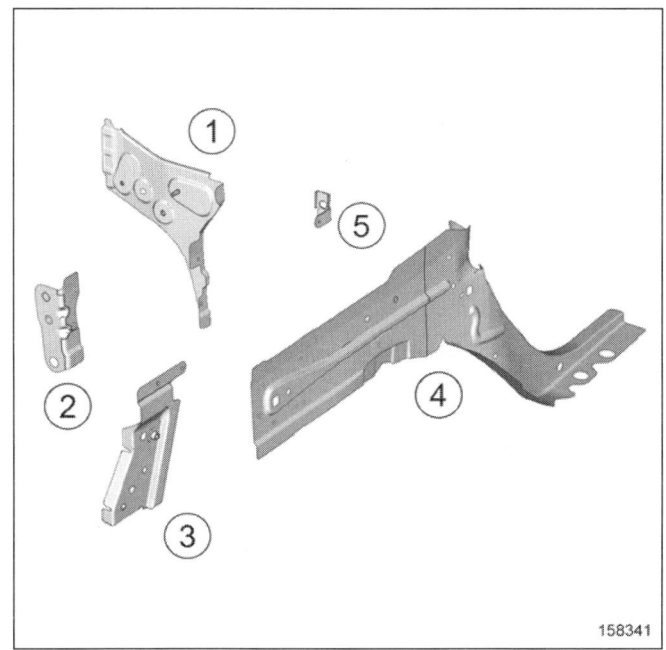

번호	설명	재질	두께 (mm)
(1)	프론트 섹션 엔진 마운팅	고장력 강판	1.5
(2)	프론트 엔드 크로스 멤버 마운팅 브라켓	고장력 강판	2
(3)	임팩트 업소버 유닛의 크로져 패널 구성 부품	고장력 강판	1.2
(4)	프론트 우측 사이드 멤버 크로져 패널	고장력 강판	1.6/ 2.7
(5)	우측 브레이크 호스 스톱 마운팅	연강	2

2 - 좌측

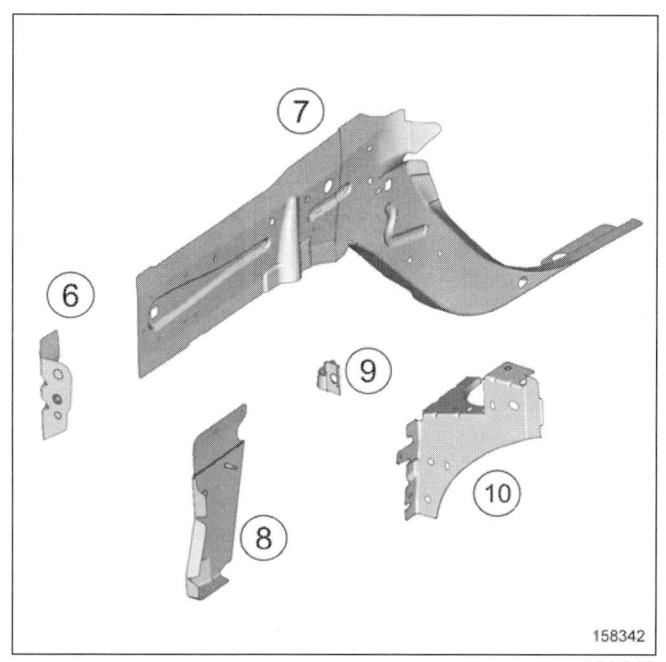

번호	설명	재질	두께 (mm)
(6)	프론트 엔드 크로스 멤버 마운팅 브라켓	고장력 강판	2
(7)	프론트 좌측 사이드 멤버 크로져 패널	고장력 강판	1.6/ 2.7
(8)	임팩트 업소버 유닛의 크로져 패널 구성 부품	고장력 강판	1.2
(9)	우측 브레이크 호스 스톱 마운팅	연강	2
(10)	사이드 멤버 프론트 필러 가니쉬 어퍼 섹션의 연결 구성부품	고장력 강판	1

II - 교환 작업

부품 교환 방법 :

- 프론트 부분 교환 AB,
- 부분 교환 AC.

프론트 로어 스트럭쳐
프론트 사이드 멤버 크로져 패널 : 교환

41A

J87

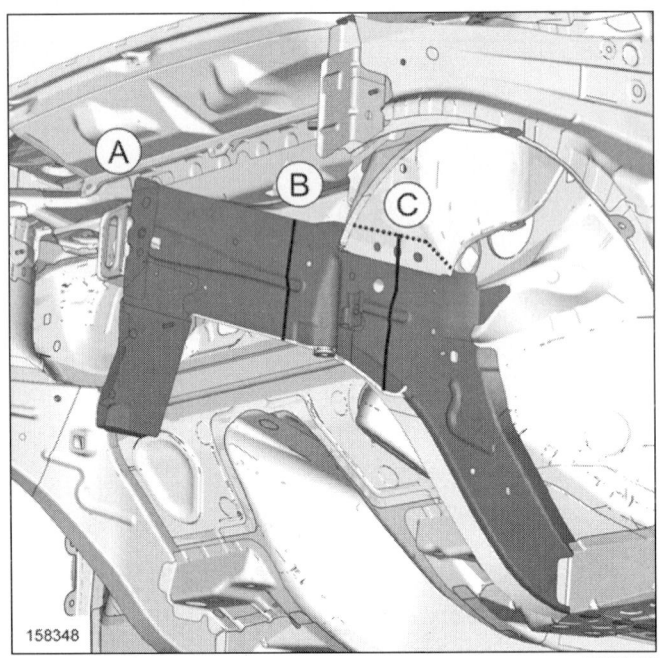

1 - 프론트 부분 교환 AB

a - 부품의 장착 위치

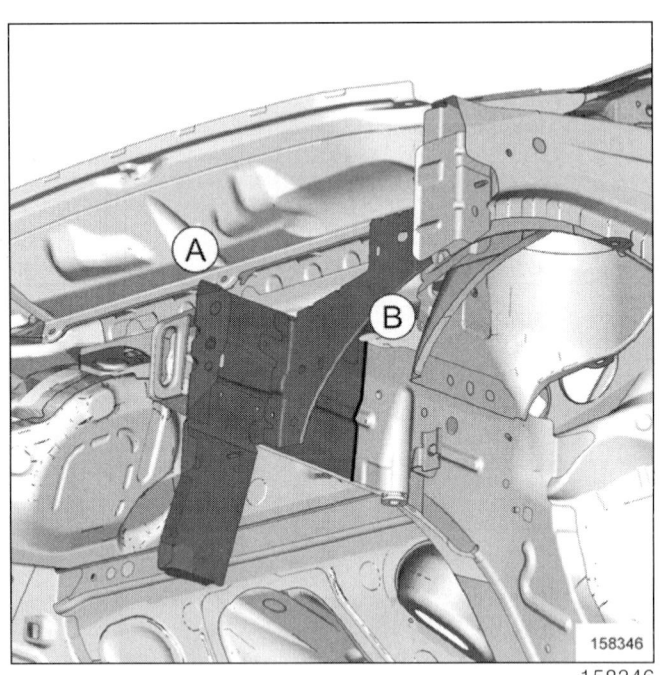

B 단면 세부도

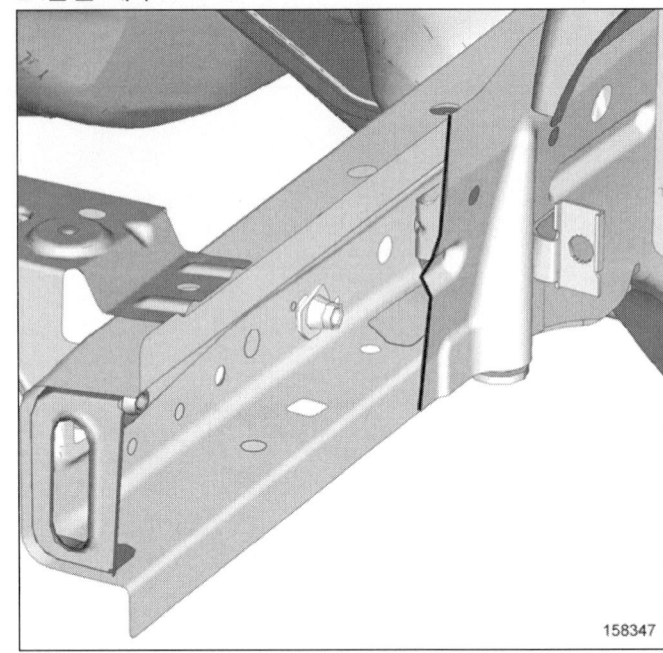

b - 전기 접지의 위치

주의

차량의 전기 및 전자 구성부품 손상을 방지하기 위해 용접 부위 근처에 있는 와이어링 하네스의 접지를 분리해야 한다.

용접기의 접지는 용접 부위에서 최대한 가까운 위치에 있어야 한다 (MR 400 차체 구조 수리 매뉴얼, 40H, 볼트 결합, 접지를 위한 볼트 결합: 장착 참조).

용접 부위 근처의 접지를 찾는다 (40A, 일반 사항, 접지 위치: 구성부품 리스트 및 위치 참조).

c - 용접 작업에 대한 설명

주의

용접할 부품의 접촉면에 접근할 수 없는 경우 스폿 용접 (전기 저항 용접) 대신 플러그 용접 (아크 용접) 을 사용한다 (MR 400 차체 구조 수리 매뉴얼, 40C, 가스 메탈 아크 용접 접합, 가스 차폐 아크 용접 비드 조인트: 설명 참조).

프론트 로어 스트럭쳐
프론트 사이드 멤버 크로져 패널 : 교환

41A

J87

2 - 부분 교환 AC

a - 부품의 장착 위치

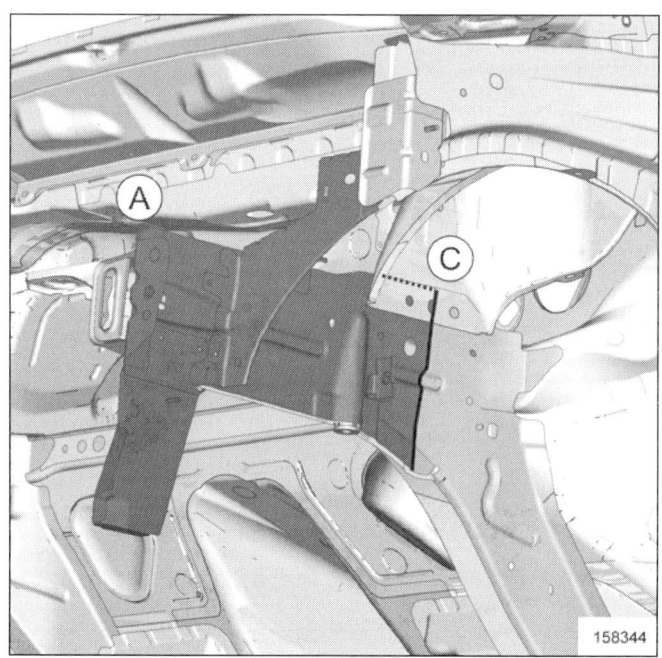

158344

C 단면 세부도

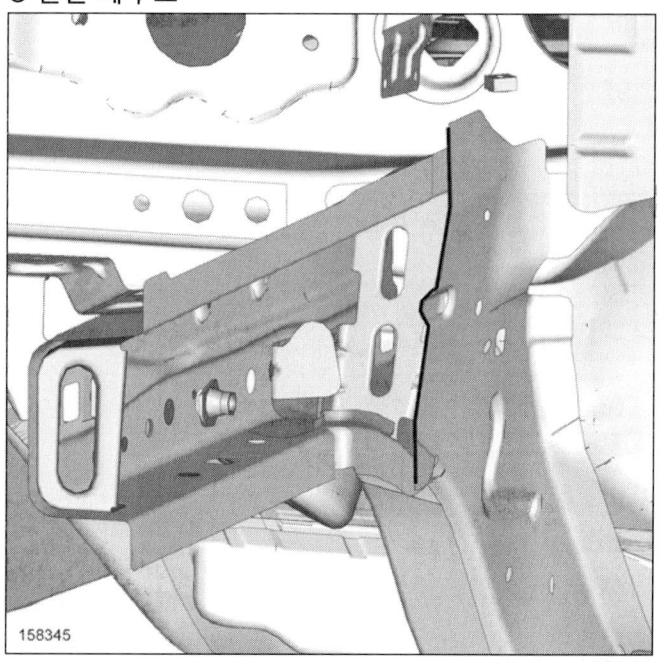

158345

b - 전기 접지의 위치

주의

차량의 전기 및 전자 구성부품 손상을 방지하기 위해 용접 부위 근처에 있는 와이어링 하네스의 접지를 분리해야 한다.

용접기의 접지는 용접 부위에서 최대한 가까운 위치에 있어야 한다 (MR 400 차체 구조 수리 매뉴얼, 40H, 볼트 결합, 접지를 위한 볼트 결합: 장착 참조).

용접 부위 근처의 접지를 찾는다 (40A, 일반 사항, 접지 위치: 구성부품 리스트 및 위치 참조).

c - 용접 작업에 대한 설명

주의

용접할 부품의 접촉면에 접근할 수 없는 경우 스폿 용접 (전기 저항 용접) 대신 플러그 용접 (아크 용접) 을 사용한다 (MR 400 차체 구조 수리 매뉴얼, 40C, 가스 메탈 아크 용접 접합, 가스 차폐 아크 용접 비드 조인트: 설명 참조).

프론트 로어 스트럭쳐
프론트 사이드 멤버 프론트 섹션 : 교환

41A

J87

I - 서비스 부품의 구성

1 - 우측

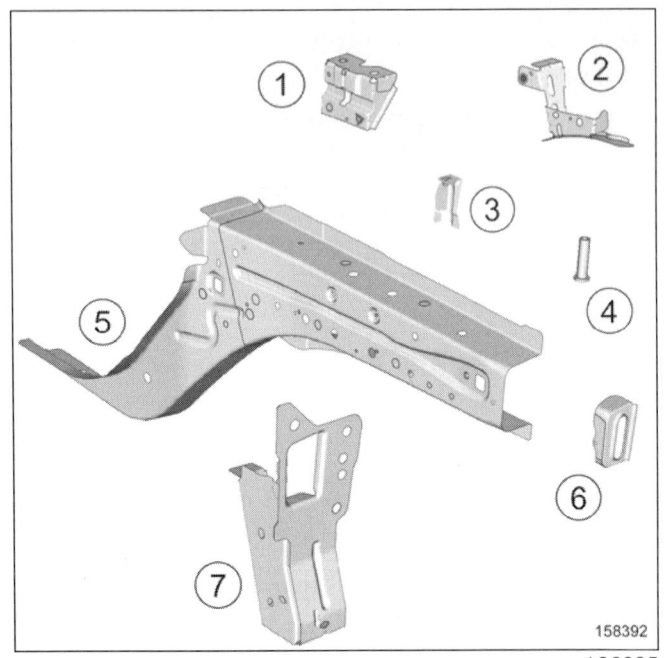

2 - 좌측

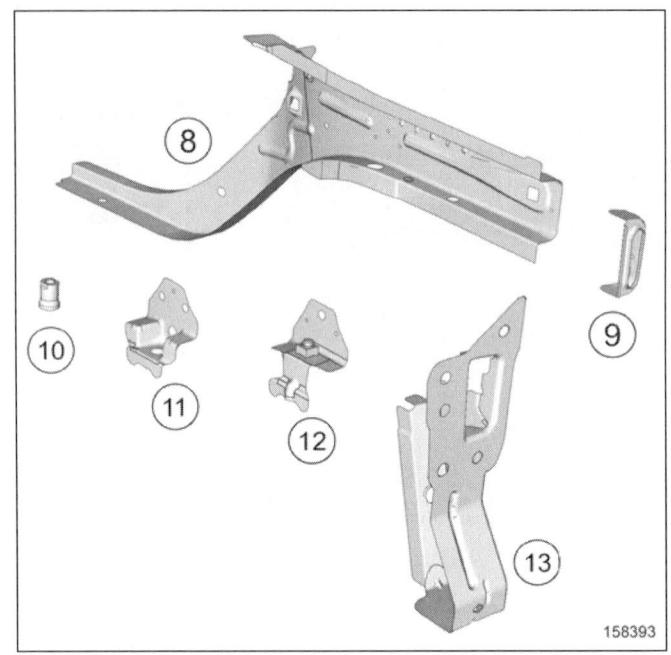

번호	설명	두께 (mm)
(1)	변속기 서포트 리인포스먼트	1.6
(2)	프론트 좌측 사이드 멤버 리인포스먼트	1.6
(3)	서브프레임 마운팅 유닛	3
(4)	서브프레임 마운팅 스페이서	4
(5)	프론트 좌측 사이드 멤버	1.6/2.6
(6)	프론트 좌측 사이드 멤버 임팩트 리인포스먼트	2
(7)	임팩트 업소버 유닛	1.2

번호	설명	두께 (mm)
(8)	프론트 우측 사이드 멤버	1.6/2.6
(9)	프론트 우측 사이드 멤버 임팩트 리인포스먼트	2
(10)	서브프레임 마운팅 스페이서	2
(11)	프론트 서브프레임 프론트 마운팅 유닛	2
(12)	서브프레임 프론트 마운팅 유닛의 크로져 패널	2
(13)	임팩트 업소버 유닛	1.2

II - 교환 작업

부품 교환 방법 :

- 전체 교환 ,
- 절단면 A 를 따라 부분 교환 ,
- 절단면 B 를 따라 부분 교환 .

프론트 로어 스트럭쳐
프론트 사이드 멤버 프론트 섹션 : 교환

41A

J87

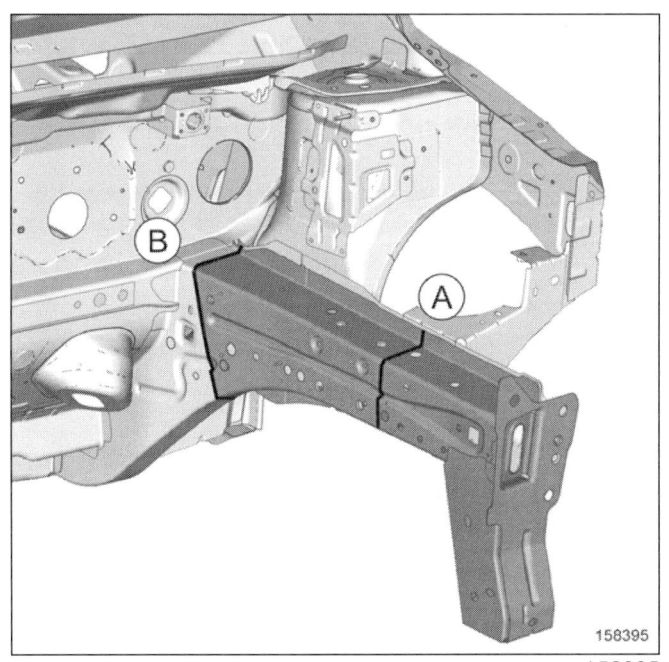

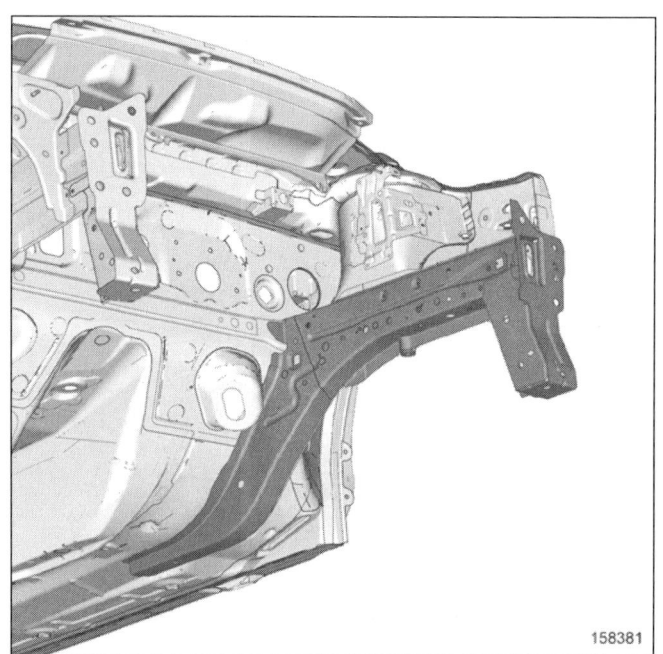

a – 부품의 장착 위치

주의

차량의 전기 및 전자 구성부품 손상을 방지하기 위해 용접 부위 근처에 있는 와이어링 하네스의 접지를 분리해야 한다.

용접기의 접지는 용접 부위에서 최대한 가까운 위치에 있어야 한다 (MR 400 차체 구조 수리 매뉴얼, 40H, 볼트 결합, 접지를 위한 볼트 결합: 장착 참조).

용접 부위 근처의 접지를 찾는다 (40A, 일반 사항, 접지 위치 : 구성부품 리스트 및 위치 참조).

1 – 전체 교환

경고

지그 벤치를 사용하여 포인트 및 액슬 어셈블리의 정확한 위치를 지정한다.

b – 용접 작업에 대한 설명

주의

용접할 부품의 접촉면에 접근할 수 없는 경우 스폿 용접 (전기 저항 용접) 대신 플러그 용접 (아크 용접) 을 사용한다 (MR 400 차체 구조 수리 매뉴얼, 40C, 가스 메탈 아크 용접 접합, 가스 차폐 아크 용접 비드 조인트 : 설명 참조).

2 – 절단면 A 를 따라 부분 교환

경고

지그 벤치를 사용하여 포인트 및 액슬 어셈블리의 정확한 위치를 지정한다.

프론트 로어 스트럭쳐
프론트 사이드 멤버 프론트 섹션 : 교환

J87

a - 부품의 장착 위치

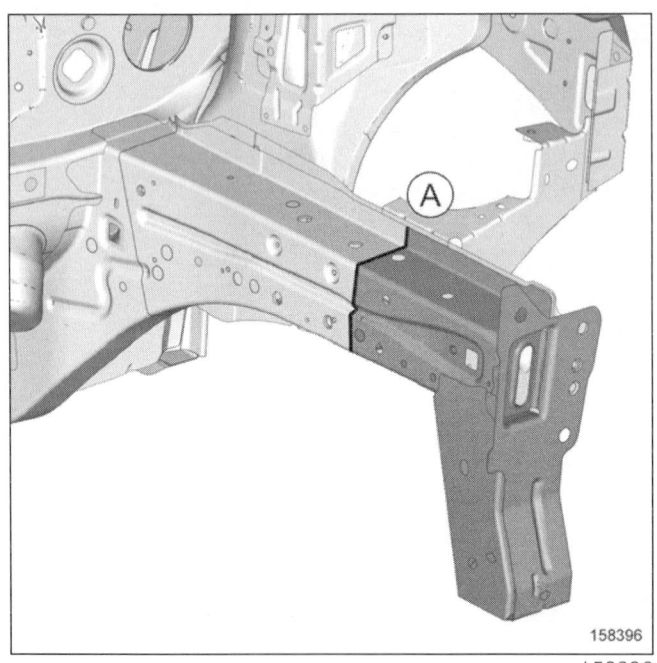

세부도 A

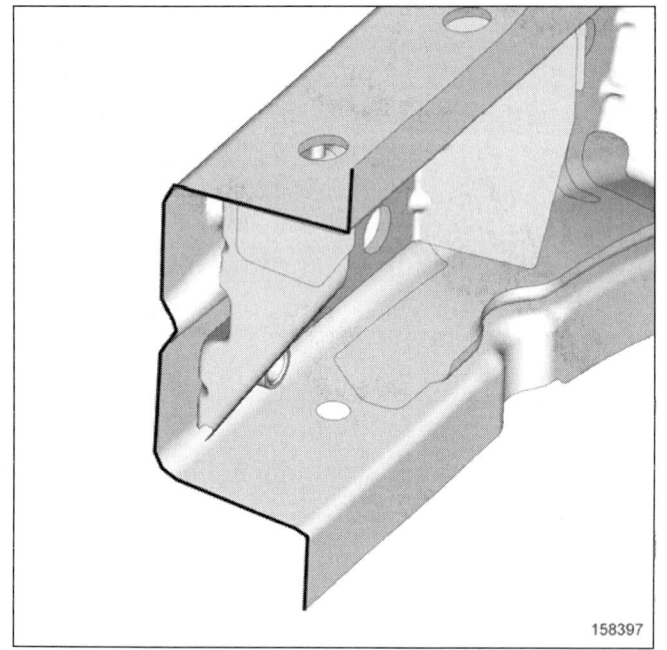

b - 용접 작업에 대한 설명

주의

용접할 부품의 접촉면에 접근할 수 없는 경우 스폿 용접 (전기 저항 용접) 대신 플러그 용접 (아크 용접) 을 사용한다 (MR 400 차체 구조 수리 매뉴얼, 40C, 가스 메탈 아크 용접 접합, 가스 차폐 아크 용접 비드 조인트 : 설명 참조).

3 - 절단면 B 를 따라 부분 교환

경고

지그 벤치를 사용하여 포인트 및 액슬 어셈블리의 정확한 위치를 지정한다 .

a - 부품의 장착 위치

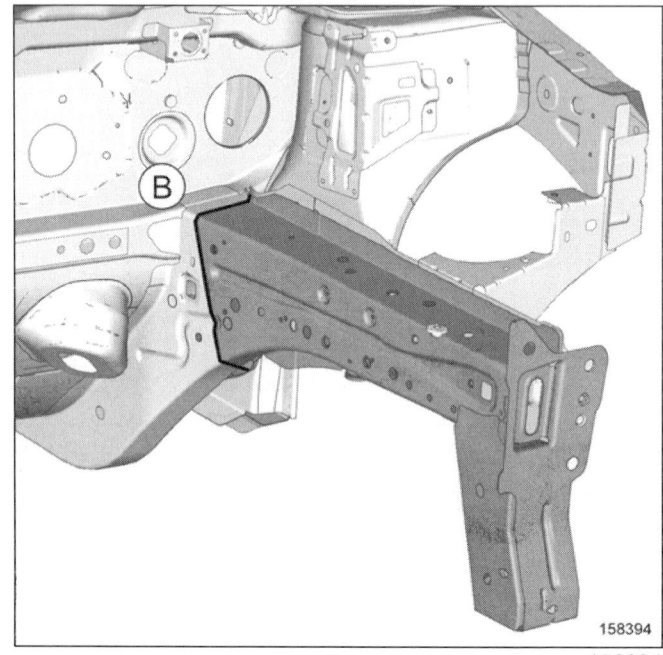

b - 용접 작업에 대한 설명

주의

용접할 부품의 접촉면에 접근할 수 없는 경우 스폿 용접 (전기 저항 용접) 대신 플러그 용접 (아크 용접) 을 사용한다 (MR 400 차체 구조 수리 매뉴얼, 40C, 가스 메탈 아크 용접 접합, 가스 차폐 아크 용접 비드 조인트 : 설명 참조).

프론트 로어 스트럭쳐
배터리 트레이 마운팅 : 교환

41A

J87

I – 서비스 부품의 구성

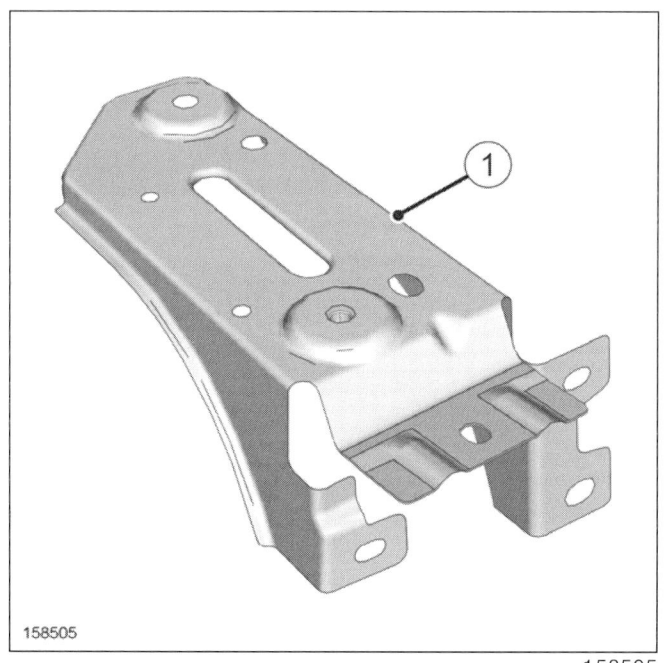

번호	설명	재질	두께 (mm)
(1)	배터리 트레이 마운팅	연강	2

II – 교환 작업

부품 교환 방법 :

– 전체 교환 .

전체 교환

a – 부품의 장착 위치

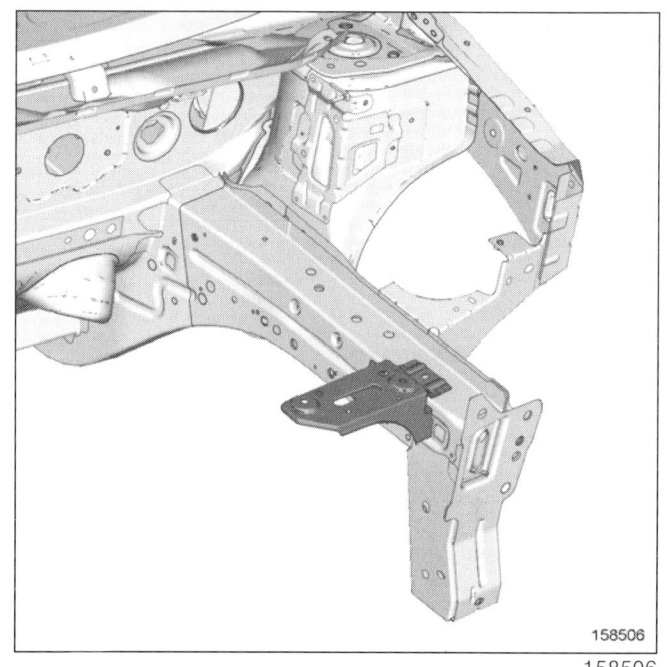

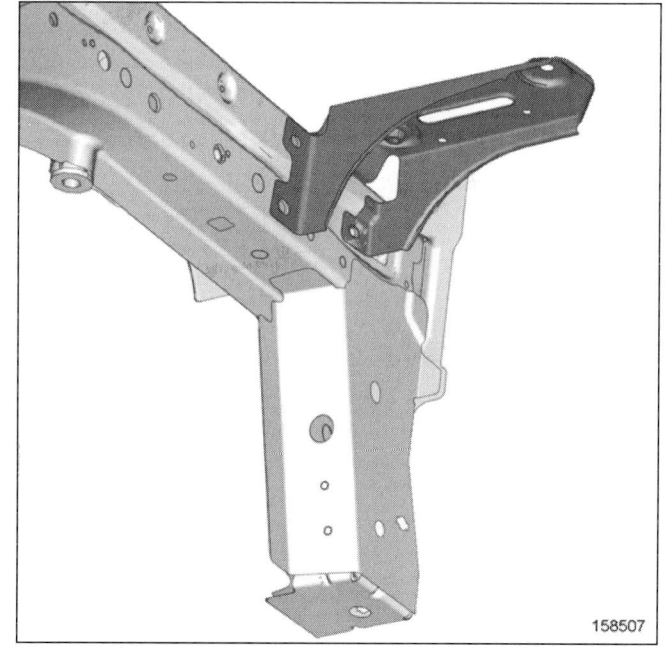

41A-7

프론트 로어 스트럭쳐
배터리 트레이 마운팅 : 교환

41A

J87

b – 전기 접지의 위치

> **주의**
>
> 차량의 전기 및 전자 구성부품 손상을 방지하기 위해 용접 부위 근처에 있는 와이어링 하네스의 접지를 분리해야 한다.
>
> 용접기의 접지는 용접 부위에서 최대한 가까운 위치에 있어야 한다 (MR 400 차체 구조 수리 매뉴얼, 40H, 볼트 결합, 접지를 위한 볼트 결합: 장착 참조).

용접 부위 근처의 접지를 찾는다 (40A, 일반 사항, 접지 위치 : 구성부품 리스트 및 위치 참조).

c – 용접 작업에 대한 설명

> **주의**
>
> 용접할 부품의 접촉면에 접근할 수 없는 경우 스폿 용접 (전기 저항 용접) 대신 플러그 용접 (아크 용접) 을 사용한다 (MR 400 차체 구조 수리 매뉴얼, 40C, 가스 메탈 아크 용접 접합, 가스 차폐 아크 용접 비드 조인트 : 설명 참조).

프론트 로어 스트럭쳐
엔진 마운팅 : 교환

41A

J87

I - 서비스 부품의 구성

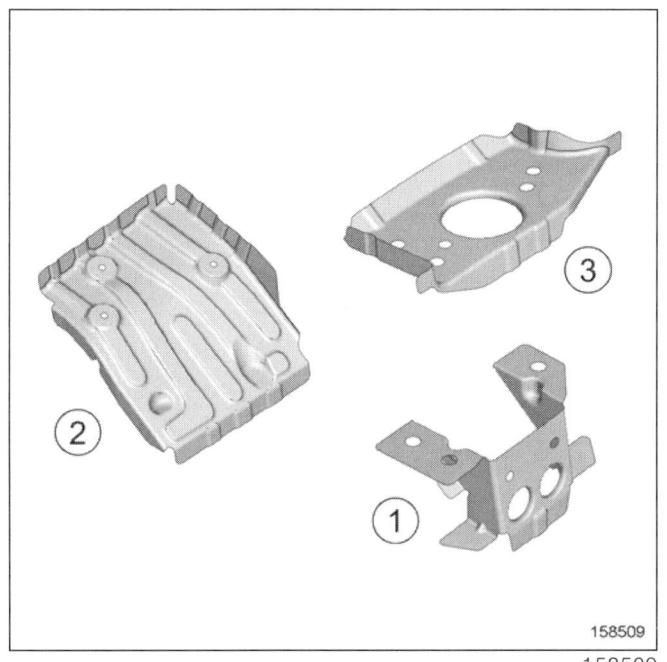

158509

번호	설명	재질	두께 (mm)
(1)	엔진 마운팅 리어 섹션	고장력 강판	2
(2)	엔진 마운팅 어퍼 섹션		1.5
(3)	엔진 마운팅 센터 섹션	고장력 강판	2.5

II - 교환 작업

부품 교환 방법 :

- 전체 교환 .

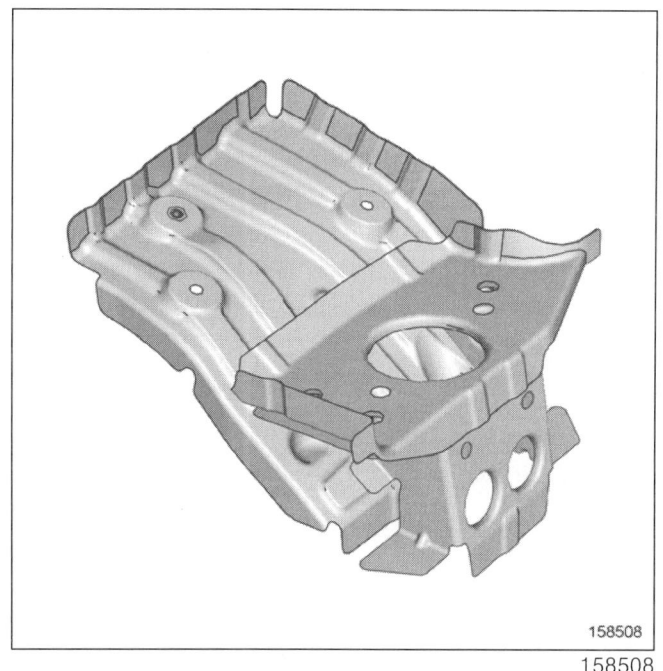

158508

경고

지그 벤치를 사용하여 포인트 및 액슬 어셈블리의 정확한 위치를 지정한다 .

전체 교환

a - 부품의 장착 위치

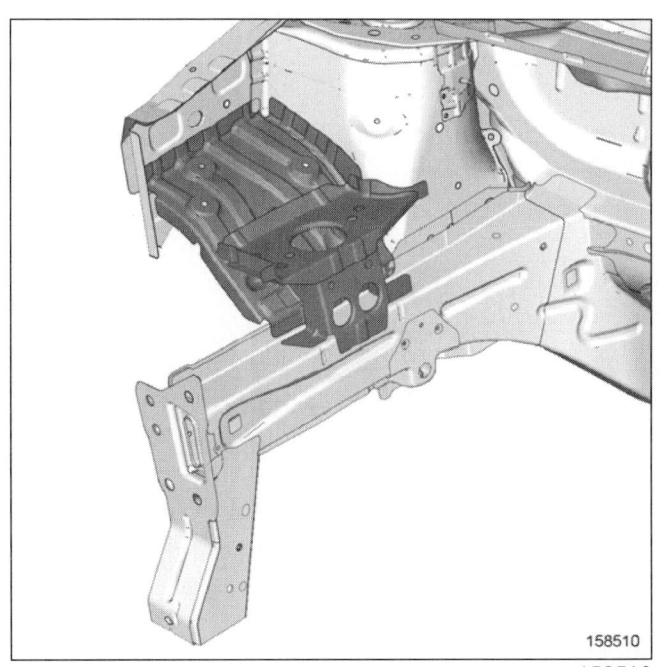

158510

41A-9

프론트 로어 스트럭쳐
엔진 마운팅 : 교환

41A

J87

b – 전기 접지의 위치

> **주의**
>
> 차량의 전기 및 전자 구성부품 손상을 방지하기 위해 용접 부위 근처에 있는 와이어링 하네스의 접지를 분리해야 한다.
>
> 용접기의 접지는 용접 부위에서 최대한 가까운 위치에 있어야 한다 (MR 400 차체 구조 수리 매뉴얼, 40H, 볼트 결합, 접지를 위한 볼트 결합: 장착 참조).

용접 부위 근처의 접지를 찾는다 (40A, 일반 사항, 접지 위치 : 구성부품 리스트 및 위치 참조).

c – 용접 작업에 대한 설명

> **주의**
>
> 용접할 부품의 접촉면에 접근할 수 없는 경우 스폿 용접 (전기 저항 용접) 대신 플러그 용접 (아크 용접) 을 사용한다 (MR 400 차체 구조 수리 매뉴얼, 40C, 가스 메탈 아크 용접 접합, 가스 차폐 아크 용접 비드 조인트 : 설명 참조).

프론트 로어 스트럭쳐
프론트 하프 유닛 : 교환

41A

J87

I – 서비스 부품의 구성

1 – 좌측

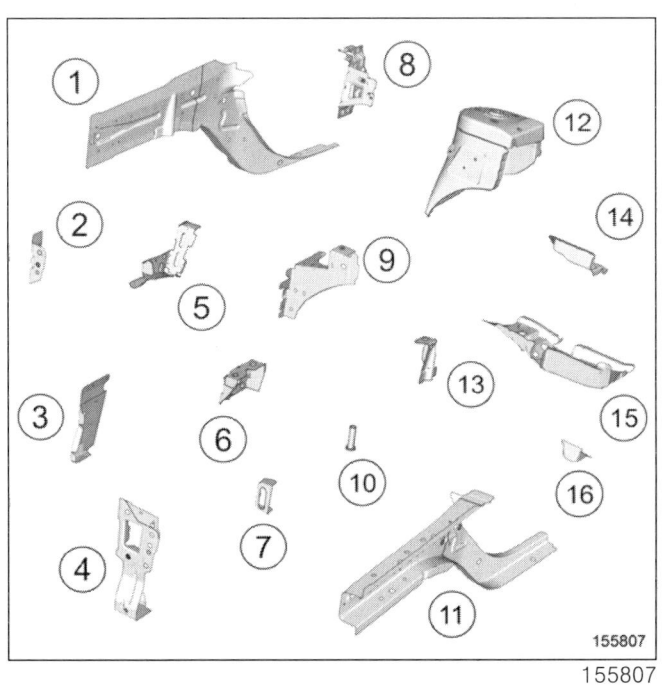

번호	설명	재질	두께 (mm)
(1)	프론트 좌측 사이드 멤버의 크로져 패널 구성부품		1.6/2.7
(2)	엔드 크로스 멤버의 좌측 마운팅		2
(3)	프론트 임팩트 크로스 멤버 마운팅 유닛의 크로져 패널 구성 부품		1.2
(4)	임팩트 업소버 마운팅 유닛		2.5
(5)	프론트 좌측 사이드 멤버 리인포스먼트		1.6
(6)	프론트 변속기 리인포스먼트		1.6
(7)	프론트 좌측 사이드 멤버 임팩트 리인포스먼트		2
(8)	컨트롤 유닛 서포트 유닛		1.2
(9)	사이드 멤버 프론트 필러 가니쉬 연결 엘리먼트		1
(10)	서브프레임 마운팅 스페이서		4
(11)	프론트 좌측 사이드 멤버		1.6/2.6
(12)	프론트 좌측 쇽 업소버 컵		1.2
(13)	서브프레임 마운팅 프론트 좌측 유닛		3
(14)	서브프레임 리어 좌측 마운팅 유닛		2
(15)	사이드 크로스 멤버		1
(16)	서브프레임 리어 좌측 마운팅 리인포스먼트		2.6

프론트 로어 스트럭쳐
프론트 하프 유닛 : 교환

41A

J87

2 - 우측

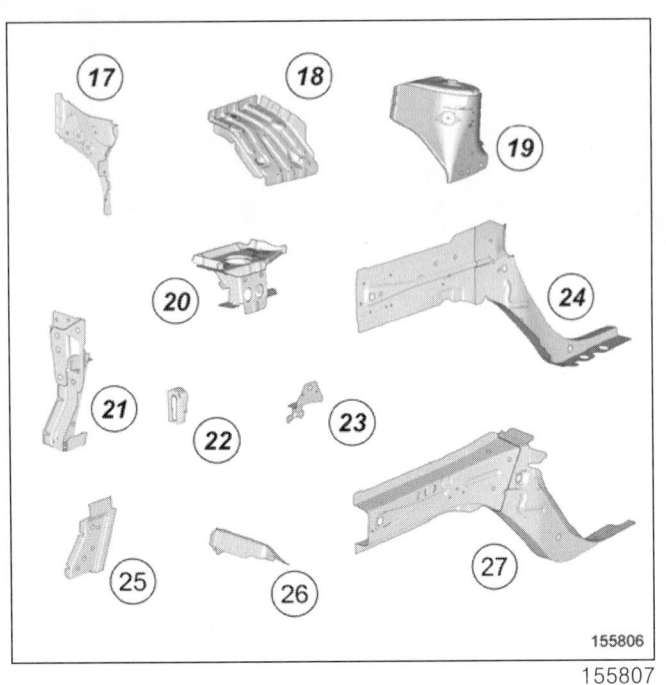

번호	설명	재질	두께 (mm)
(17)	프론트 섹션 엔진 마운팅		1.5
(18)	엔진 마운팅 어퍼 섹션		1.5
(19)	프론트 우측 쇽 업소버 컵		1.2
(20)	엔진 마운팅 로어 섹션		2
(21)	임팩트 업소버 마운팅 유닛		1.2/2.5
(22)	프론트 우측 사이드 멤버 임팩트 리인포스먼트		2
(23)	서브프레임 프론트 마운팅 유닛의 크로져 패널		2
(24)	프론트 우측 사이드 멤버의 크로져 패널 구성부품		1.6/2.7
(25)	프론트 임팩트 크로스 멤버 마운팅 유닛의 크로져 패널 구성부품		1.2
(26)	서브프레임 마운팅 프론트 유닛		2
(27)	프론트 우측 사이드 멤버		1.6/2.6

프론트 로어 스트럭쳐
프론트 하프 유닛 : 교환

41A

J87

II - 부품의 장착 위치

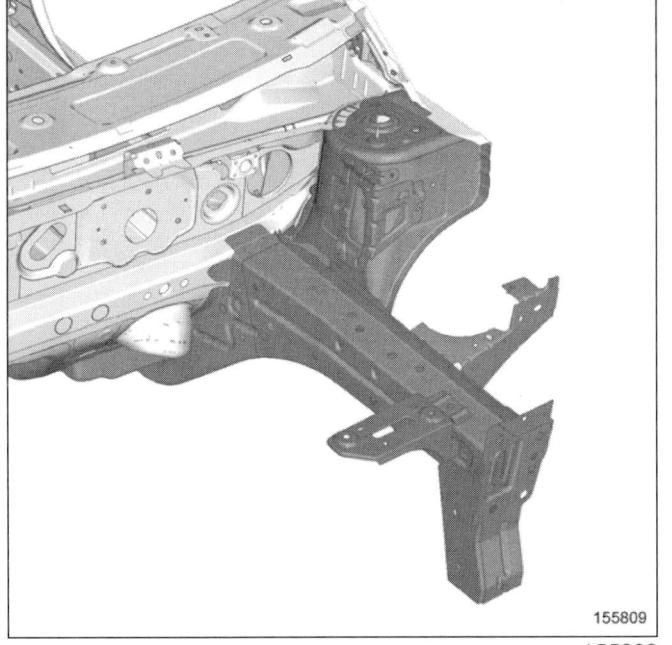

155809

III - 교환 작업

부품 교환 방법 :

- 부분 교환 A-B.

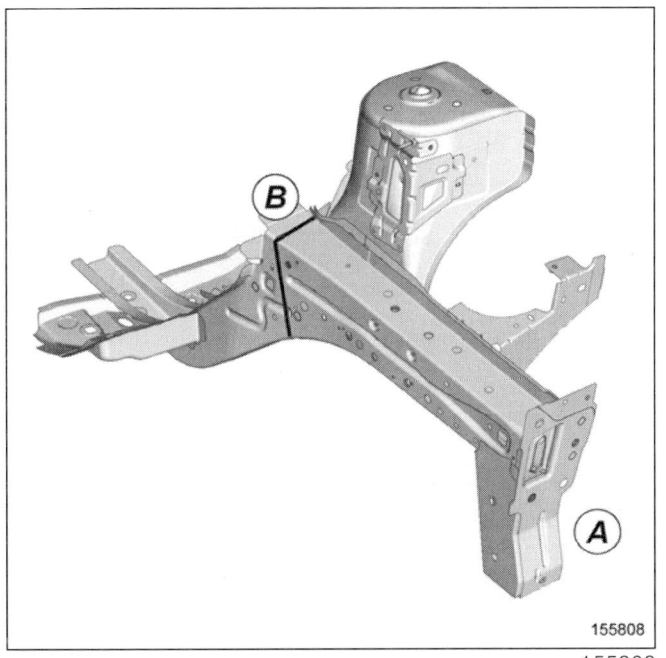

155808

경고

지그 벤치를 사용하여 포인트 및 액슬 어셈블리의 정확한 위치를 지정한다 .

1 - 프론트 좌측 부분 교환 A-B

a - 부품의 장착 위치

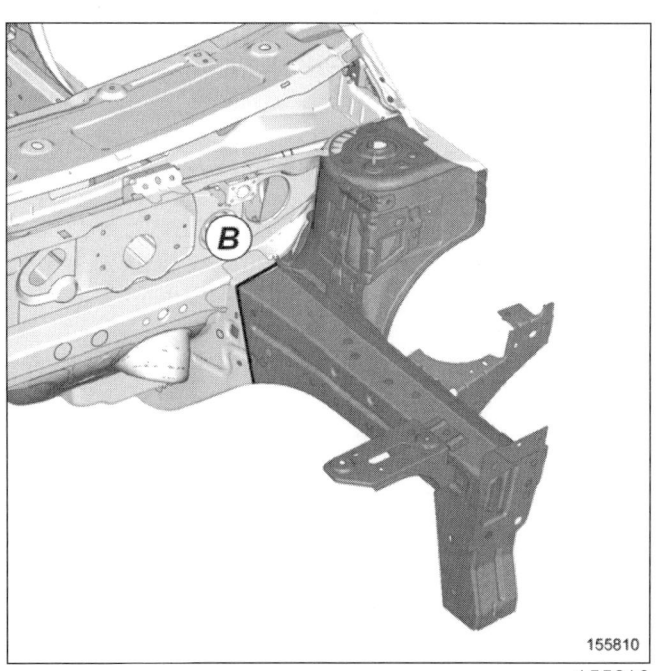

155810

B 단면의 특수 작업

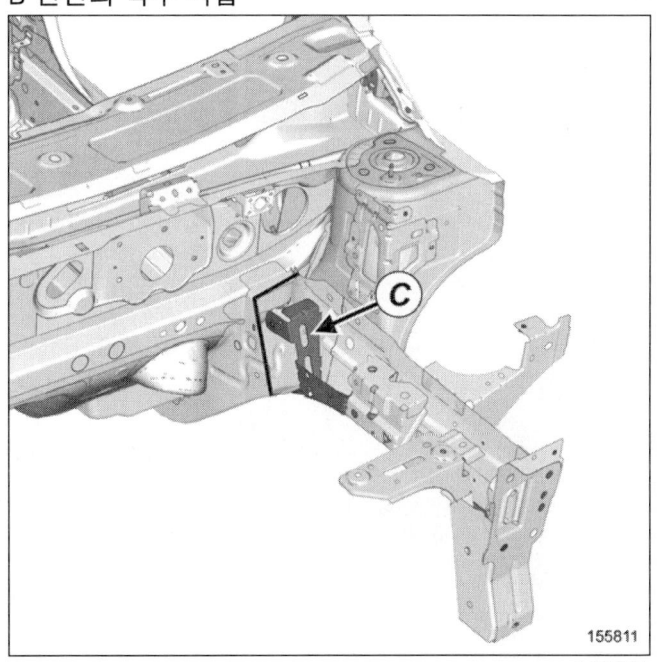

155811

참고 :

커팅 시 리어 이너 리인포스먼트 (C) 를 손상시키지 않도록 주의한다 .

프론트 로어 스트럭쳐
프론트 하프 유닛 : 교환

41A

J87

b - 전기 접지의 위치

> **주의**
>
> 차량의 전기 및 전자 구성부품 손상을 방지하기 위해 용접 부위 근처에 있는 와이어링 하네스의 접지를 분리해야 한다.
>
> 용접기의 접지는 용접 부위에서 최대한 가까운 위치에 있어야 한다 (MR 400 차체 구조 수리 매뉴얼, 40H, 볼트 결합, 접지를 위한 볼트 결합: 장착 참조).

용접 부위 근처의 접지를 찾는다 (40A, 일반 사항, 접지 위치 : 구성부품 리스트 및 위치 참조).

c - 용접 작업에 대한 설명

> **주의**
>
> 용접할 부품의 접촉면에 접근할 수 없는 경우 스폿 용접 (전기 저항 용접) 대신 플러그 용접 (아크 용접) 을 사용한다 (MR 400 차체 구조 수리 매뉴얼, 40C, 가스 메탈 아크 용접 접합, 가스 차폐 아크 용접 비드 조인트 : 설명 참조).

2 - 프론트 우측 하프 유닛의 부분 교환

a - 부품의 장착 위치

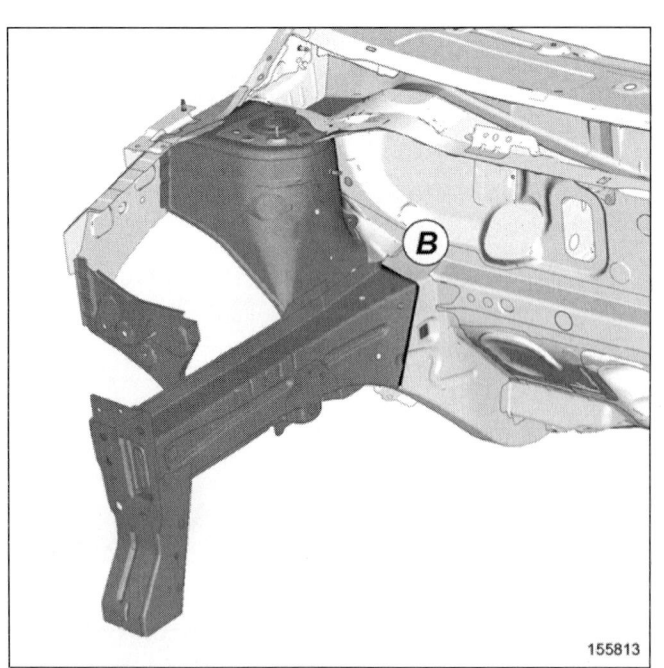

155813

B 단면의 특수 작업

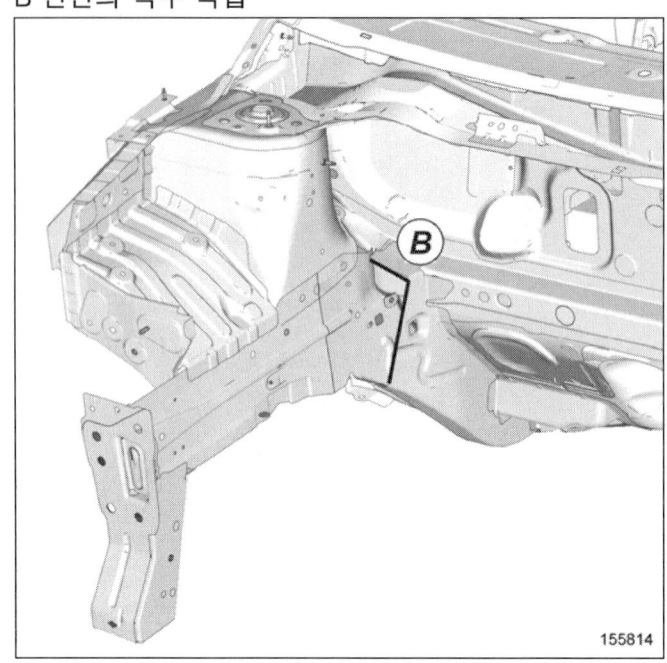

155814

b - 전기 접지의 위치

> **주의**
>
> 차량의 전기 및 전자 구성부품 손상을 방지하기 위해 용접 부위 근처에 있는 와이어링 하네스의 접지를 분리해야 한다.
>
> 용접기의 접지는 용접 부위에서 최대한 가까운 위치에 있어야 한다 (MR 400 차체 구조 수리 매뉴얼, 40H, 볼트 결합, 접지를 위한 볼트 결합: 장착 참조).

용접 부위 근처의 접지를 찾는다 (40A, 일반 사항, 접지 위치 : 구성부품 리스트 및 위치 참조).

c - 용접 작업에 대한 설명

> **주의**
>
> 용접할 부품의 접촉면에 접근할 수 없는 경우 스폿 용접 (전기 저항 용접) 대신 플러그 용접 (아크 용접) 을 사용한다 (MR 400 차체 구조 수리 매뉴얼, 40C, 가스 메탈 아크 용접 접합, 가스 차폐 아크 용접 비드 조인트 : 설명 참조).

센터 로어 스트럭쳐
센터 플로어 사이드 섹션 : 교환

41B

J87

I – 서비스 부품의 구성

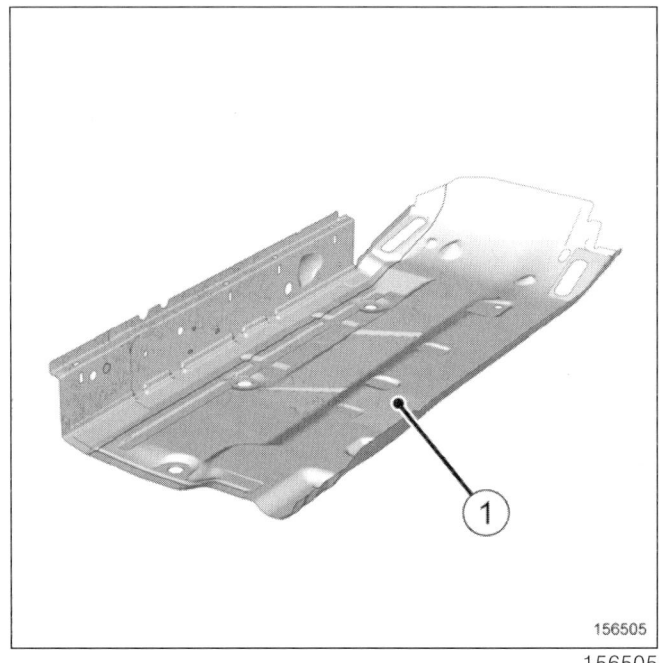

156505

번호	설명	재질	두께 (mm)
(1)	센터 플로어, 사이드 섹션	연강	0.65/ 1.2

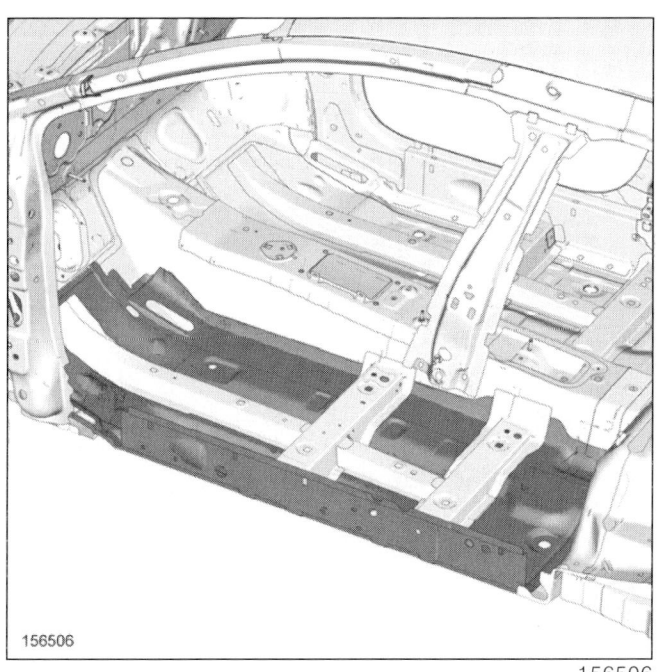

156506

II – 교환 작업

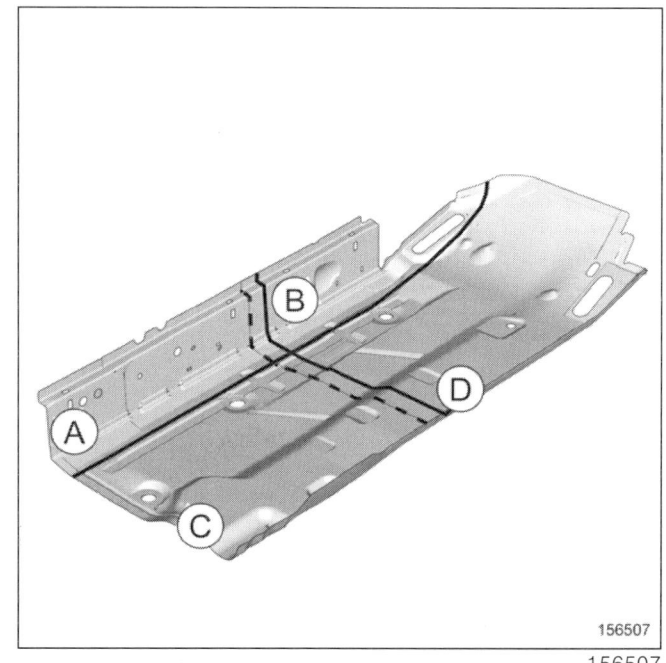

156507

부품 교환 방법 :
- 전체 교환 A-B-C-D,
- 프론트 부분 교환 B-D,
- 부분 교환 A-B.

1 - 전체 교환 A-B-C-D

a - 부품의 장착 위치

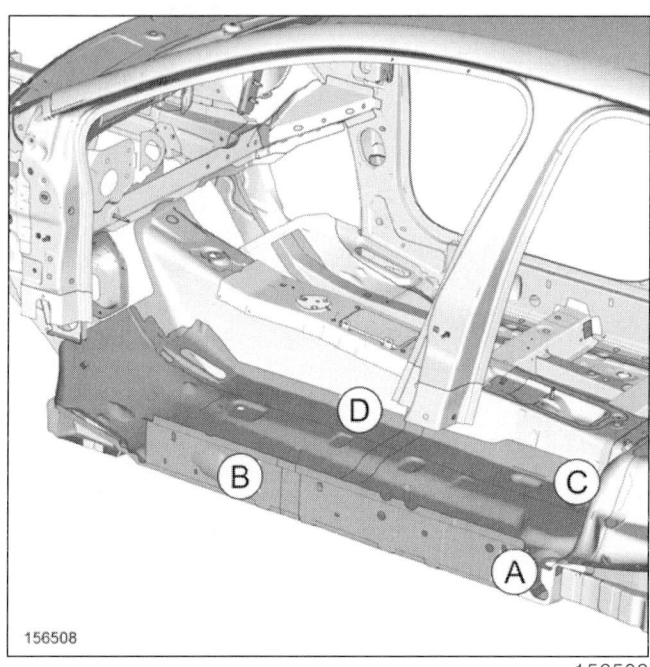

156508

센터 로어 스트럭쳐
센터 플로어 사이드 섹션 : 교환

41B

J87

부품 탈거 상태

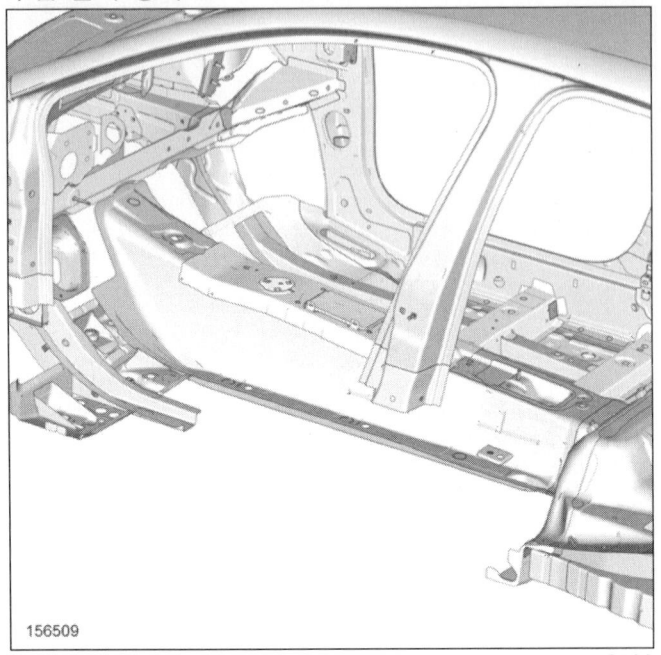

b - 전기 접지의 위치

주의

차량의 전기 및 전자 구성부품 손상을 방지하기 위해 용접 부위 근처에 있는 와이어링 하네스의 접지를 분리해야 한다.

용접기의 접지는 용접 부위에서 최대한 가까운 위치에 있어야 한다 (MR 400 차체 구조 수리 매뉴얼 , 40H, 볼트 결합, 접지를 위한 볼트 결합: 장착 참조).

용접 부위 근처의 접지를 찾는다 (40A, 일반 사항 , 접지 위치 : 구성부품 리스트 및 위치 참조).

c - 탈거해야 하는 차체 구성부품 - 교환 작업을 실시하기 위해 탈거해야 하는 스트럭쳐

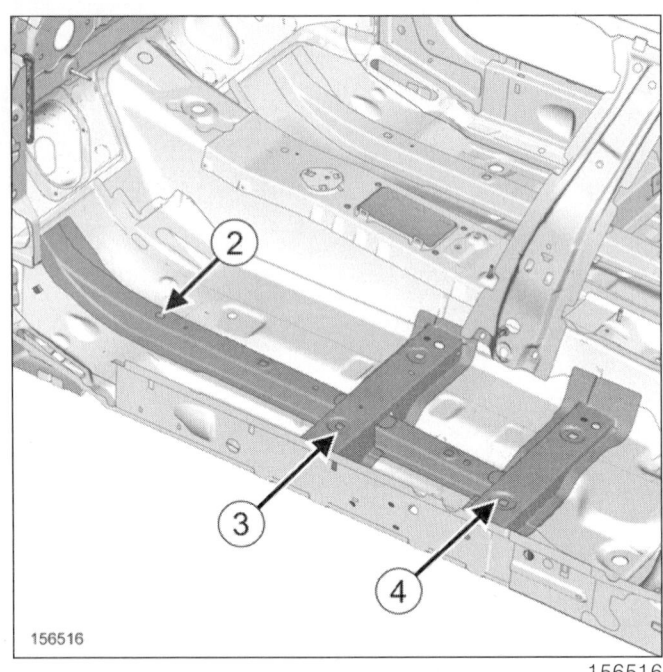

다음을 탈거한다 :

- 사이드 실 패널 (41C, 사이드 로어 스트럭쳐 , 사이드 실 패널 : 교환 참조),
- 이너 실 (41C, 사이드 로어 스트럭쳐 , 이너 실 : 교환 참조),
- 사이드 실 패널 리인포스먼트 , 리어 섹션 ,
- 센터 사이드 멤버 (2),
- 프론트 시트 언더 프론트 크로스 멤버 (3),
- 프론트 시트 언더 리어 크로스 멤버 (4).

d - 접촉면에 대한 설명

주의

용접할 부품의 접촉면에 접근할 수 없는 경우 스폿 용접 (전기 저항 용접) 대신 플러그 용접 (아크 용접) 을 사용한다 (MR 400 차체 구조 수리 매뉴얼 , 40C, 가스 메탈 아크 용접 접합 , 가스 차폐 아크 용접 비드 조인트 : 설명 참조).

41B-2

센터 로어 스트럭쳐
센터 플로어 사이드 섹션 : 교환

41B

J87

2 - 프론트 부분 교환 B-D

a - 부품의 장착 위치

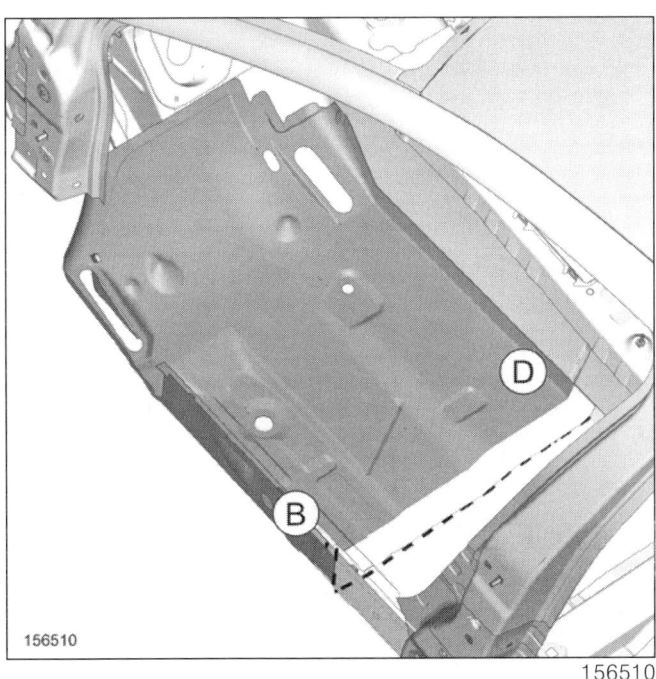

156510

부품 탈거 상태

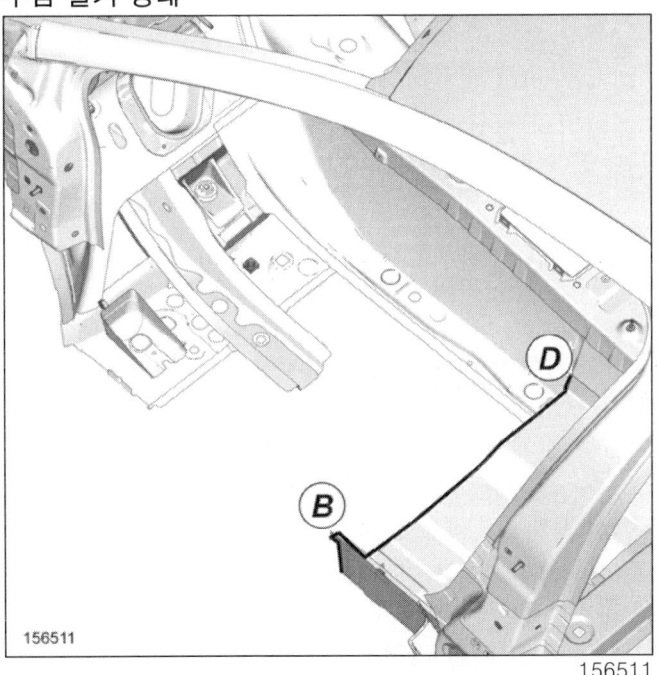

156511

b - 전기 접지의 위치

주의

차량의 전기 및 전자 구성부품 손상을 방지하기 위해 용접 부위 근처에 있는 와이어링 하네스의 접지를 분리해야 한다.

용접기의 접지는 용접 부위에서 최대한 가까운 위치에 있어야 한다 (MR 400 차체 구조 수리 매뉴얼, 40H, 볼트 결합, 접지를 위한 볼트 결합: 장착 참조).

용접 부위 근처의 접지를 찾는다 (40A, 일반 사항, 접지 위치 : 구성부품 리스트 및 위치 참조).

c - 탈거해야 하는 차체 구성부품 - 교환 작업을 실시하기 위해 탈거해야 하는 스트럭쳐

다음을 탈거한다 :

- 사이드 실 패널 (41C, 사이드 로어 스트럭쳐, 사이드 실 패널 : 교환 참조),
- 이너 실 (41C, 사이드 로어 스트럭쳐, 이너 실 : 교환 참조),
- 사이드 실 패널 리인포스먼트, 리어 섹션,
- 프론트 시트 언더 프론트 크로스 멤버 (3),
- 센터 사이드 멤버 (2).

d - 접촉면에 대한 설명

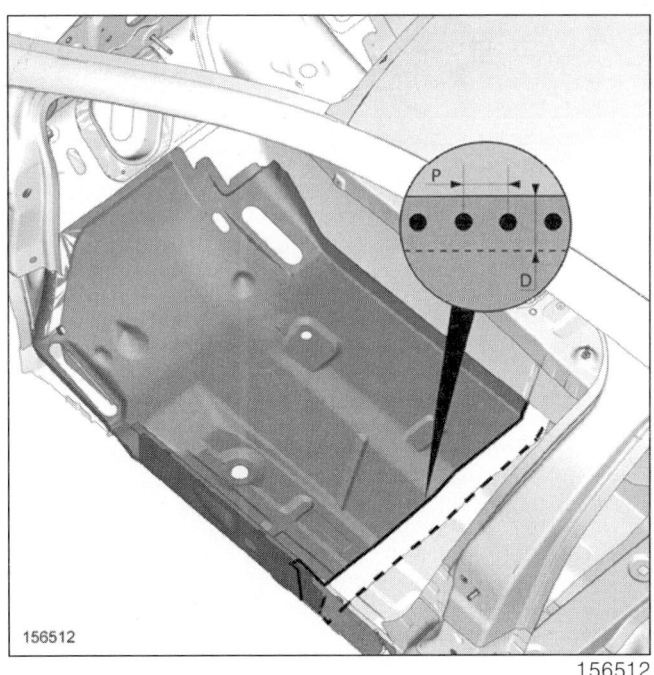

156512

연결부를 이중으로 만든다 (MR 400 차체 구조 수리 매뉴얼, 40E, 부분 교환 접합, 오버레이에 의한 부분 교환 연결부 : 설명 참조).

센터 로어 스트럭쳐
센터 플로어 사이드 섹션 : 교환

41B

J87

주의

용접할 부품의 접촉면에 접근할 수 없는 경우 스폿 용접 (전기 저항 용접) 대신 플러그 용접 (아크 용접) 을 사용한다 (MR 400 차체 구조 수리 매뉴얼 , 40C, 가스 메탈 아크 용접 접합 , 가스 차폐 아크 용접 비드 조인트 : 설명 참조).

3 - 부분 교환 A-B

a - 부품의 장착 위치

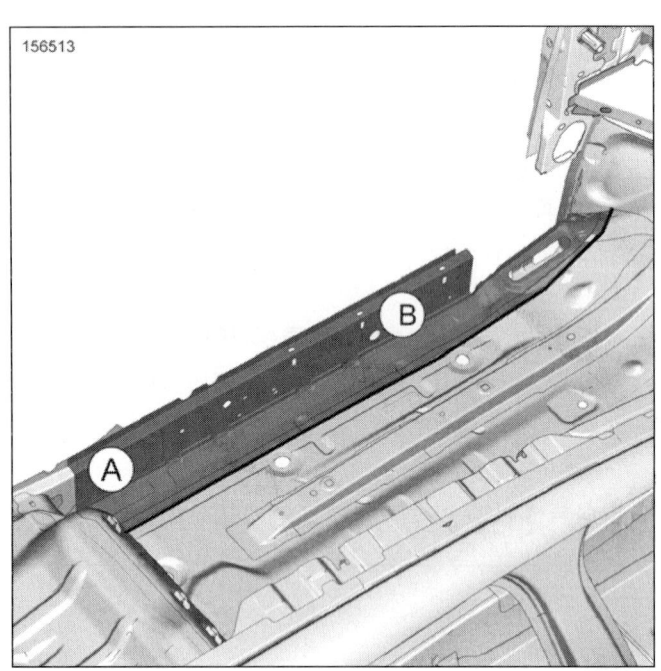

부품 탈거 상태

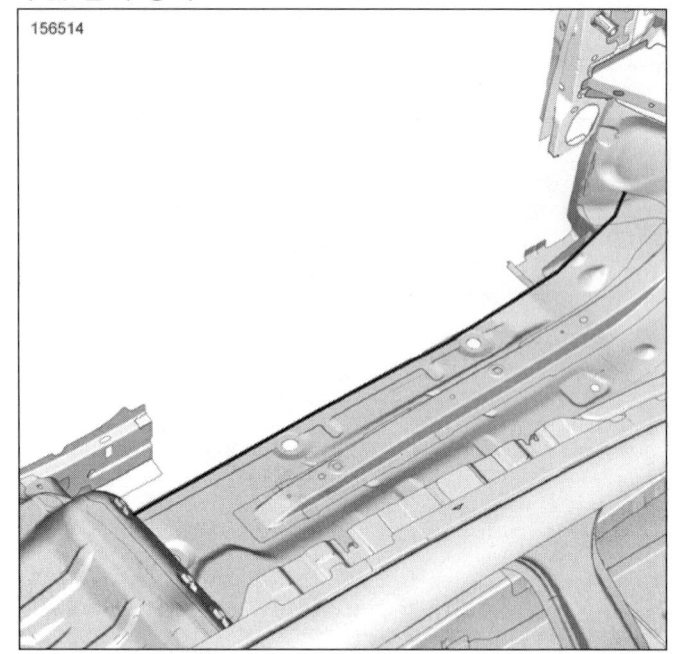

b - 전기 접지의 위치

주의

차량의 전기 및 전자 구성부품 손상을 방지하기 위해 용접 부위 근처에 있는 와이어링 하네스의 접지를 분리해야 한다 .

용접기의 접지는 용접 부위에서 최대한 가까운 위치에 있어야 한다 (MR 400 차체 구조 수리 매뉴얼 , 40H, 볼트 결합 , 접지를 위한 볼트 결합 : 장착 참조).

용접 부위 근처의 접지를 찾는다 (40A, 일반 사항 , 접지 위치 : 구성부품 리스트 및 위치 참조).

c - 탈거해야 하는 차체 구성부품 - 교환 작업을 실시하기 위해 탈거해야 하는 스트럭쳐

다음을 탈거한다 :

- 사이드 실 패널 (41C, 사이드 로어 스트럭쳐 , 사이드 실 패널 : 교환 참조),

- 이너 실 (41C, 사이드 로어 스트럭쳐 , 이너 실 : 교환 참조),

- 사이드 실 패널 리인포스먼트 , 리어 섹션 ,

- 프론트 시트 언더 프론트 크로스 멤버 (3),

- 프론트 시트 언더 리어 크로스 멤버 (4).

센터 로어 스트럭쳐
센터 플로어 사이드 섹션 : 교환

41B

J87

d - 접촉면에 대한 설명

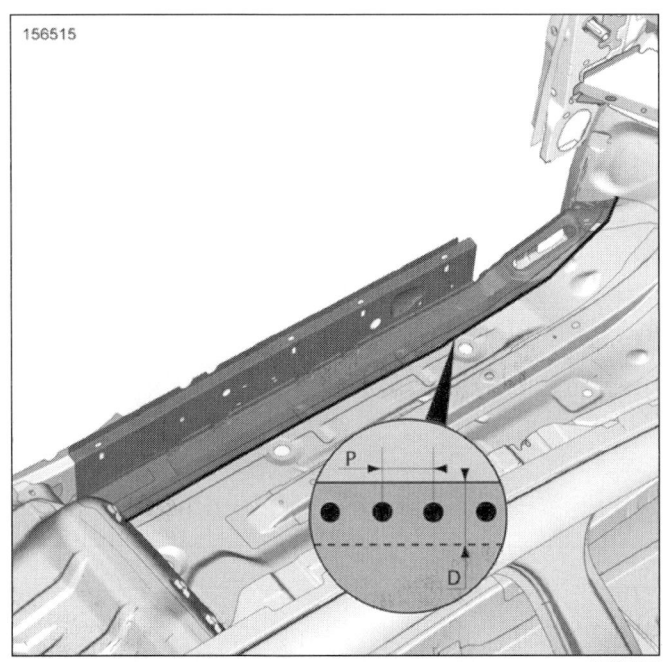

연결부를 이중으로 만든다 (MR 400 차체 구조 수리 매뉴얼, 40E, 부분 교환 접합, 오버레이에 의한 부분 교환 연결부 : 설명 참조).

주의

용접할 부품의 접촉면에 접근할 수 없는 경우 스폿 용접 (전기 저항 용접) 대신 플러그 용접 (아크 용접) 을 사용한다 (MR 400 차체 구조 수리 매뉴얼, 40C, 가스 메탈 아크 용접 접합, 가스 차폐 아크 용접 비드 조인트 : 설명 참조).

사이드 로어 스트럭쳐
사이드 실 패널 : 교환

41C

J87

I - 서비스 부품의 구성

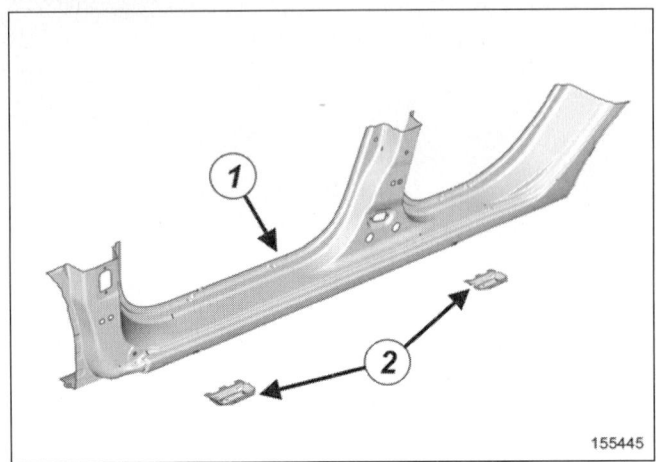

155445

번호	설명	재질	두께 (mm)
(1)	사이드 실 패널	연강	0.65
(2)	잭 베어링 서포트	고장력 강판	2

II - 교환 작업

부품 교환 방법 :

- 전체 교환 A-D-F,
- 프론트 엔드 부분 교환 A-D-E,
- 도어 아래의 부분 교환 B-C,
- 리어 엔드 섹션 부분 교환 C-D-F.

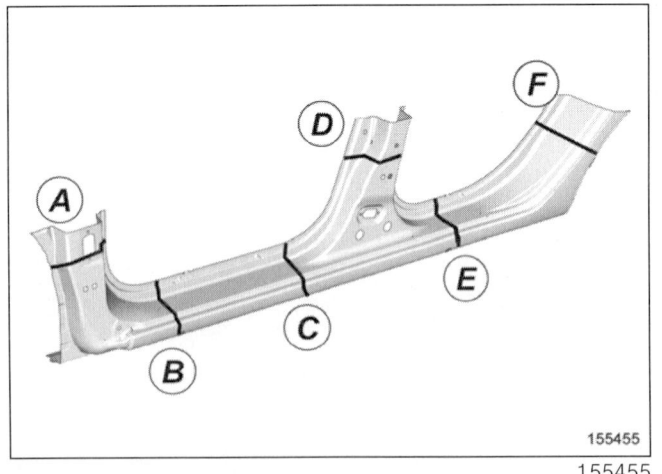

155455

1 - 전체 교환 A-D-F

a - 부품의 장착 위치

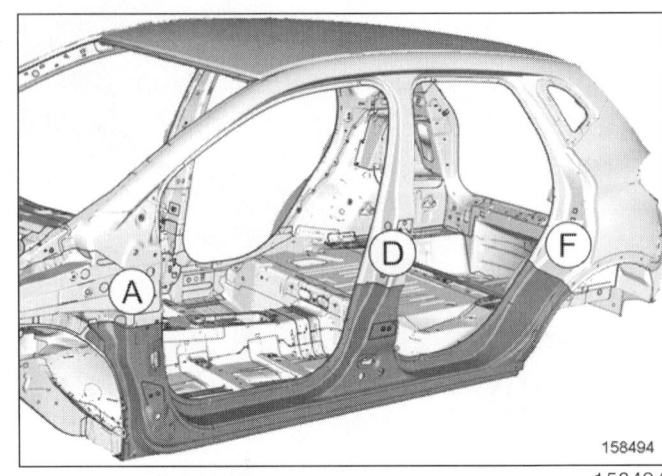

158494

단면도

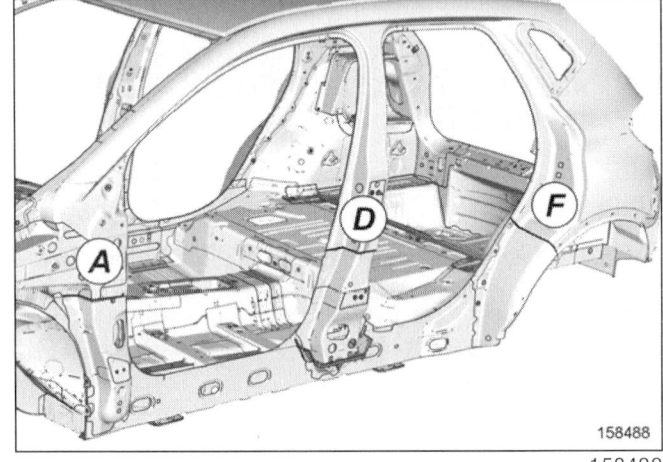

158488

b - 전기 접지의 위치

주의

차량의 전기 및 전자 구성부품 손상을 방지하기 위해 용접 부위 근처에 있는 와이어링 하네스의 접지를 분리해야 한다.

용접기의 접지는 용접 부위에서 최대한 가까운 위치에 있어야 한다 (MR 400 차체 구조 수리 매뉴얼, 40H, 볼트 결합, 접지를 위한 볼트 결합: 장착 참조).

용접 부위 근처의 접지를 찾는다 (40A, 일반 사항, 접지 위치 : 구성부품 리스트 및 위치 참조).

사이드 로어 스트럭쳐
사이드 실 패널 : 교환

41C

J87

c - 용접 작업에 대한 설명

> 주의
>
> 용접할 부품의 접촉면에 접근할 수 없는 경우 스폿 용접 (전기 저항 용접) 대신 플러그 용접 (아크 용접) 을 사용한다 (MR 400 차체 구조 수리 매뉴얼 , 40C, 가스 메탈 아크 용접 접합 , 가스 차폐 아크 용접 비드 조인트 : 설명 참조).

2 - 프론트 엔드 부분 교환 A-D-E

a - 부품의 장착 위치

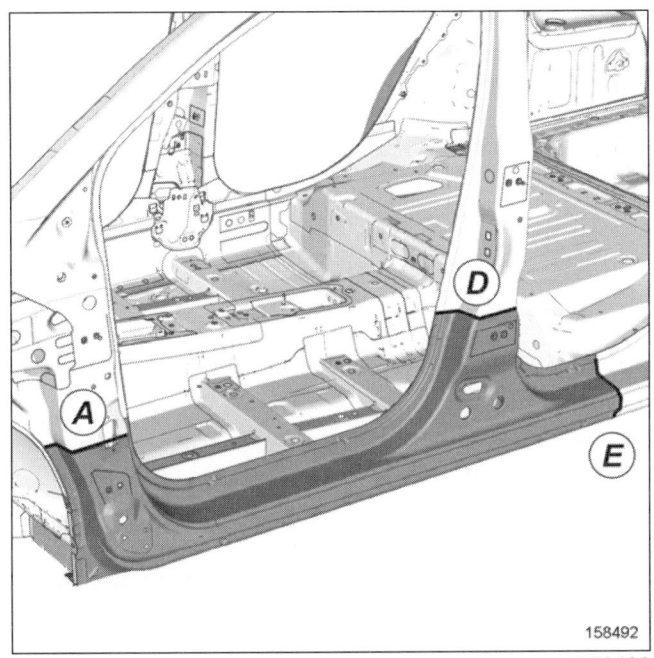

단면도

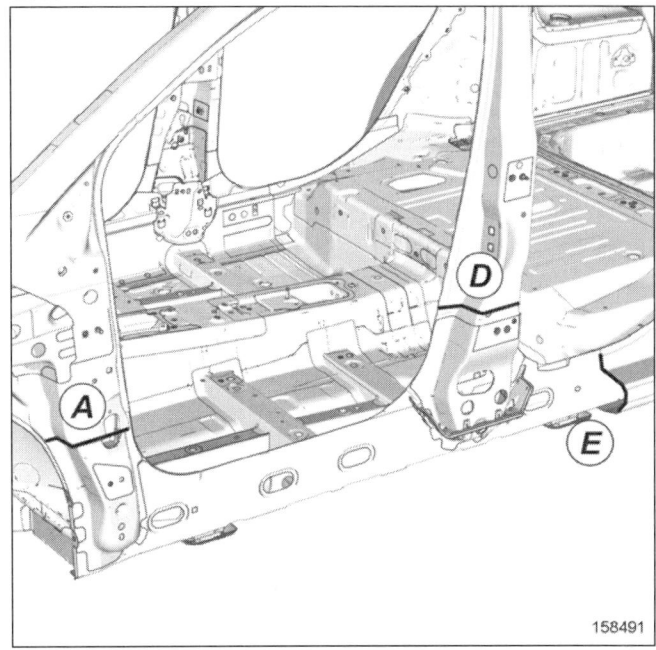

b - 전기 접지의 위치

> 주의
>
> 차량의 전기 및 전자 구성부품 손상을 방지하기 위해 용접 부위 근처에 있는 와이어링 하네스의 접지를 분리해야 한다 .
>
> 용접기의 접지는 용접 부위에서 최대한 가까운 위치에 있어야 한다 (MR 400 차체 구조 수리 매뉴얼 , 40H, 볼트 결합, 접지를 위한 볼트 결합: 장착 참조).

용접 부위 근처의 접지를 찾는다 (40A, 일반 사항 , 접지 위치 : 구성부품 리스트 및 위치 참조).

c - 용접 작업에 대한 설명

> 주의
>
> 용접할 부품의 접촉면에 접근할 수 없는 경우 스폿 용접 (전기 저항 용접) 대신 플러그 용접 (아크 용접) 을 사용한다 (MR 400 차체 구조 수리 매뉴얼 , 40C, 가스 메탈 아크 용접 접합 , 가스 차폐 아크 용접 비드 조인트 : 설명 참조).

사이드 로어 스트럭쳐
사이드 실 패널 : 교환

41C

J87

3 - 도어 아래의 부분 교환 B-C

a - 부품의 장착 위치

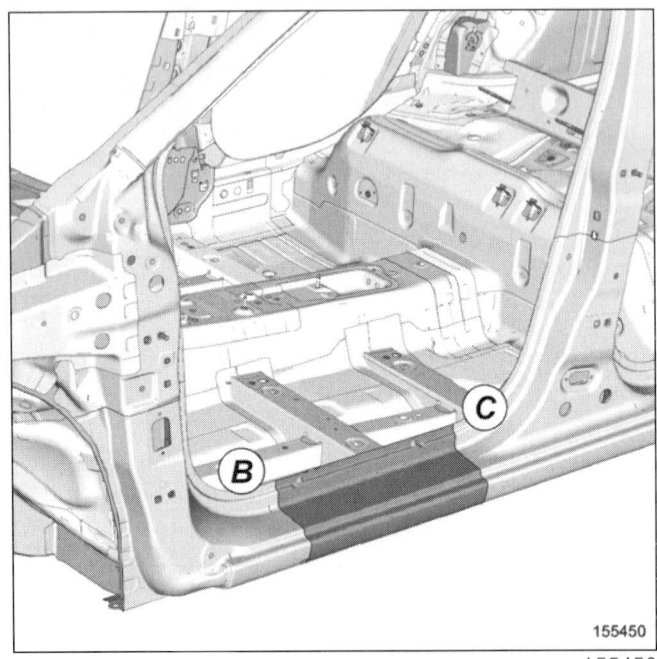

단면도

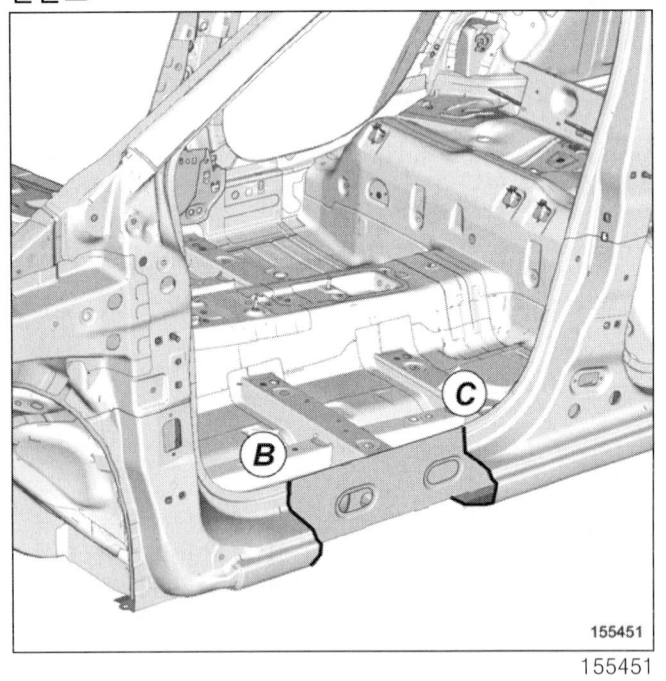

b - 전기 접지의 위치

> **주의**
>
> 차량의 전기 및 전자 구성부품 손상을 방지하기 위해 용접 부위 근처에 있는 와이어링 하네스의 접지를 분리해야 한다.
>
> 용접기의 접지는 용접 부위에서 최대한 가까운 위치에 있어야 한다 (MR 400 차체 구조 수리 매뉴얼, 40H, 볼트 결합, 접지를 위한 볼트 결합: 장착 참조).

용접 부위 근처의 접지를 찾는다 (40A, 일반 사항, 접지 위치 : 구성부품 리스트 및 위치 참조).

c - 용접 작업에 대한 설명

> **주의**
>
> 용접할 부품의 접촉면에 접근할 수 없는 경우 스폿 용접 (전기 저항 용접) 대신 플러그 용접 (아크 용접) 을 사용한다 (MR 400 차체 구조 수리 매뉴얼, 40C, 가스 메탈 아크 용접 접합, 가스 차폐 아크 용접 비드 조인트 : 설명 참조).

4 - 리어 엔드 섹션 부분 교환 C-D-F

a - 부품의 장착 위치

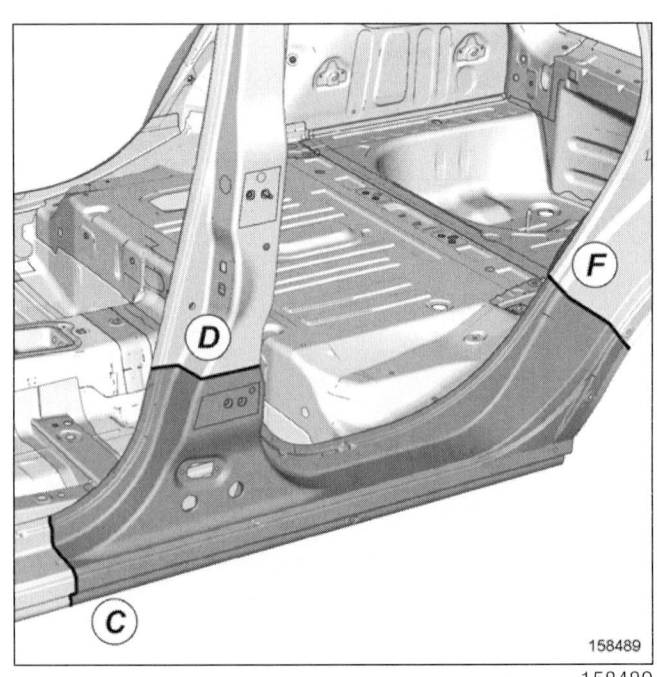

사이드 로어 스트럭쳐
사이드 실 패널 : 교환

41C

J87

단면도

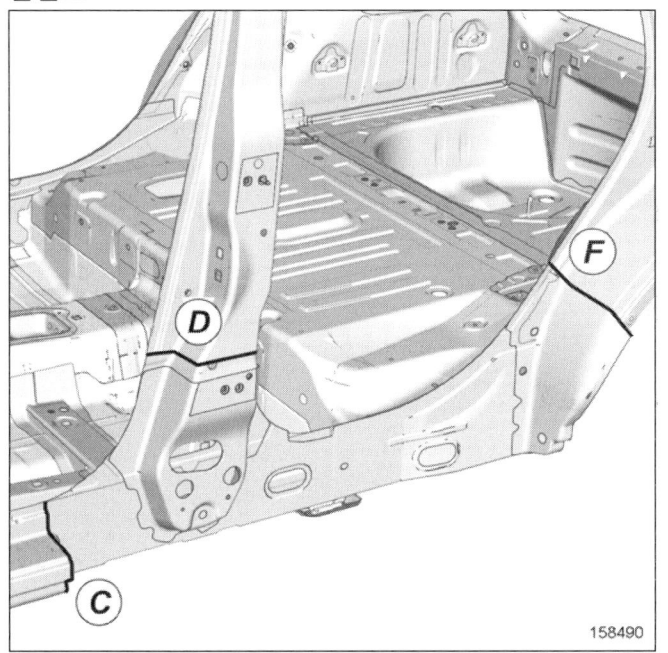

158490

세부도 F

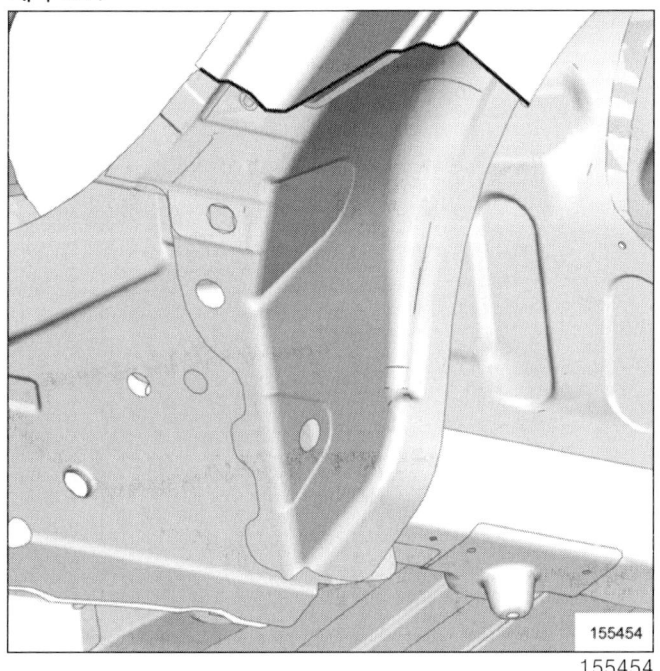

155454

b - 전기 접지의 위치

주의

차량의 전기 및 전자 구성부품 손상을 방지하기 위해 용접 부위 근처에 있는 와이어링 하네스의 접지를 분리해야 한다.

용접기의 접지는 용접 부위에서 최대한 가까운 위치에 있어야 한다 (MR 400 차체 구조 수리 매뉴얼, 40H, 볼트 결합, 접지를 위한 볼트 결합: 장착 참조).

용접 부위 근처의 접지를 찾는다 (40A, 일반 사항, 접지 위치 : 구성부품 리스트 및 위치 참조).

c - 용접 작업에 대한 설명

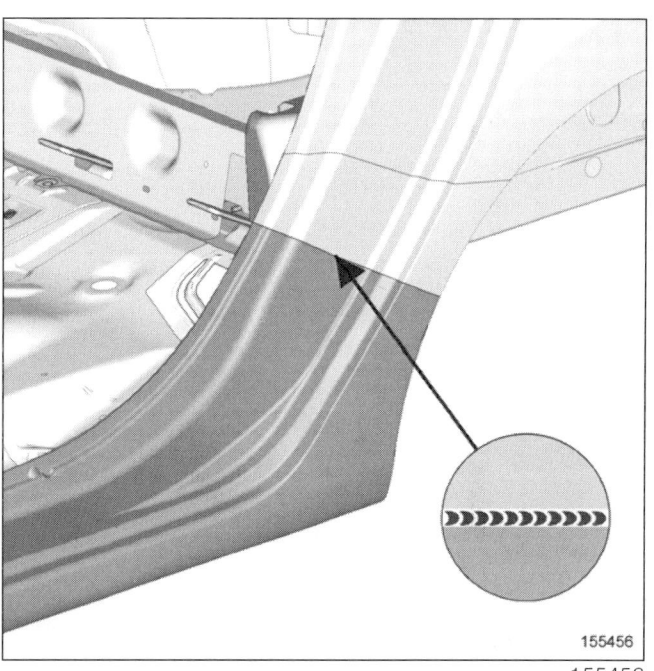

155456

다음 작업을 수행한다 :

- GMAW 체인 용접 비드를 사용하여 화살표로 표시된 부위에 버트 용접 (MR 400 차체 구조 수리 매뉴얼, 40C, 가스 메탈 아크 용접 접합, 가스 차폐 아크 용접 비드 조인트 : 설명 참조).

41C-4

사이드 로어 스트럭쳐
이너 실 : 교환

41C

J87

참고 :

다음 정보는 이 부품의 설계가 동일한 모든 차량의 일반적인 정비 절차를 설명한 것이다.

이 일반 정보를 읽기 전에 이 차량과 관련된 특별한 설명이 없는지 확인한다. 이런 설명은 필요한 경우 해당 부품을 다룬 하위 섹션의 다른 부분에서 상세하게 기술된다.

참고 :

특정 연결에 대한 자세한 설명은 MR400을 참조한다.

I - 서비스 부품의 구성

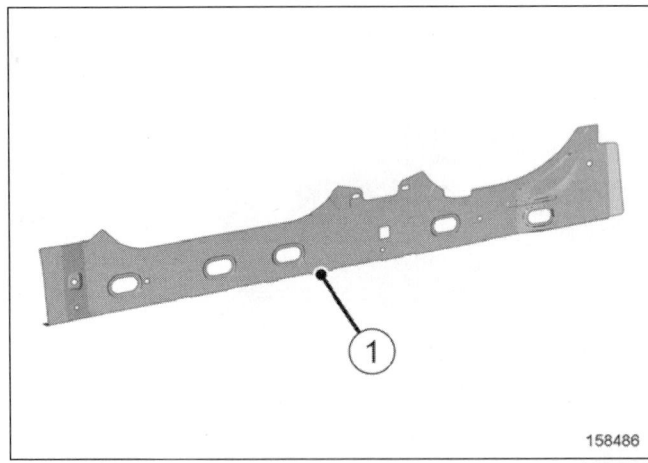

번호	설명	두께 (mm)
(1)	이너 실	1.2

II - 교환 작업

이 부품의 교환에는 몇 가지 방법이 있다 :

- 전체 교환,
- 리어 부분 교환,
- 프론트 부분 교환.

사이드 로어 스트럭쳐
이너 실 : 교환

41C

J87

1 - 부분 교환을 위해 절단할 부위

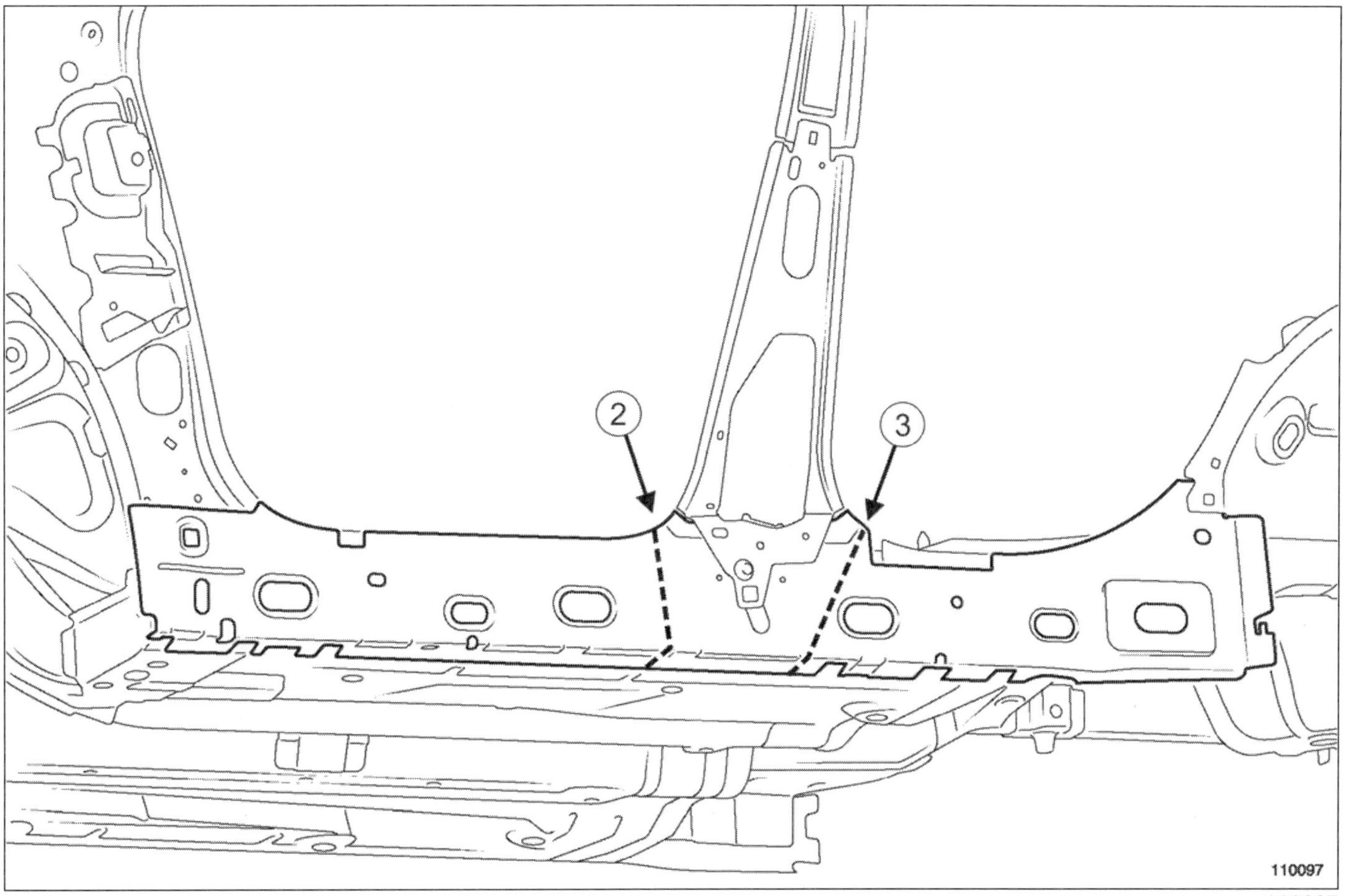

2 - 전체 교환

부품의 장착 위치

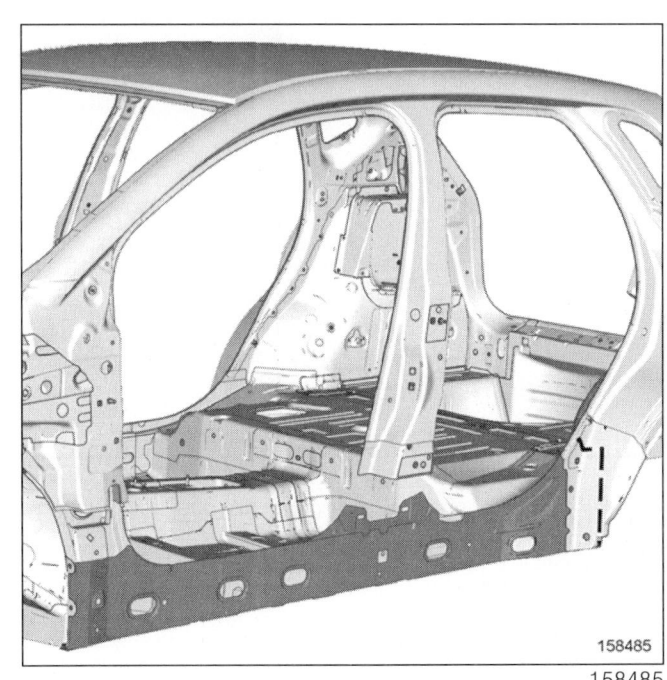

사이드 로어 스트럭쳐
이너 실 : 교환

41C

J87

3 - 프론트 부분 교환

부품의 장착 위치

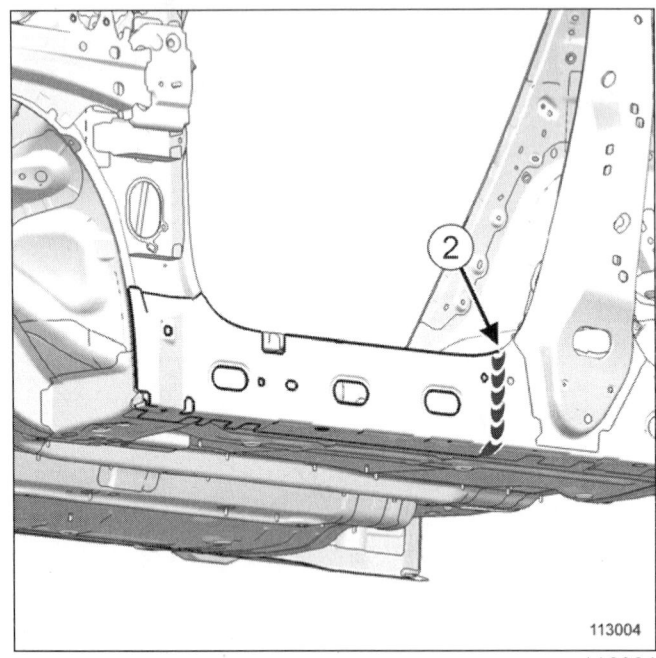

세부도

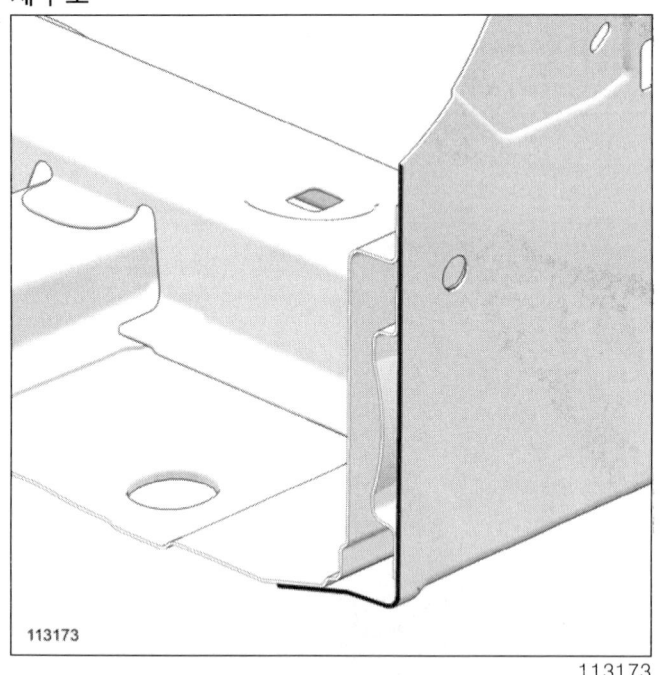

도면의 라인 (2) 은 연속 용접에 의한 버트 용접부를 표시한다.

4 - 리어 부분 교환

a - 부품의 장착 위치

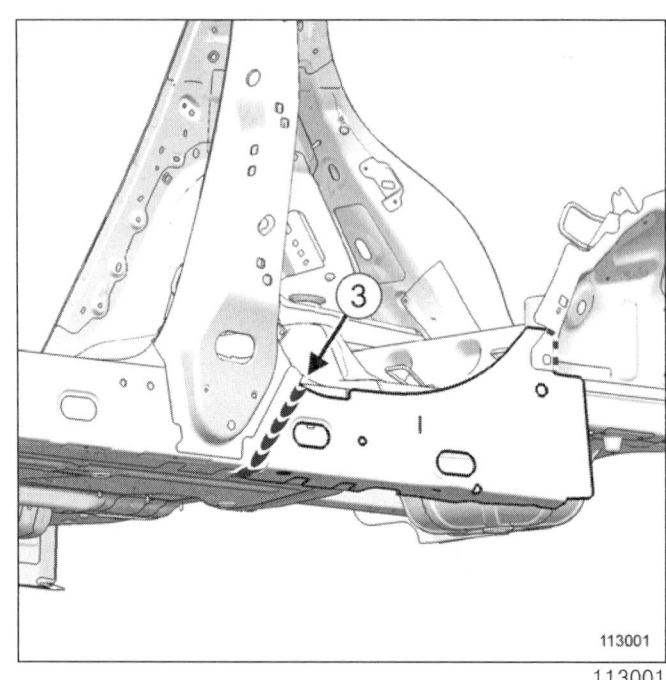

세부도

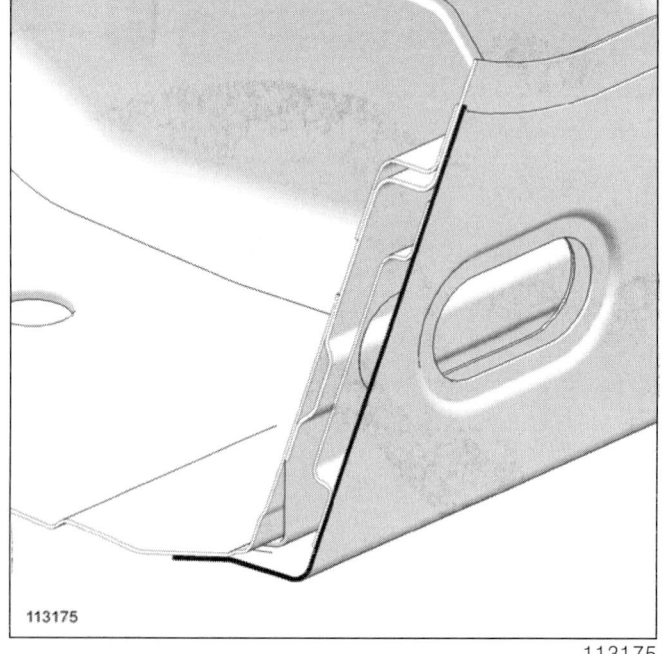

도면의 라인 (3) 은 연속 용접에 의한 버트 용접 부를 표시한다.

사이드 로어 스트럭쳐
이너 실 : 교환

41C

J87

b - 전기 접지의 위치

주의

차량의 전기 및 전자 구성부품 손상을 방지하기 위해 용접 부위 근처에 있는 와이어링 하네스의 접지를 분리해야 한다.

용접기의 접지는 용접 부위에서 최대한 가까운 위치에 있어야 한다 (MR 400 차체 구조 수리 매뉴얼, 40H, 볼트 결합, 접지를 위한 볼트 결합: 장착 참조).

용접 부위 근처의 접지를 찾는다 (40A, 일반 사항, 접지 위치 : 구성부품 리스트 및 위치 참조).

c - 용접 작업에 대한 설명

주의

용접할 부품의 접촉면에 접근할 수 없는 경우 스폿 용접 (전기 저항 용접) 대신 플러그 용접 (아크 용접)을 사용한다 (MR 400 차체 구조 수리 매뉴얼, 40C, 가스 메탈 아크 용접 접합, 가스 차폐 아크 용접 비드 조인트 : 설명 참조).

접촉면 접근에 관해 다른 문제가 있는 경우, 스트럭쳐 차체 수리 기본 지침에 다양한 방법이 설명되어 있다 (MR 400 참조).

리어 로어 스트럭쳐
리어 플로어, 프론트 섹션 : 교환

41D

J87

I - 서비스 부품의 구성

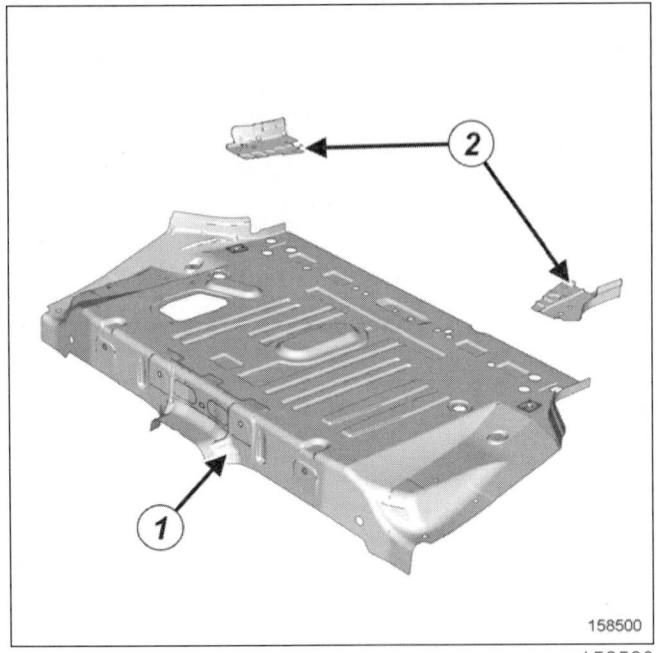

158500

번호	설명	재질	두께 (mm)
(1)	리어 플로어, 프론트 섹션	고장력 강판	0.6
(2)	리어 플로어 리인포스먼트	연강	1.5

II - 교환 작업

부품 교환 방법 :

- 전체 교환.

주의

용접할 부품의 접촉면에 접근할 수 없는 경우 스폿 용접 (전기 저항 용접) 대신 플러그 용접 (아크 용접) 을 사용한다 (MR 400 차체 구조 수리 매뉴얼, 40C, 가스 메탈 아크 용접 접합, 가스 차폐 아크 용접 비드 조인트 : 설명 참조).

주의

차량의 전기 및 전자 구성부품 손상을 방지하기 위해 용접 부위 근처에 있는 와이어링 하네스의 접지를 분리해야 한다.

용접기의 접지는 용접 부위에서 최대한 가까운 위치에 있어야 한다 (MR 400 차체 구조 수리 매뉴얼, 40H, 볼트 결합, 접지를 위한 볼트 결합 : 장착 참조).

용접 부위 근처의 접지를 찾는다 (40A, 일반 사항, 접지 위치 : 구성부품 리스트 및 위치 참조).

전체 교환

부품의 장착 위치

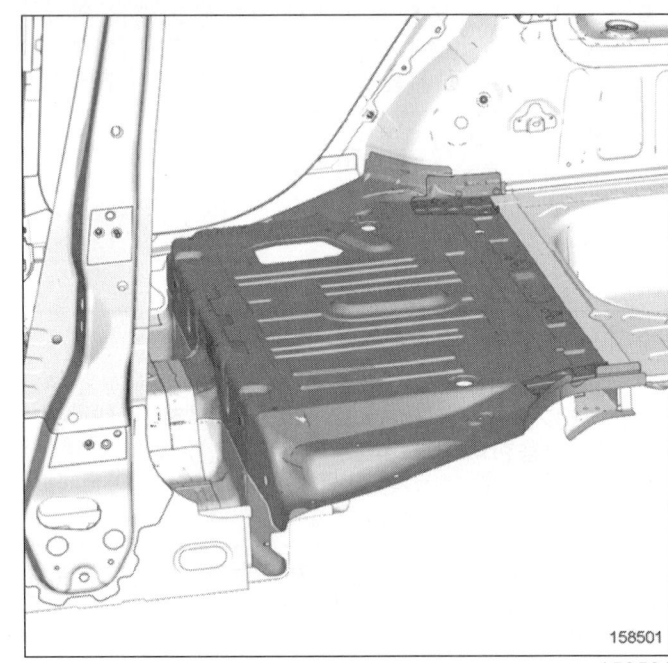

158501

리어 로어 스트럭쳐
리어 사이드 멤버 어셈블리 : 교환

41D

J87

I – 서비스 부품의 구성

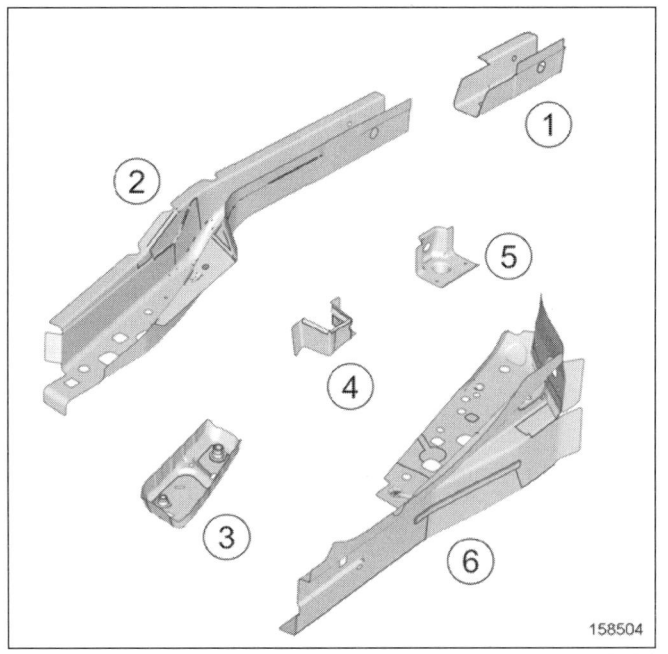

158504

> **경고**
> 지그 벤치를 사용하여 포인트 및 액슬 어셈블리의 정확한 위치를 지정한다.

a – 부품의 장착 위치

아래에서 본 모습

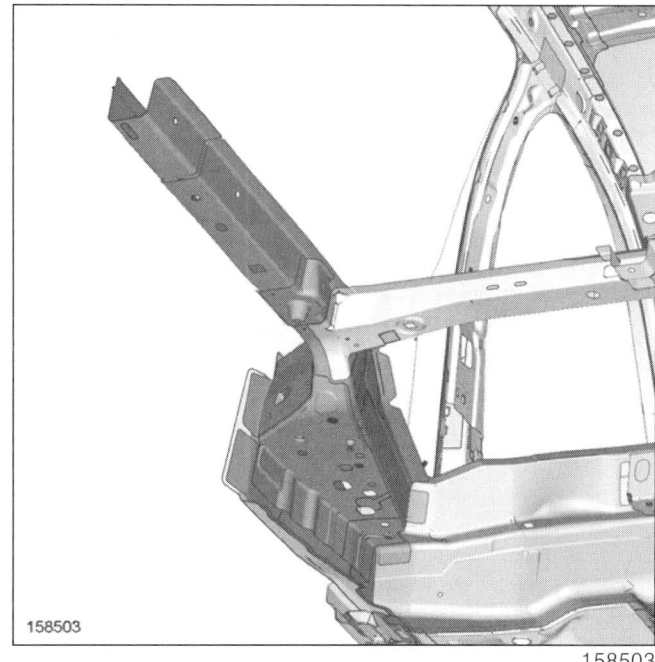

158503

위에서 본 모습

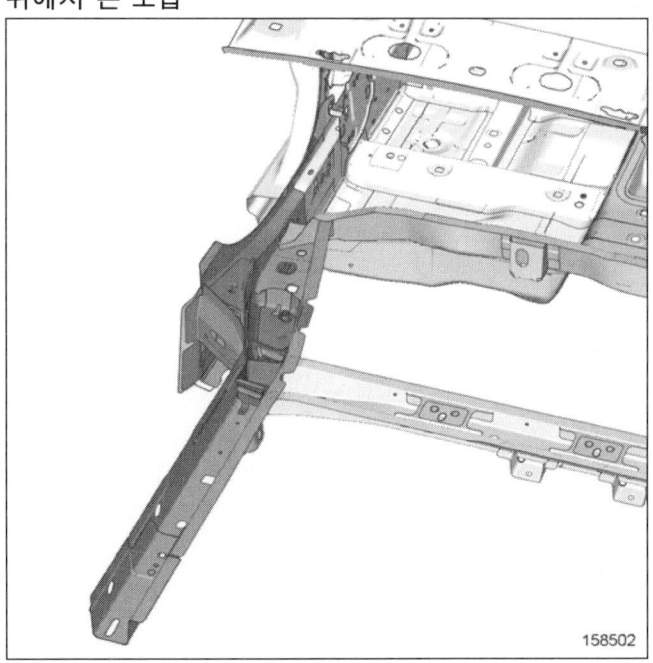

158502

번호	설명	재질	두께 (mm)
(1)	리어 사이드 멤버 익스텐션	고장력 강판	2
(2)	리어 사이드 멤버	고장력 강판	1.5
(3)	리어 액슬 어셈블리 마운팅 리인포스먼트	고장력 강판	2.8
(4)	리어 사이드 멤버 센터 리인포스먼트	고장력 강판	1.5
(5)	리어 서스펜션 스프링 서포트	고장력 강판	2
(6)	사이드 실 패널 리인포스먼트	고장력 강판	1.5

II – 교환 작업

부품 교환 방법 :

– 전체 교환.

전체 교환

리어 로어 스트럭쳐
리어 사이드 멤버 어셈블리 : 교환

41D

J87

b – 전기 접지의 위치

> **주의**
>
> 차량의 전기 및 전자 구성부품 손상을 방지하기 위해 용접 부위 근처에 있는 와이어링 하네스의 접지를 분리해야 한다.
>
> 용접기의 접지는 용접 부위에서 최대한 가까운 위치에 있어야 한다 (MR 400 차체 구조 수리 매뉴얼, 40H, 볼트 결합, 접지를 위한 볼트 결합: 장착 참조).

용접 부위 근처의 접지를 찾는다 (40A, 일반 사항, 접지 위치 : 구성부품 리스트 및 위치 참조).

c – 용접 작업에 대한 설명

> **주의**
>
> 용접할 부품의 접촉면에 접근할 수 없는 경우 스폿 용접 (전기 저항 용접) 대신 플러그 용접 (아크 용접) 을 사용한다 (MR 400 차체 구조 수리 매뉴얼, 40C, 가스 메탈 아크 용접 접합, 가스 차폐 아크 용접 비드 조인트 : 설명 참조).

리어 로어 스트럭쳐
리어 사이드 멤버 익스텐션 : 교환

41D

J87

I - 서비스 부품의 구성

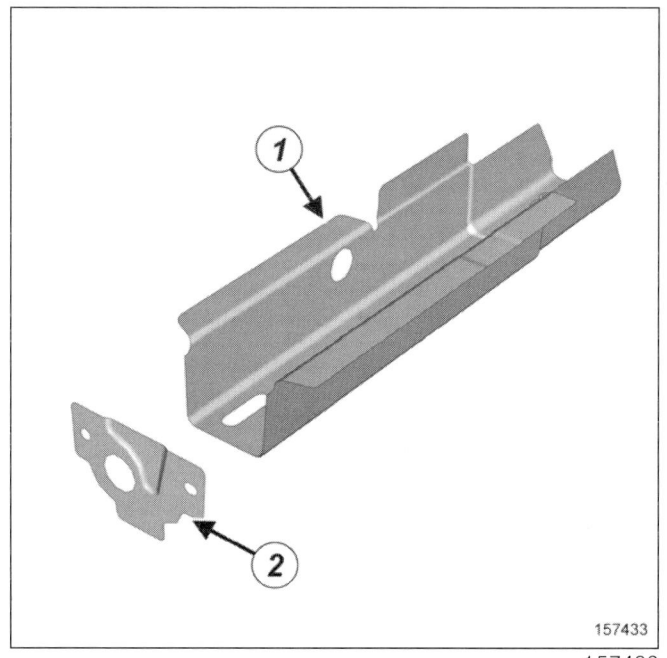

번호	설명	두께 (mm)
(1)	리어 사이드 멤버 익스텐션	2
(2)	리어 사이드 멤버 익스텐션의 크로져 패널	2.2

II - 교환 작업

부품 교환 방법 :

- 전체 교환 A-B.

> **주의**
>
> 용접할 부품의 접촉면에 접근할 수 없는 경우 스폿 용접 (전기 저항 용접) 대신 플러그 용접 (아크 용접) 을 사용한다 (MR 400 차체 구조 수리 매뉴얼 , 40C, 가스 메탈 아크 용접 접합 , 가스 차폐 아크 용접 비드 조인트 : 설명 참조).

> **주의**
>
> 차량의 전기 및 전자 구성부품 손상을 방지하기 위해 용접 부위 근처에 있는 와이어링 하네스의 접지를 분리해야 한다 .
>
> 용접기의 접지는 용접 부위에서 최대한 가까운 위치에 있어야 한다 (MR 400 차체 구조 수리 매뉴얼 , 40H, 볼트 결합, 접지를 위한 볼트 결합: 장착 참조).

용접 부위 근처의 접지를 찾는다 (40A, 일반 사항 , 접지 위치 : 구성부품 리스트 및 위치 참조).

전체 교환 A-B

부품의 장착 위치

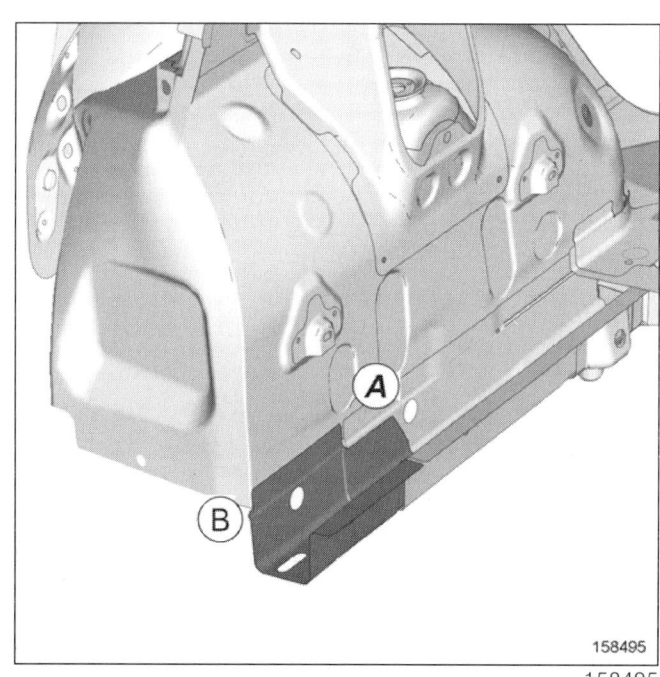

A 단면 세부도

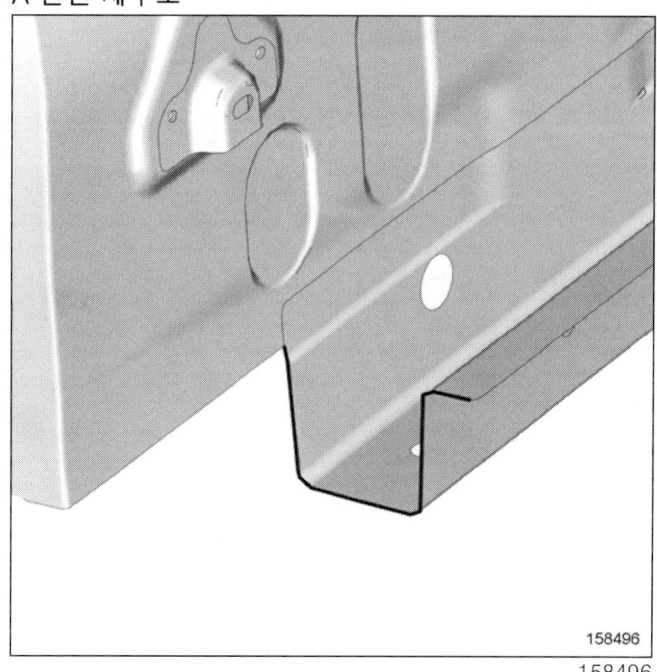

프론트 어퍼 스트럭쳐
프론트 범퍼 마운팅 : 탈거 - 장착

42A

J87

탈거

I - 탈거 준비 작업

- 차량을 2 주식 리프트에 위치시킨다 (02A, 리프팅, 차량 : 견인 및 리프팅 참조).
- 다음을 탈거한다 :
  - 프론트 펜더 프로텍터 (55A, 외장 보호 트림, 외부 바디 프론트 트림 어셈블리 : 분해도 참조),
  - 프론트 범퍼 (55A, 외장 보호 트림, 프론트 범퍼 어셈블리 : 분해도 참조),
  - 프론트 헤드램프 (MR 469 리페어 매뉴얼, 80B, 프론트 라이팅 시스템, 프론트 라이팅 시스템 어셈블리 : 분해도 참조).
- 프론트 펜더를 탈거한다 (42A, 프론트 어퍼 스트럭쳐, 프론트 펜더 : 탈거 - 장착 참조).

II - 관련 부품 탈거 작업

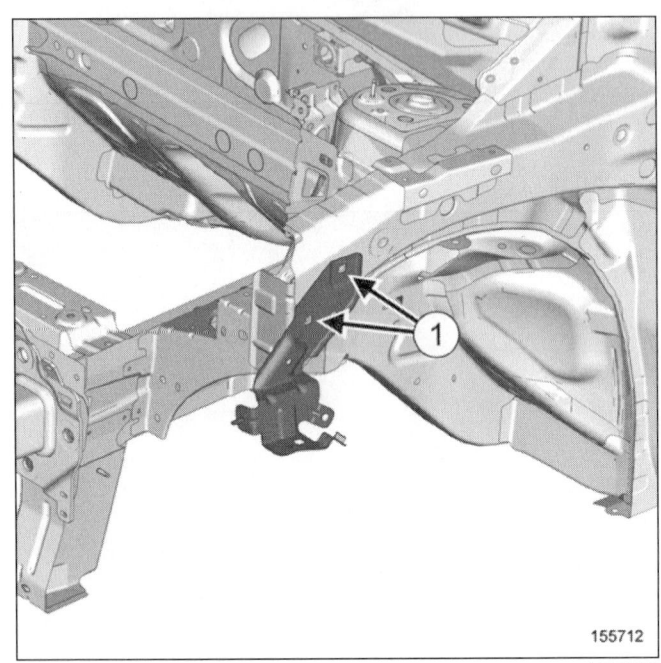

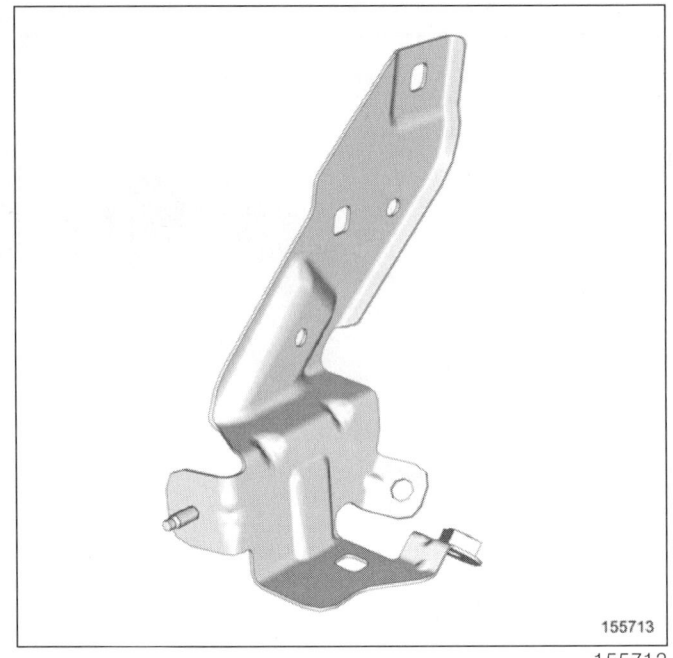

- 다음을 탈거한다 :
  - 볼트 (1),
  - 프론트 범퍼 서포트 .

장착

I - 관련 부품 장착 작업

- 다음을 장착한다 :
  - 프론트 범퍼 서포트 ,
  - 볼트 .

II - 최종 작업

- 탈거의 역순으로 장착한다 .

프론트 어퍼 스트럭쳐
프론트 펜더 어퍼 마운팅 서포트 : 교환

42A

J87

I - 서비스 부품의 구성

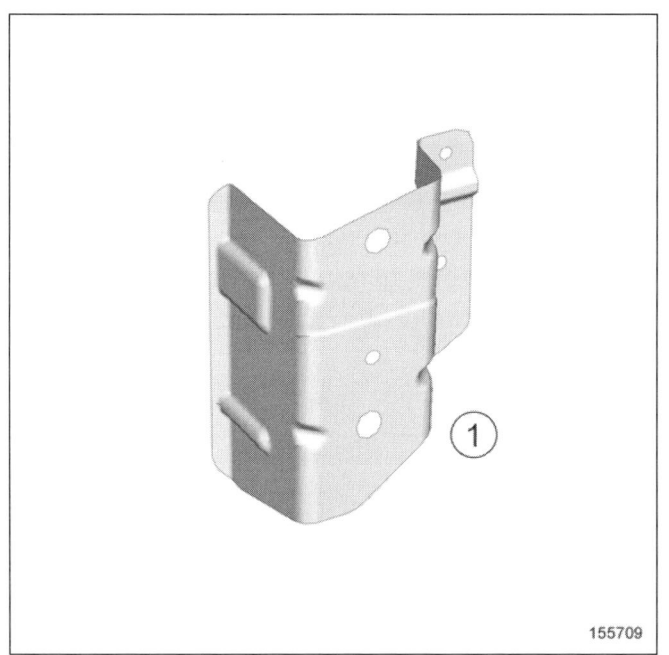

155709

번호	설명	재질	두께 (mm)
(1)	프론트 펜더 어퍼 마운팅 서포트	연강	1.2

II - 교환 작업

부품 교환 방법 :

- 전체 교환.

전체 교환

a - 부품의 장착 위치

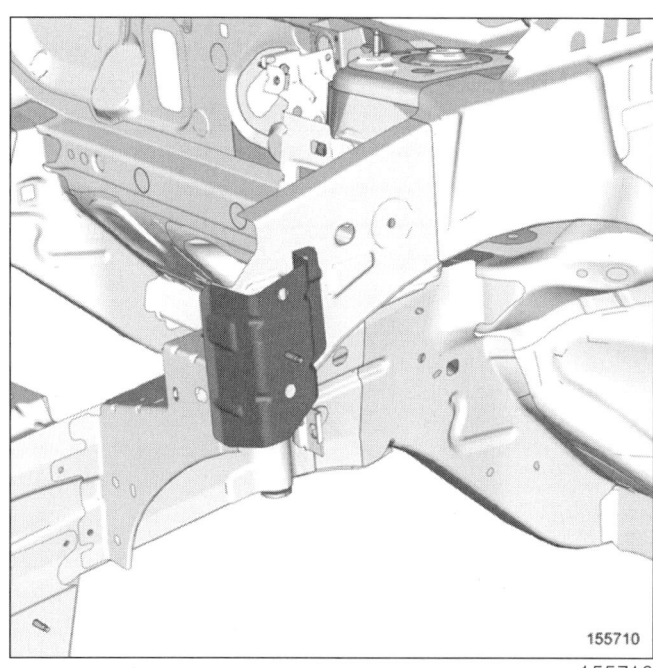

155710

b - 전기 접지의 위치

주의

차량의 전기 및 전자 구성부품 손상을 방지하기 위해 용접 부위 근처에 있는 와이어링 하네스의 접지를 분리해야 한다.

용접기의 접지는 용접 부위에서 최대한 가까운 위치에 있어야 한다 (MR 400 차체 구조 수리 매뉴얼, 40H, 볼트 결합, 접지를 위한 볼트 결합: 장착 참조).

용접 부위 근처의 접지를 찾는다 (40A, 일반 사항, 접지 위치 : 구성부품 리스트 및 위치 참조).

c - 용접 작업에 대한 설명

주의

용접할 부품의 접촉면에 접근할 수 없는 경우 스폿 용접 (전기 저항 용접) 대신 플러그 용접 (아크 용접) 을 사용한다 (MR 400 차체 구조 수리 매뉴얼, 40C, 가스 메탈 아크 용접 접합, 가스 차폐 아크 용접 비드 조인트 : 설명 참조).

프론트 어퍼 스트럭쳐
프론트 펜더 : 탈거 - 장착

42A

J87

프론트 펜더는 열가소성 플라스틱으로 제작되어 탈거할 수 있는 차체 구성부품이다 .

탈거

I - 탈거 준비 작업

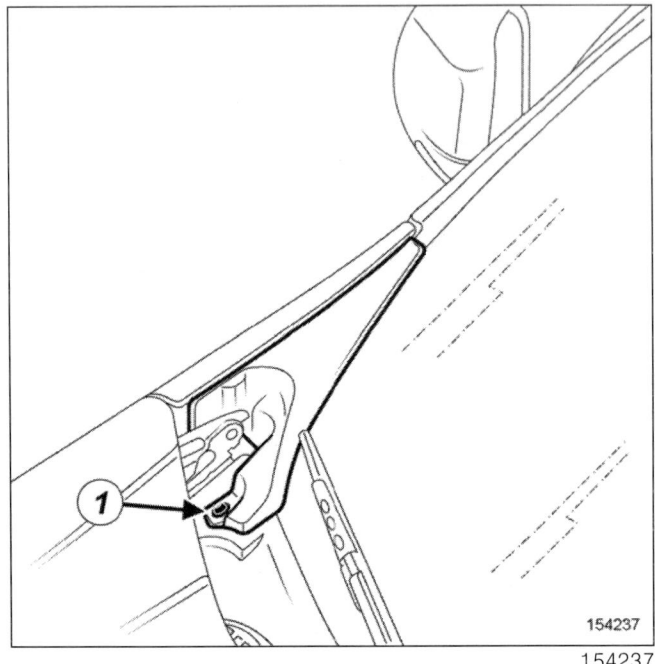

❏ 윈드실드 트림 스크류 (1) 를 탈거한다 .

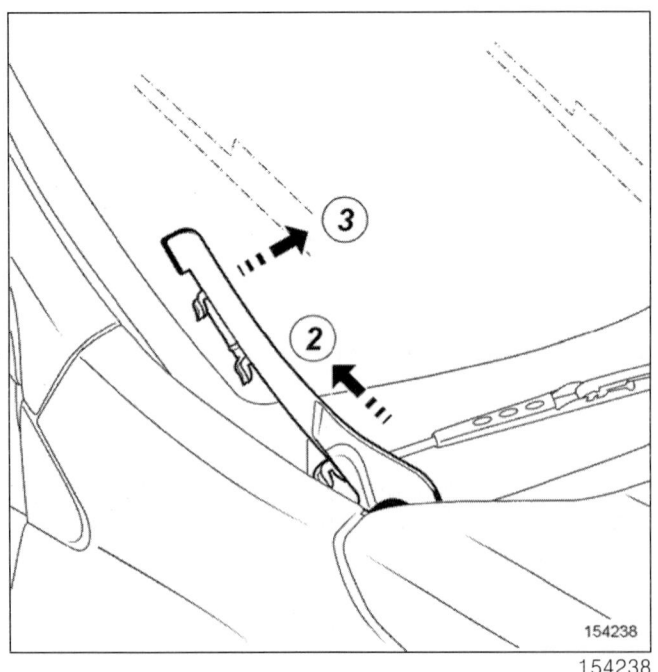

❏ 윈드실드 트림을 (2) 에서 밀고 (3) 에서 당겨서 탈거한다 .

❏ 다음을 탈거한다 :

- 프론트 펜더 익스텐더 (56A, 외장 장착 부품 , 외부 바디 사이드 트림 어셈블리 : 분해도 참조),
- 프론트 펜더 어퍼 트림 (56A, 외장 장착 부품 , 외부 바디 사이드 트림 어셈블리 : 분해도 참조),
- 프론트 펜더 프로텍터 (55A, 외장 보호 트림 , 외부 바디 프론트 트림 어셈블리 : 분해도 참조),
- 프론트 범퍼 (55A, 외장 보호 트림 , 프론트 범퍼 : 탈거 - 장착 참조),
- 윈드실드 와이퍼 암 (MR 469 리페어 매뉴얼 , 85A, 와이퍼 및 워셔 , 와이퍼 및 워셔 : 구성부품 리스트 및 위치 참조),
- 카울 탑 커버 (56A, 외장 장착 부품 , 카울 탑 커버 : 탈거 - 장착 참조).

II - 관련 부품 탈거 작업

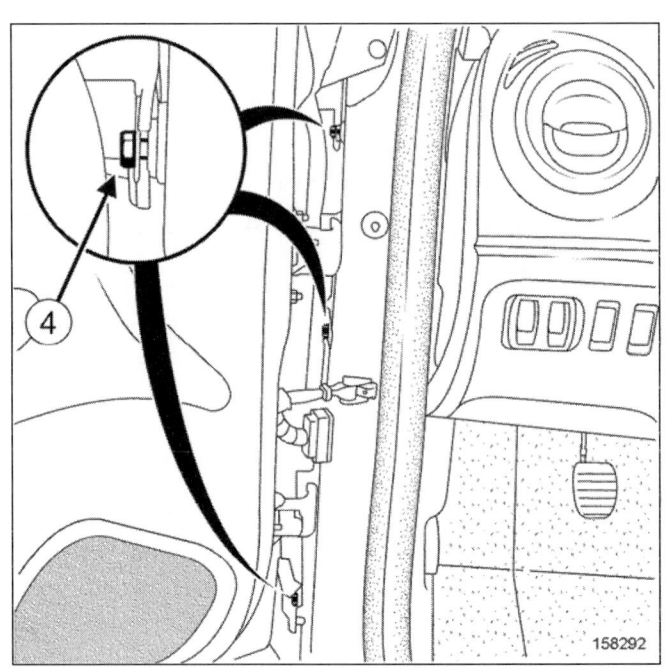

프론트 어퍼 스트럭쳐
프론트 펜더 : 탈거 - 장착

42A

J87

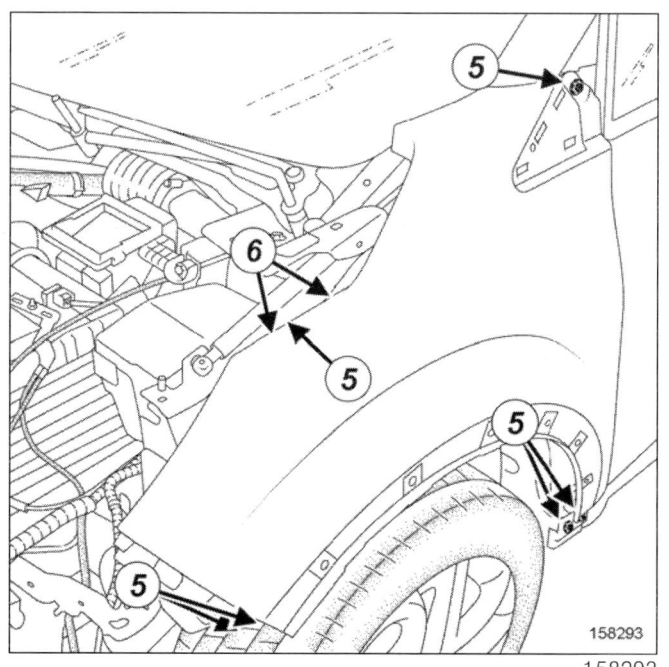

❏ 다음을 탈거한다 :
  - 프론트 펜더 실내 방음재 ,
  - 프론트 펜더 볼트 (4) 및 (5),
  - 프론트 펜더 너트 (6),
  - 프론트 펜더 .

장착

I - 관련 부품 장착 작업

❏ 다음을 장착한다 :
  - 프론트 펜더 ,
  - 프론트 펜더 볼트 (4) 및 (5),
  - 프론트 펜더 너트 (6).

❏ 프론트 펜더의 단차를 조정한다 (01C, 바디 제원 , 차량 틈새 : 조정 값 참조).

❏ 프론트 펜더 실내 방음재를 장착한다 .

II - 최종 작업

❏ 탈거의 역순으로 장착한다 .

프론트 어퍼 스트럭쳐
인스트루먼트 패널 크로스 멤버 : 탈거 – 장착

42A

J87

위치 및 사양 (규정 토크 , 항상 교환해야 하는 부품 등) (57A, 내장 장착 부품 , 인스트루먼트 패널 어셈블리 : 분해도 참조).

탈거

I – 탈거 준비 작업

❏ 배터리 단자를 분리한다 (MR 469 리페어 매뉴얼 , 80A, 배터리 , 배터리 : 탈거 – 장착 참조).

❏ 다음을 탈거한다 :
- 프론트 도어 웨더스트립 (71A, 인테리어 트림 , 내부 바디 사이드 트림 어셈블리 : 분해도 참조),
- 프론트 필러 가니쉬 (71A, 인테리어 트림 , 내부 바디 사이드 트림 어셈블리 : 분해도 참조),
- 우측 인스트루먼트 패널 사이드 패널 (57A, 내장 장착 부품 , 인스트루먼트 패널 어셈블리 : 분해도 참조),
- 글로브 박스 (57A, 내장 장착 부품 , 인스트루먼트 패널 어셈블리 : 분해도 참조),
- 에어백 인히비터 스위치 (MR 469 리페어 매뉴얼 , 84A, 스위치 장치 , 실내 스위치 : 구성부품 리스트 및 위치 참조),
- 센터 콘솔 (57A, 내장 장착 부품 , 센터 콘솔 : 탈거 – 장착 참조),
- 카드 리더 (MR 469 리페어 매뉴얼 , 82A, 이모빌라이저 시스템 , 이모빌라이저 시스템 : 구성부품 리스트 및 위치 참조),

❏ 프론트 스타팅 안테나 커넥터를 분리한다 .

❏ 다음을 탈거한다 :
- 센터 프론트 패널 (57A, 내장 장착 부품 , 인스트루먼트 패널 어셈블리 : 분해도 참조),
- 비상등 및 센터 도어 컨트롤 (MR 469 리페어 매뉴얼 , 84A, 스위치 장치 , 도어 록 및 비상등 스위치 : 탈거 – 장착 참조),
- 에어컨 컨트롤 패널 (57A, 내장 장착 부품 , 인스트루먼트 패널 어셈블리 : 분해도 참조),
- 내비게이션 라디오 시스템 , 라디오 또는 라디오 디스플레이 (MR 469 리페어 매뉴얼 , 83C, 내비게이션 시스템 , 내비게이션 : 구성부품 리스트 및 위치 참조) 및 (MR 469 리페어 매뉴얼 , 86A, 라디오 , 라디오 : 구성부품 리스트 및 위치 참조),

❏ 멀티미디어 네트워크 인터페이스 유닛을 탈거한다 (MR 469 리페어 매뉴얼 , 83C, 내비게이션 시스템 , 내비게이션 : 구성부품 리스트 및 위치 참조).

❏ 다음을 탈거한다 :
- 인스트루먼트 패널 로어 트림 (57A, 내장 장착 부품 , 인스트루먼트 패널 어셈블리 : 분해도 참조),
- 조수석 센터 유닛 (MR 469 리페어 매뉴얼 , 87B, 바디 컨트롤 시스템 , BCM: 탈거 – 장착 참조),
- 운전석 프론트 에어백 (MR 469 리페어 매뉴얼 , 88C, 에어백 및 프리텐셔너 , 운전석 프론트 에어백 : 탈거 – 장착 참조),
- 스티어링 휠 (MR 469 리페어 매뉴얼 , 36A, 스티어링 기어 어셈블리 , 스티어링 어셈블리 : 분해도 참조),
- 스티어링 휠 아래 쉘 (57A, 내장 장착 부품 , 인스트루먼트 패널 어셈블리 : 분해도 참조),
- 스티어링 칼럼 스위치 어셈블리 (MR 469 리페어 매뉴얼 , 84A, 스위치 장치 , 스위치 장치 : 구성부품 리스트 및 위치 참조),
- 좌측 인스트루먼트 패널 사이드 패널 (57A, 내장 장착 부품 , 인스트루먼트 패널 어셈블리 : 분해도 참조),
- 컴비네이션 미터 바이저의 트림 (57A, 내장 장착 부품, 인스트루먼트 패널 어셈블리: 분해도 참조),
- 컴비네이션 미터 트림 (57A, 내장 장착 부품 , 인스트루먼트 패널 어셈블리 : 분해도 참조),
- 컴비네이션 미터 (57A, 내장 장착 부품 , 인스트루먼트 패널 어셈블리 : 분해도 참조),
- 인스트루먼트 패널 어퍼 섹션에서 트위터 (57A, 내장 장착 부품 , 인스트루먼트 패널 어셈블리 : 분해도 참조),
- 인스트루먼트 패널 스크류 (57A, 내장 장착 부품 , 인스트루먼트 패널 어셈블리 : 분해도 참조),
- 인스트루먼트 패널 (이 작업은 두 사람이 작업한다).

프론트 어퍼 스트럭쳐
인스트루먼트 패널 크로스 멤버 : 탈거 – 장착

42A

J87

II – 관련 부품 탈거 작업

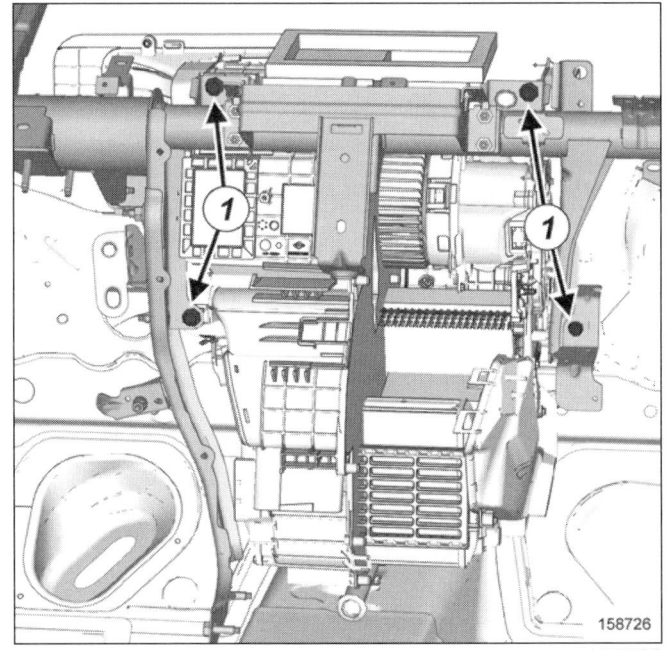

❏ 볼트 (1) 를 탈거한다 .

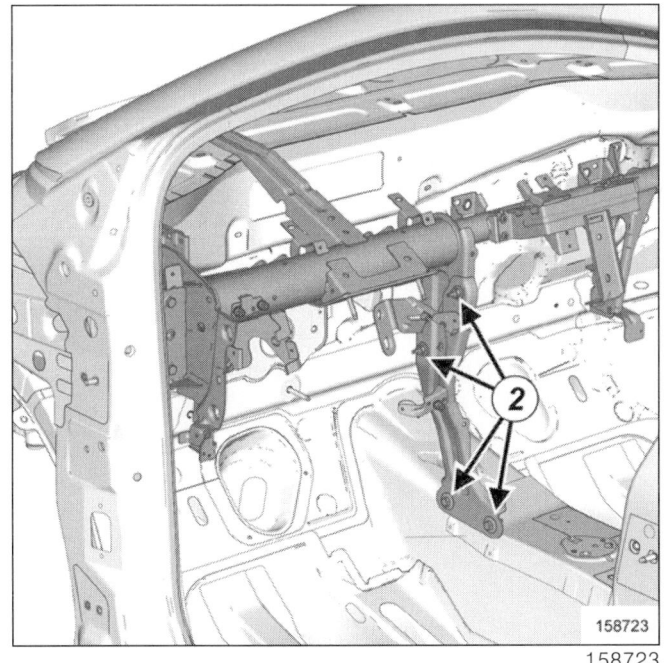

❏ 다음을 탈거한다 :
- 볼트 (2),
- 인스트루먼트 패널 플랜지 (3).

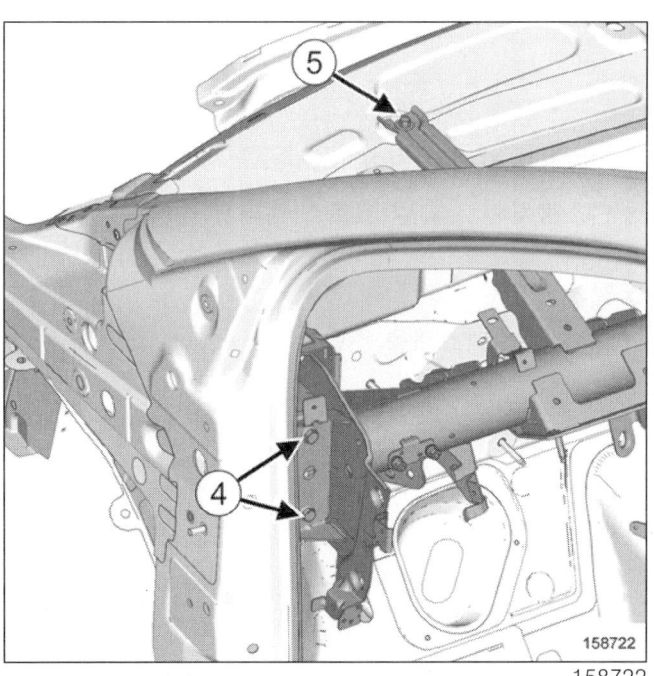

❏ 다음을 탈거한다 :
- 윈드실드 크로스 멤버 (5) 에서 볼트 ,
- 각 사이드의 크로스 멤버 (4) 에서 볼트 .

42A-6

프론트 어퍼 스트럭쳐
인스트루먼트 패널 크로스 멤버 : 탈거 – 장착

42A

J87

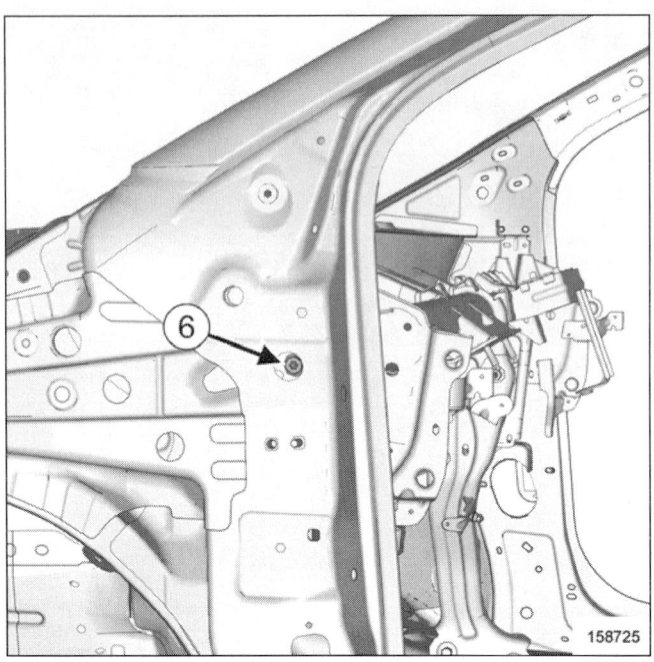

❏ 다음을 탈거한다 :

- 사이드 볼트 (6),
- 인스트루먼트 패널 크로스 멤버 (이 작업은 두 사람이 작업한다).

장착

I – 관련 부품 장착 작업

❏ 인스트루먼트 패널 크로스 멤버를 장착한다 (이 작업은 두 사람이 작업한다).

❏ 탈거의 역순으로 장착한다 .

❏ 모든 기능 테스트를 수행한다 .

사이드 어퍼 스트럭쳐
바디 사이드 프론트 섹션 : 교환

43A

J87

I - 서비스 부품의 구성

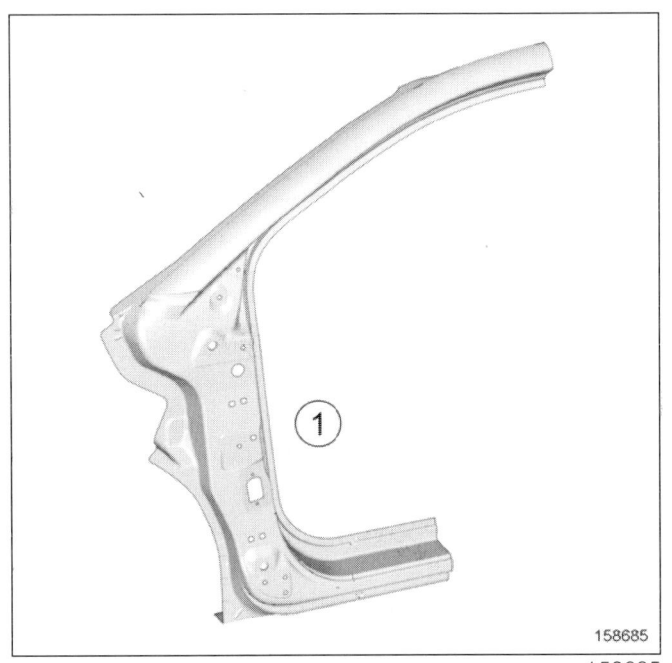

번호	설명	두께 (mm)
(1)	바디 사이드 프론트 섹션	0.7

II - 교환 작업

부품 교환 방법 :

- 전체 교환 A-C,
- 부분 교환 B-C.

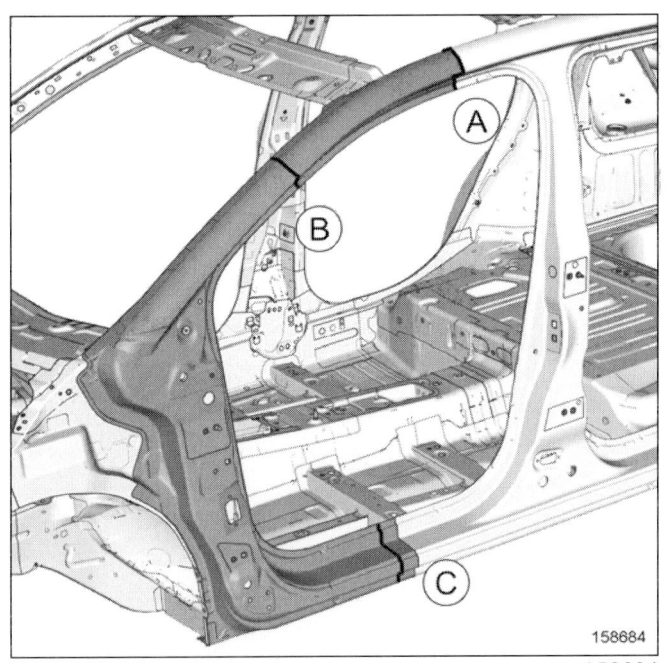

주의

차량의 전기 및 전자 구성부품 손상을 방지하기 위해 용접 부위 근처에 있는 와이어링 하네스의 접지를 분리해야 한다.

용접기의 접지는 용접 부위에서 최대한 가까운 위치에 있어야 한다 (MR 400 차체 구조 수리 매뉴얼, 40H, 볼트 결합, 접지를 위한 볼트 결합: 장착 참조).

용접 부위 근처의 접지를 찾는다 (40A, 일반 사항, 접지 위치 : 구성부품 리스트 및 위치 참조).

1 - 전체 교환

a - 부품의 장착 위치

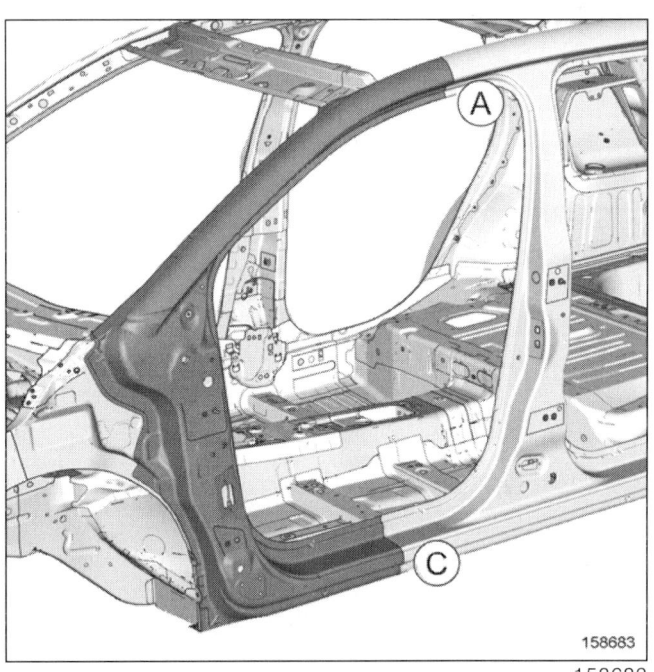

b - 탈거해야 하는 차체 구성부품 - 교환 작업을 실시하기 위해 탈거해야 하는 스트럭쳐

루프를 탈거한다 (45A, 바디 어퍼 스트럭쳐, 루프 : 교환 참조).

사이드 어퍼 스트럭쳐
바디 사이드 프론트 섹션 : 교환

43A

J87

2 - 부분 교환 B-C

부품의 장착 위치

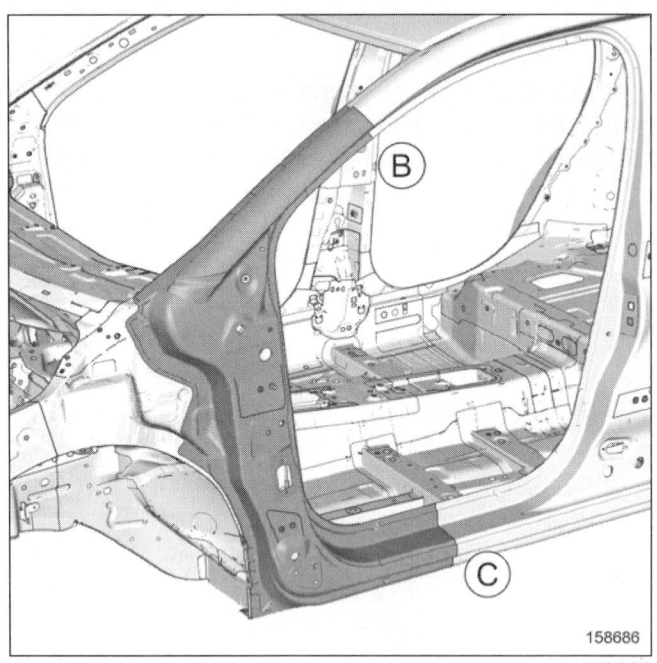
158686

사이드 어퍼 스트럭쳐
프론트 필러 리인포스먼트 : 교환

43A

J87

I - 서비스 부품의 구성

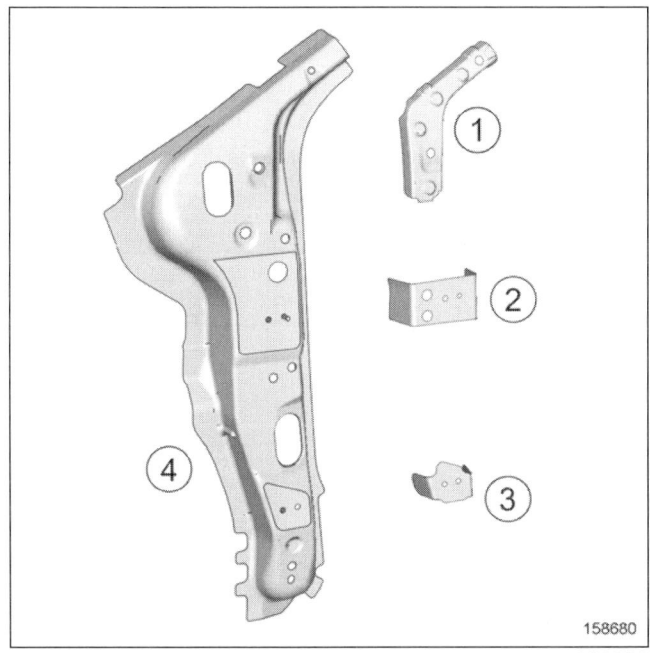

번호	설명	재질	두께 (mm)
(1)	프론트 필러 임팩트 리인포스먼트		1.5
(2)	프론트 필러 어퍼 힌지 리인포스먼트	고장력 강판	2
(3)	프론트 필러 로어 힌지 리인포스먼트	고장력 강판	2
(4)	프론트 필러 리인포스먼트	고장력 강판	1.2

II - 교환 작업

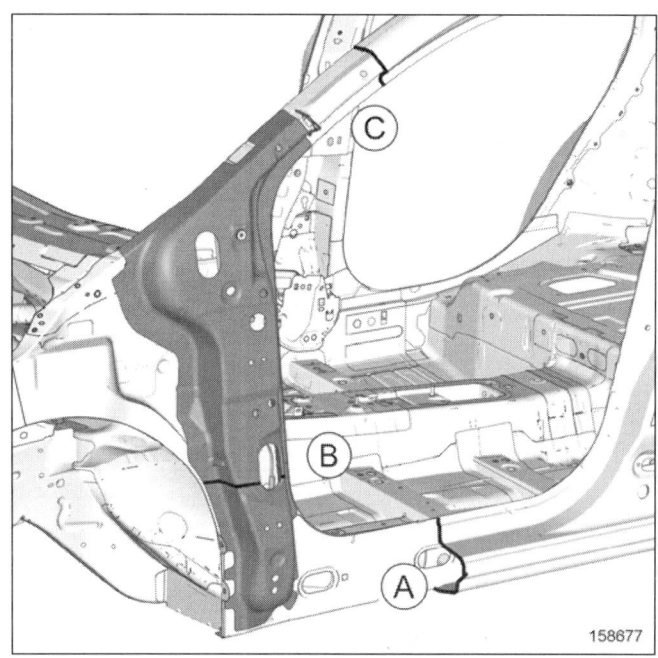

이 부품의 교환에는 몇 가지 방법이 있다 :
- 전체 교환 A-C,
- 부분 교환 B.

1 - 전체 교환 A-C

a - 부품의 장착 위치

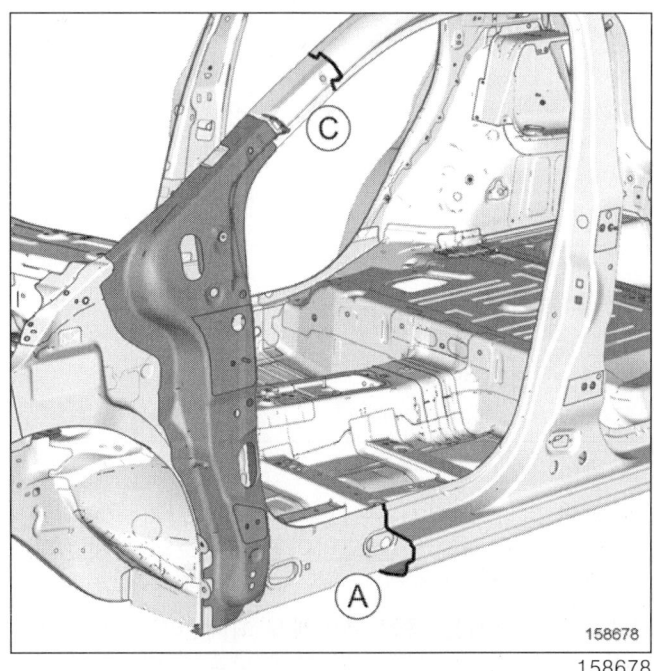

사이드 어퍼 스트럭쳐
프론트 필러 리인포스먼트 : 교환

J87

세부도 A

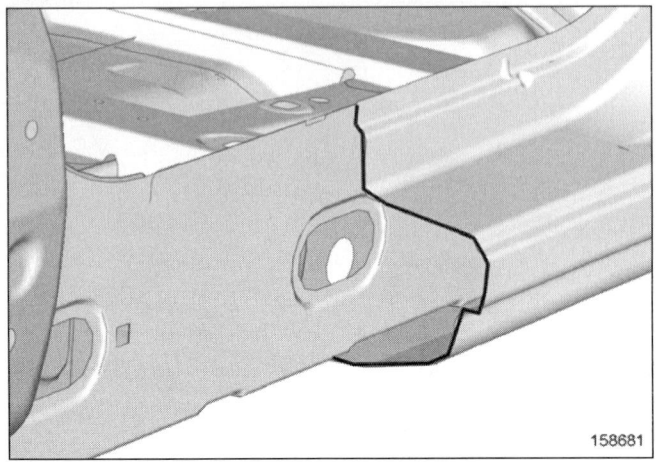

b - 항상 교환해야 하는 부품

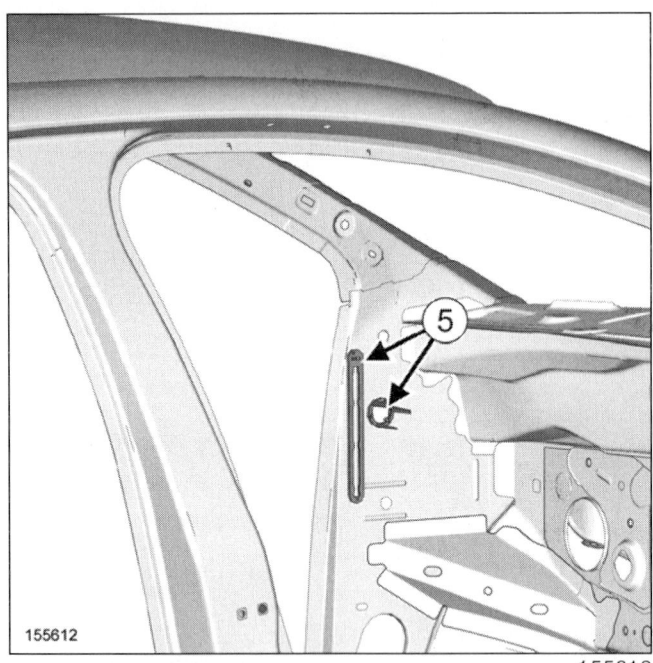

프론트 필러 확장 인서트를 교환한다.

c - 전기 접지의 위치

주의

차량의 전기 및 전자 구성부품 손상을 방지하기 위해 용접 부위 근처에 있는 와이어링 하네스의 접지를 분리해야 한다.

용접기의 접지는 용접 부위에서 최대한 가까운 위치에 있어야 한다 (MR 400 차체 구조 수리 매뉴얼, 40H, 볼트 결합, 접지를 위한 볼트 결합: 장착 참조).

용접 부위 근처의 접지를 찾는다 (40A, 일반 사항, 접지 위치 : 구성부품 리스트 및 위치 참조).

d - 용접 작업에 대한 설명

주의

용접할 부품의 접촉면에 접근할 수 없는 경우 스폿 용접 (전기 저항 용접) 대신 플러그 용접 (아크 용접) 을 사용한다 (MR 400 차체 구조 수리 매뉴얼, 40C, 가스 메탈 아크 용접 접합, 가스 차폐 아크 용접 비드 조인트 : 설명 참조).

2 - 부분 교환 B

a - 부품의 장착 위치

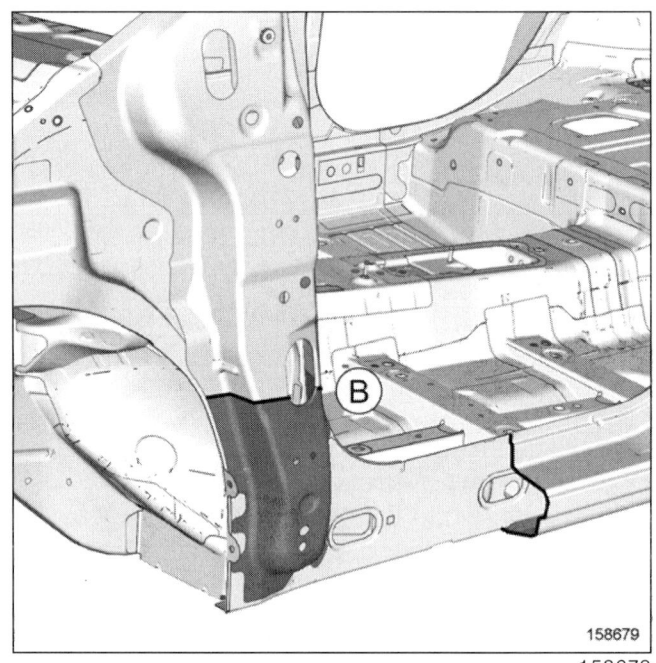

b - 전기 접지의 위치

주의

차량의 전기 및 전자 구성부품 손상을 방지하기 위해 용접 부위 근처에 있는 와이어링 하네스의 접지를 분리해야 한다.

용접기의 접지는 용접 부위에서 최대한 가까운 위치에 있어야 한다 (MR 400 차체 구조 수리 매뉴얼, 40H, 볼트 결합, 접지를 위한 볼트 결합: 장착 참조).

용접 부위 근처의 접지를 찾는다 (40A, 일반 사항, 접지 위치 : 구성부품 리스트 및 위치 참조).

사이드 어퍼 스트럭쳐
프론트 필러 리인포스먼트 : 교환

J87

c - 용접 작업에 대한 설명

> **주의**
>
> 용접할 부품의 접촉면에 접근할 수 없는 경우 스폿 용접 (전기 저항 용접) 대신 플러그 용접 (아크 용접) 을 사용한다 (MR 400 차체 구조 수리 매뉴얼 , 40C, 가스 메탈 아크 용접 접합 , 가스 차폐 아크 용접 비드 조인트 : 설명 참조).

사이드 어퍼 스트럭쳐
대시 사이드 : 교환

43A

J87

I – 서비스 부품의 구성

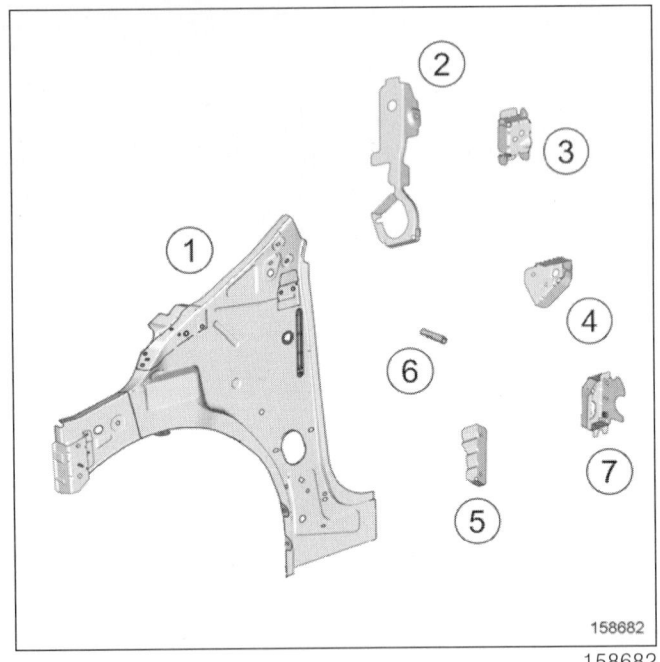

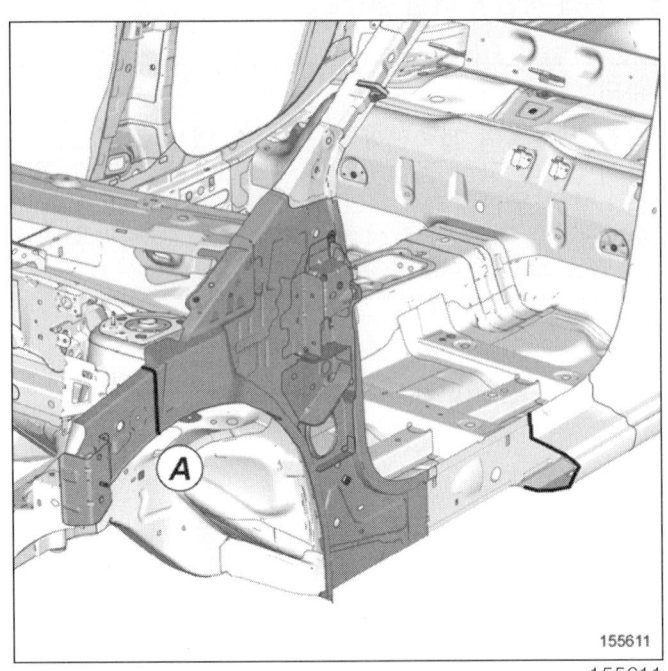

번호	설명	재질	두께 (mm)
(1)	대시 사이드	연강	0.85
(2)	대시 사이드 가니쉬 리인포스먼트	연강	1.5
(3)	어퍼 필러 리인포스먼트	연강	2
(4)	로어 필러 리인포스먼트	연강	2.5
(5)	대시 사이드 라이닝 연결 장치	연강	2
(6)	마운팅 스페이서	연강	2.5
(7)	크로스 멤버 서브프레임 마운팅	연강	2

1 – 전체 교환

a – 부품의 장착 위치

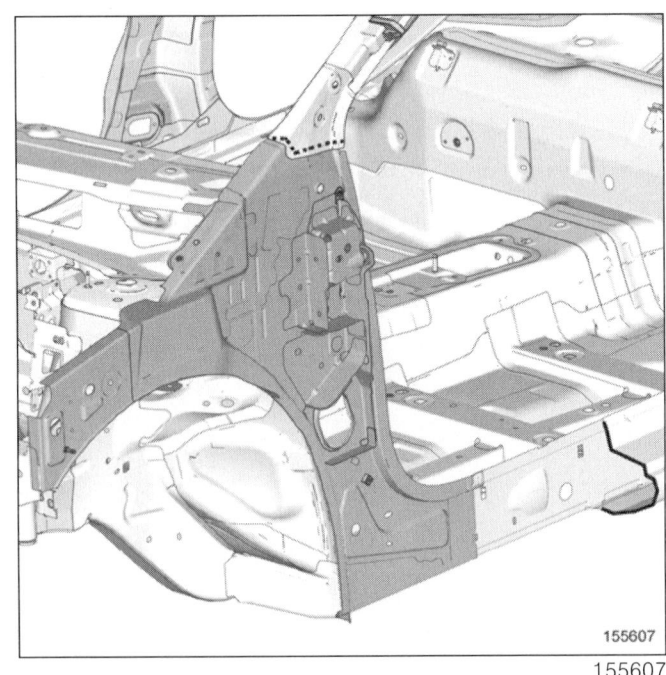

II – 교환 작업

부품 교환 방법 :

- 전체 교환 ,
- 부분 교환 A.

사이드 어퍼 스트럭쳐
대시 사이드 : 교환

43A

J87

b - 전기 접지의 위치

> **주의**
> 차량의 전기 및 전자 구성부품 손상을 방지하기 위해 용접 부위 근처에 있는 와이어링 하네스의 접지를 분리해야 한다.
> 용접기의 접지는 용접 부위에서 최대한 가까운 위치에 있어야 한다 (MR 400 차체 구조 수리 매뉴얼, 40H, 볼트 결합, 접지를 위한 볼트 결합: 장착 참조).

용접 부위 근처의 접지를 찾는다 (40A, 일반 사항, 접지 위치 : 구성부품 리스트 및 위치 참조).

c - 용접 작업에 대한 설명

> **주의**
> 용접할 부품의 접촉면에 접근할 수 없는 경우 스폿 용접 (전기 저항 용접) 대신 플러그 용접 (아크 용접) 을 사용한다 (MR 400 차체 구조 수리 매뉴얼, 40C, 가스 메탈 아크 용접 접합, 가스 차폐 아크 용접 비드 조인트 : 설명 참조).

2 - 부분 교환 A

a - 부품의 장착 위치

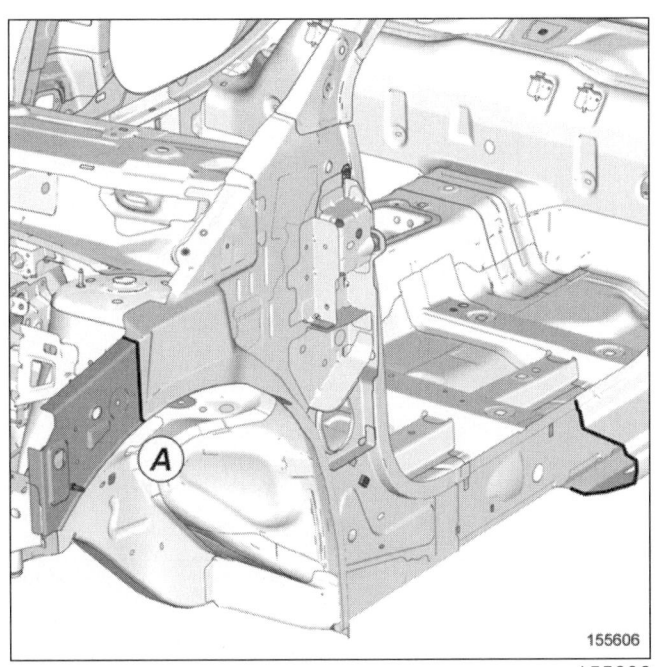

A 단면 세부도

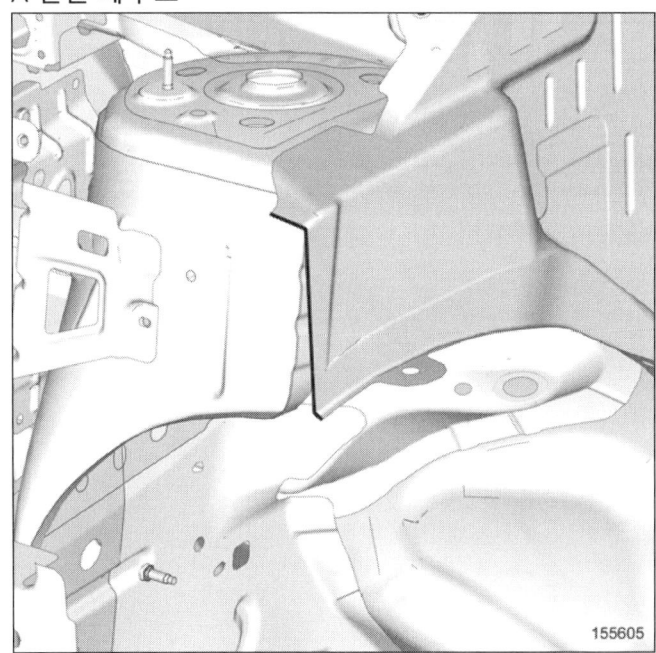

b - 전기 접지의 위치

> **주의**
> 차량의 전기 및 전자 구성부품 손상을 방지하기 위해 용접 부위 근처에 있는 와이어링 하네스의 접지를 분리해야 한다.
> 용접기의 접지는 용접 부위에서 최대한 가까운 위치에 있어야 한다 (MR 400 차체 구조 수리 매뉴얼, 40H, 볼트 결합, 접지를 위한 볼트 결합: 장착 참조).

용접 부위 근처의 접지를 찾는다 (40A, 일반 사항, 접지 위치 : 구성부품 리스트 및 위치 참조).

c - 용접 작업에 대한 설명

> **주의**
> 용접할 부품의 접촉면에 접근할 수 없는 경우 스폿 용접 (전기 저항 용접) 대신 플러그 용접 (아크 용접) 을 사용한다 (MR 400 차체 구조 수리 매뉴얼, 40C, 가스 메탈 아크 용접 접합, 가스 차폐 아크 용접 비드 조인트 : 설명 참조).

사이드 어퍼 스트럭쳐
프론트 필러 가니쉬 : 교환

43A

J87

I - 서비스 부품의 구성

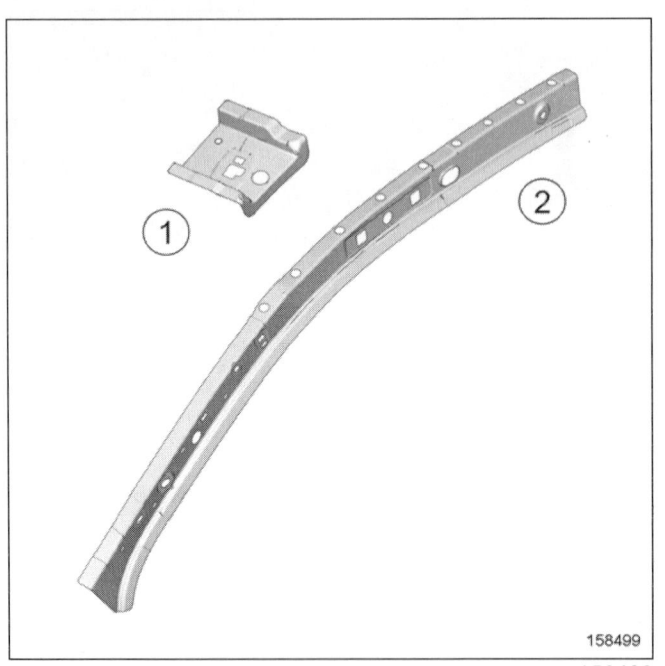

번호	설명	재질	두께 (mm)
(1)	듀얼 연결 브라켓	고장력 강판	1
(2)	프론트 필러 가니쉬	고장력 강판	1.4

II - 교환 작업

부품 교환 방법 :

- 전체 교환 .

전체 교환

a - 부품의 장착 위치

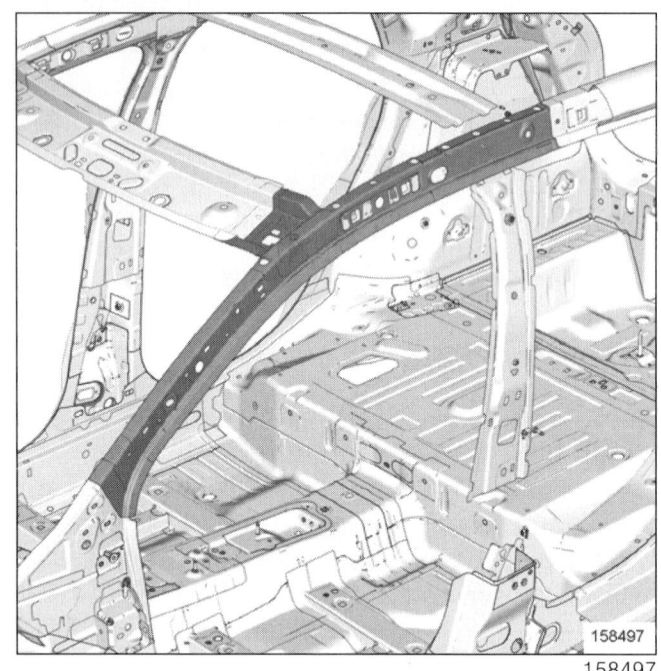

부품 없는 모습

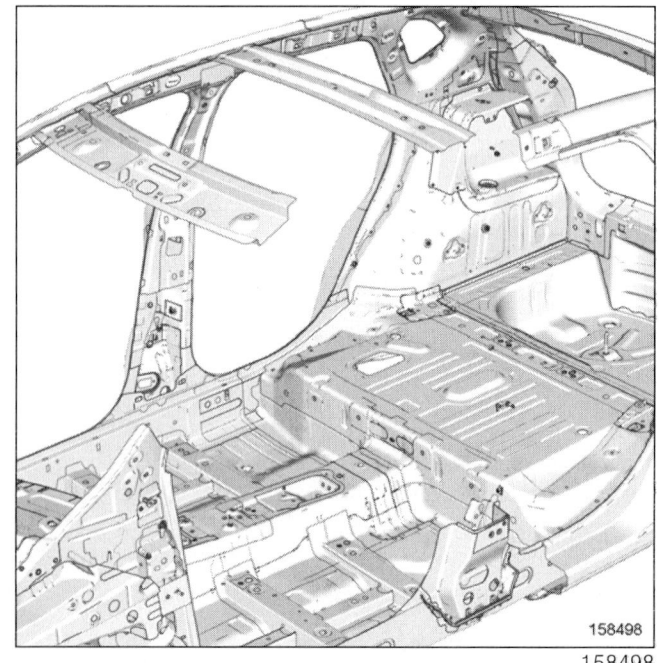

사이드 어퍼 스트럭쳐
프론트 필러 가니쉬 : 교환

43A

J87

b - 전기 접지의 위치

> **주의**
>
> 차량의 전기 및 전자 구성부품 손상을 방지하기 위해 용접 부위 근처에 있는 와이어링 하네스의 접지를 분리해야 한다.
>
> 용접기의 접지는 용접 부위에서 최대한 가까운 위치에 있어야 한다 (MR 400 차체 구조 수리 매뉴얼, 40H, 볼트 결합, 접지를 위한 볼트 결합: 장착 참조).

용접 부위 근처의 접지를 찾는다 (40A, 일반 사항, 접지 위치 : 구성부품 리스트 및 위치 참조).

c - 용접 작업에 대한 설명

> **주의**
>
> 용접할 부품의 접촉면에 접근할 수 없는 경우 스폿 용접 (전기 저항 용접) 대신 플러그 용접 (아크 용접) 을 사용한다 (MR 400 차체 구조 수리 매뉴얼, 40C, 가스 메탈 아크 용접 접합, 가스 차폐 아크 용접 비드 조인트 : 설명 참조).

사이드 어퍼 스트럭쳐
센터 필러 : 교환

43A

J87

I - 서비스 부품의 구성

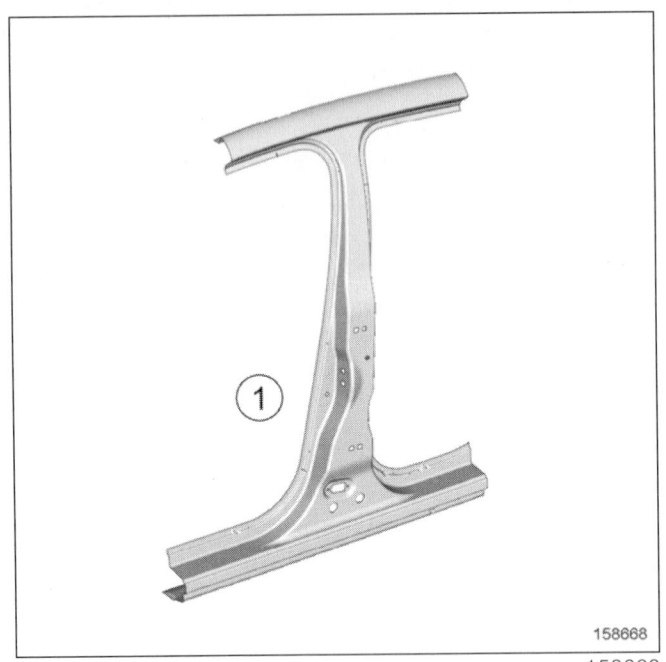

번호	설명	두께 (mm)
(1)	센터 필러	0.7

II - 교환 작업

부품 교환 방법 :
- 전체 교환 A-B-D-E,
- 부분 교환 C-D-E.

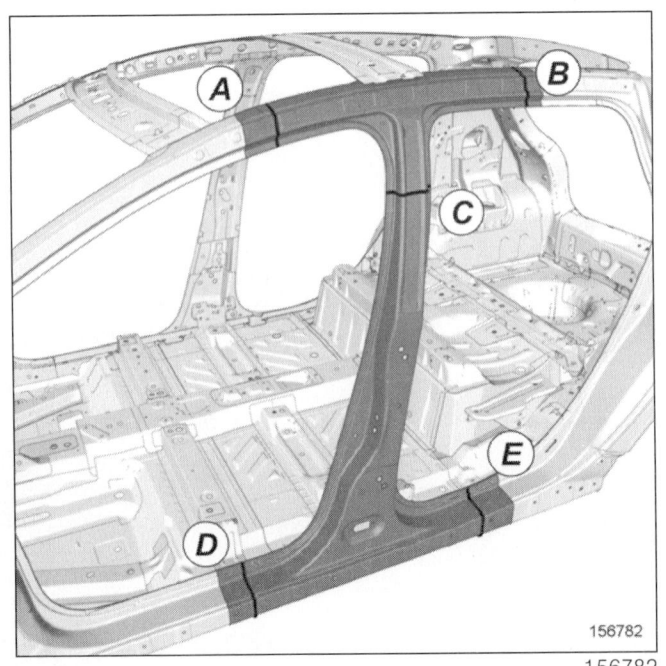

주의

차량의 전기 및 전자 구성부품 손상을 방지하기 위해 용접 부위 근처에 있는 와이어링 하네스의 접지를 분리해야 한다.

용접기의 접지는 용접 부위에서 최대한 가까운 위치에 있어야 한다 (MR 400 차체 구조 수리 매뉴얼, 40H, 볼트 결합, 접지를 위한 볼트 결합: 장착 참조).

용접 부위 근처의 접지를 찾는다 (40A, 일반 사항, 접지 위치 : 구성부품 리스트 및 위치 참조).

1 - 전체 교환

a - 부품의 장착 위치

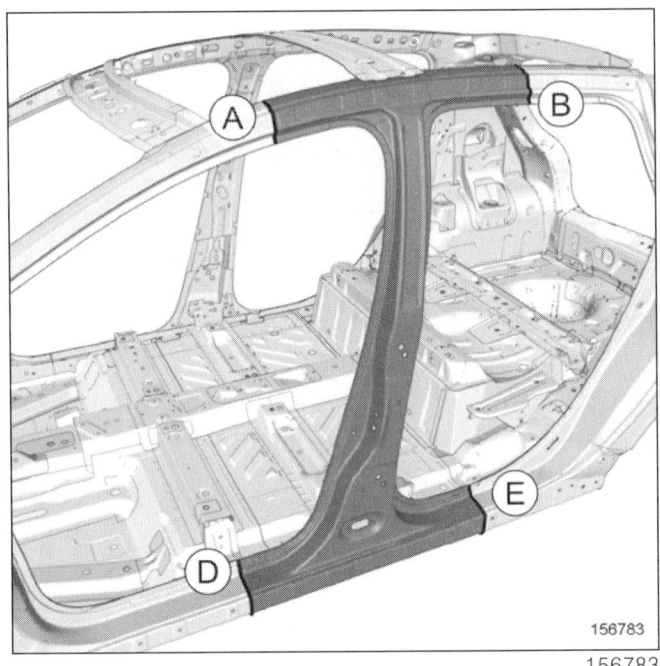

사이드 어퍼 스트럭쳐
센터 필러 : 교환

43A

J87

세부도 A

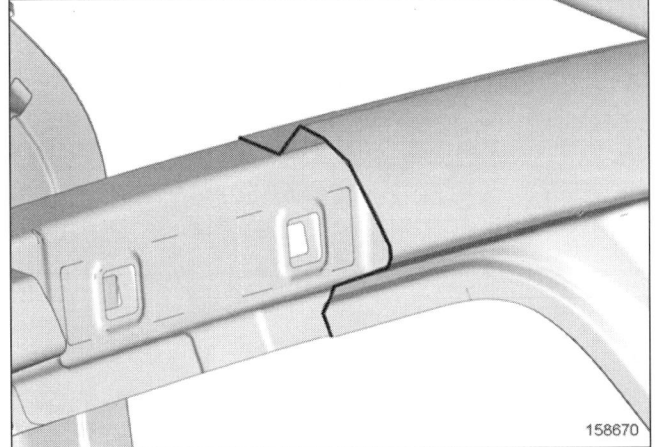

158670

세부도 B

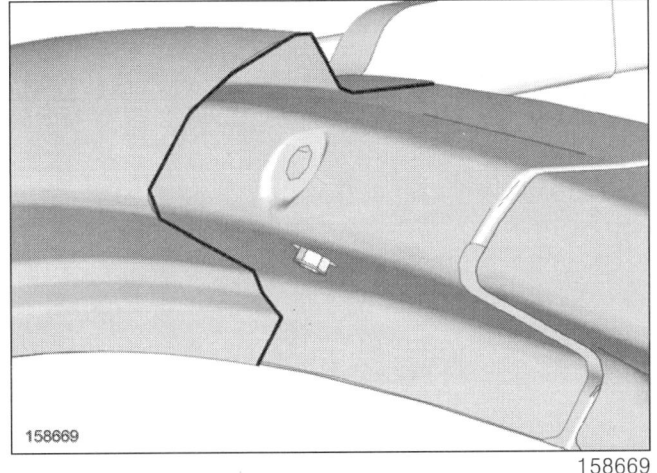

158669

세부도 D

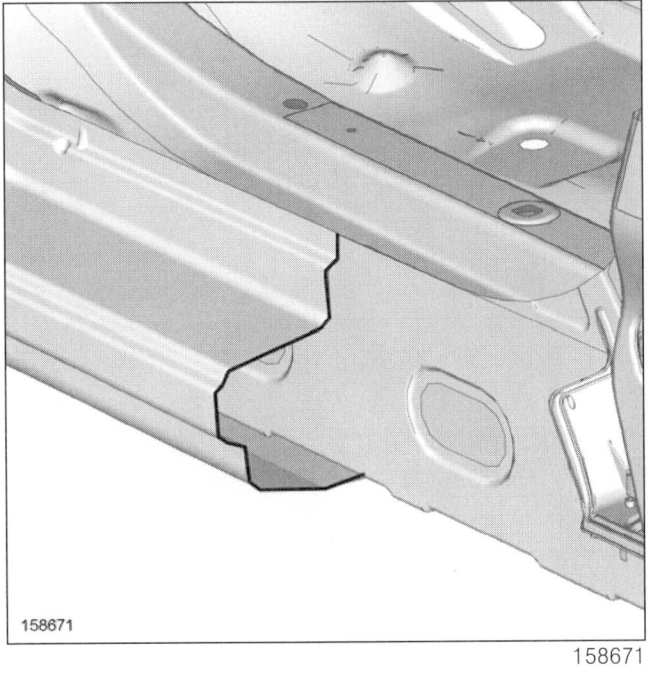

158671

세부도 E

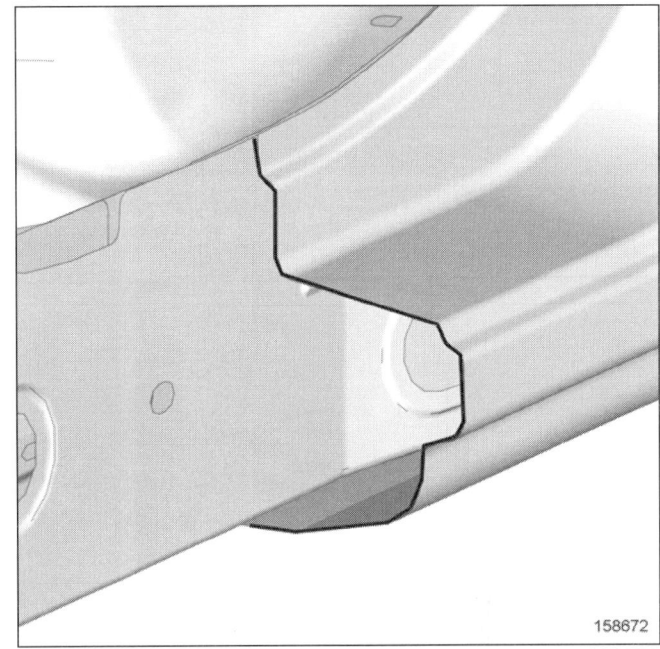

158672

b - 탈거해야 하는 차체 구성부품 - 교환 작업을 실시하기 위해 탈거해야 하는 스트럭쳐

루프를 탈거한다 (45A, 바디 어퍼 스트럭쳐 , 루프 : 교환 참조).

1 - 전체 교환

부품의 장착 위치

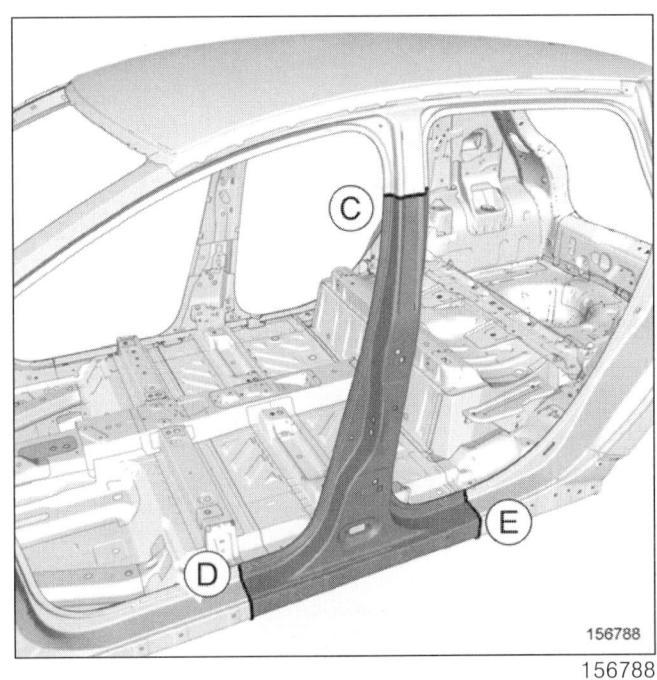

156788

43A-11

사이드 어퍼 스트럭쳐
센터 필러 : 교환

43A

J87

세부도 C

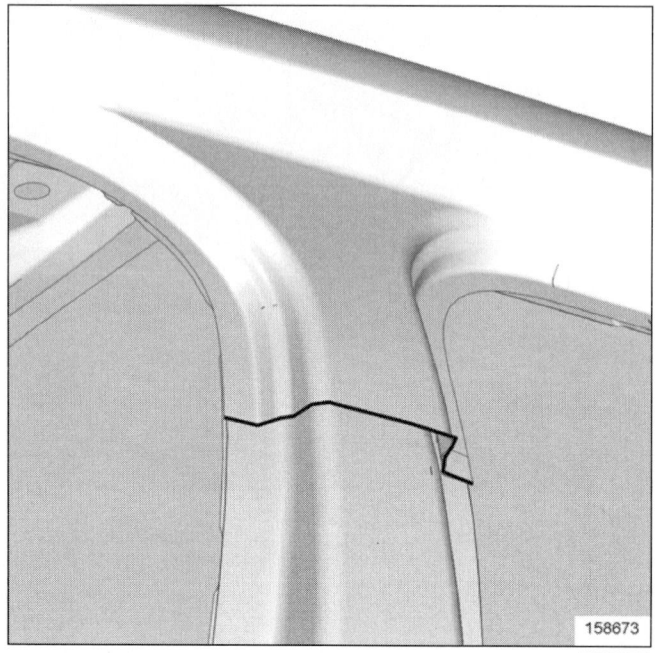

세부도 E

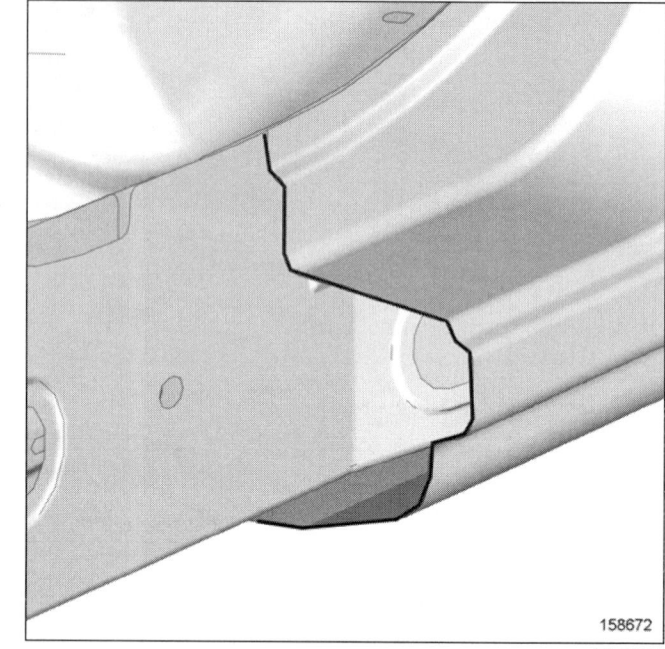

세부도 D

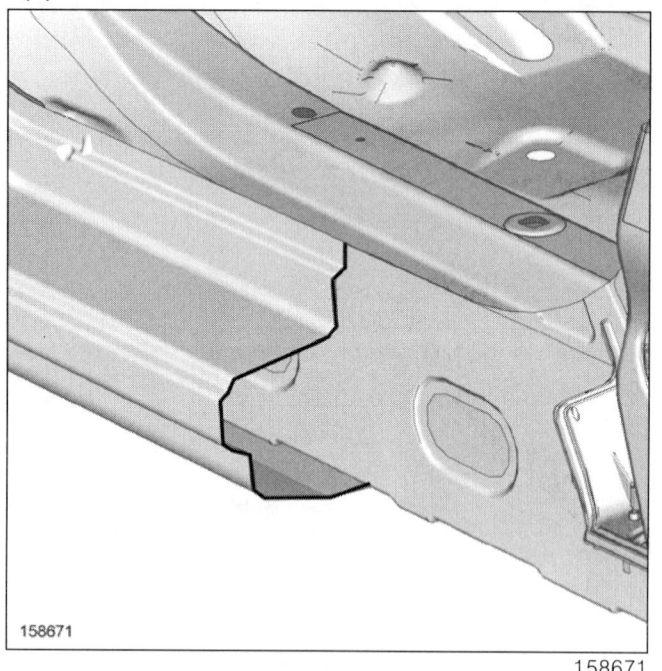

43A-12

사이드 어퍼 스트럭쳐
센터 필러 리인포스먼트 : 교환

43A

J87

I - 서비스 부품의 구성

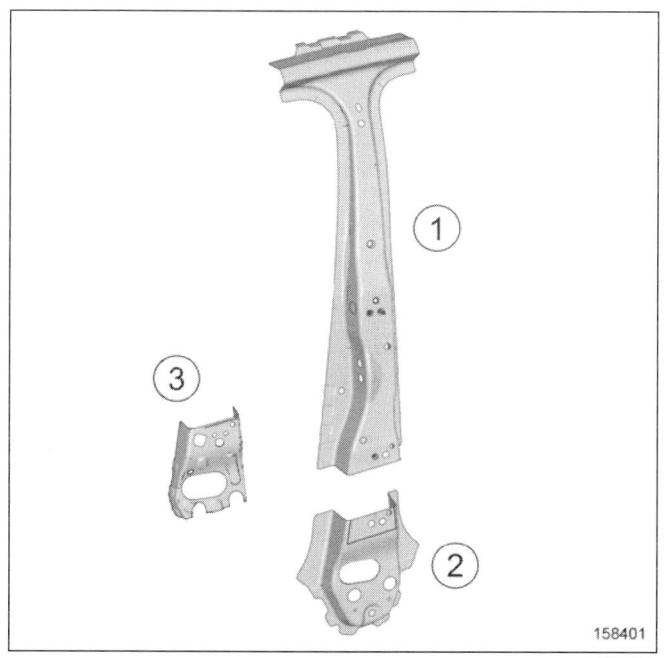

번호	설명	재질	두께 (mm)
(1)	센터 필러 어퍼 리인 포스먼트	UHLE	2
(2)	센터 필러 로어 리인포스먼트	고장력 강판	1.5
(3)	B- 필러 임팩트 로어 리인포스먼트	연강	2.2

II - 교환 작업

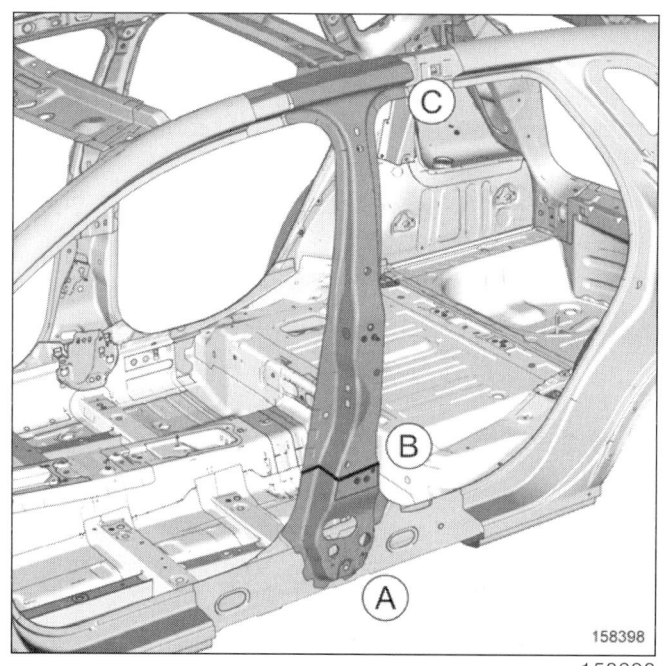

이 부품의 교환에는 몇 가지 방법이 있다 :
- 전체 교환 A-C,
- 부분 교환 A-B(로어 리인포스먼트).

1 - 전체 교환 A-C

a - 부품의 장착 위치

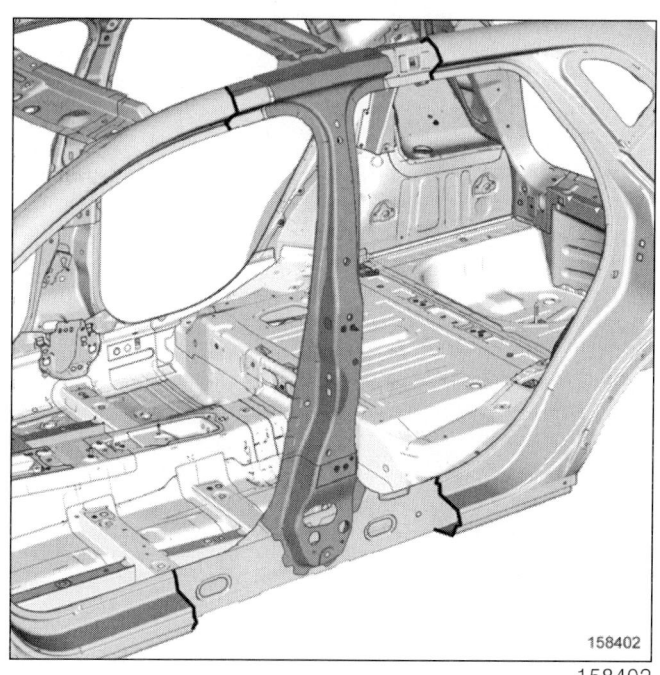

43A-13

사이드 어퍼 스트럭쳐
센터 필러 리인포스먼트 : 교환

43A

J87

b - 전기 접지의 위치

> **주의**
>
> 차량의 전기 및 전자 구성부품 손상을 방지하기 위해 용접 부위 근처에 있는 와이어링 하네스의 접지를 분리해야 한다.
>
> 용접기의 접지는 용접 부위에서 최대한 가까운 위치에 있어야 한다 (MR 400 차체 구조 수리 매뉴얼, 40H, 볼트 결합, 접지를 위한 볼트 결합: 장착 참조).

용접 부위 근처의 접지를 찾는다 (40A, 일반 사항, 접지 위치 : 구성부품 리스트 및 위치 참조).

c - 용접 작업에 대한 설명

> **주의**
>
> 용접할 부품의 접촉면에 접근할 수 없는 경우 스폿 용접 (전기 저항 용접) 대신 플러그 용접 (아크 용접) 을 사용한다 (MR 400 차체 구조 수리 매뉴얼, 40C, 가스 메탈 아크 용접 접합, 가스 차폐 아크 용접 비드 조인트 : 설명 참조).

2 - 부분 교환 A-B (로어 리인포스먼트)

a - 부품의 장착 위치

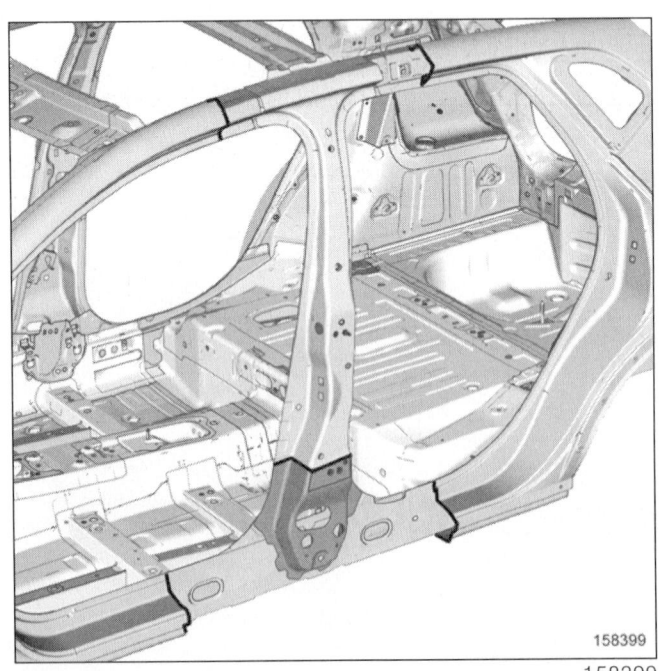

부품 탈거 상태

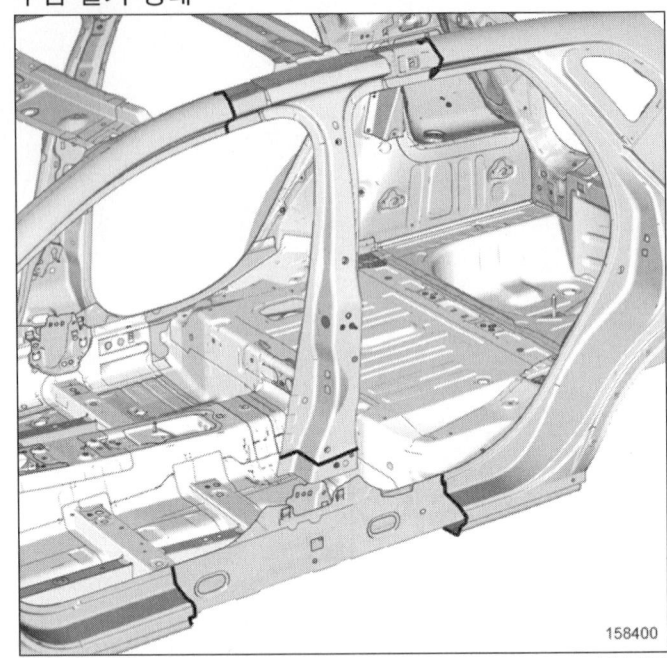

b - 전기 접지의 위치

> **주의**
>
> 차량의 전기 및 전자 구성부품 손상을 방지하기 위해 용접 부위 근처에 있는 와이어링 하네스의 접지를 분리해야 한다.
>
> 용접기의 접지는 용접 부위에서 최대한 가까운 위치에 있어야 한다 (MR 400 차체 구조 수리 매뉴얼, 40H, 볼트 결합, 접지를 위한 볼트 결합: 장착 참조).

용접 부위 근처의 접지를 찾는다 (40A, 일반 사항, 접지 위치 : 구성부품 리스트 및 위치 참조).

c - 용접 작업에 대한 설명

> **주의**
>
> 용접할 부품의 접촉면에 접근할 수 없는 경우 스폿 용접 (전기 저항 용접) 대신 플러그 용접 (아크 용접) 을 사용한다 (MR 400 차체 구조 수리 매뉴얼, 40C, 가스 메탈 아크 용접 접합, 가스 차폐 아크 용접 비드 조인트 : 설명 참조).

리어 어퍼 스트럭쳐
리어 컴비네이션 램프 마운팅 : 교환

44A

J87

I - 서비스 부품의 구성

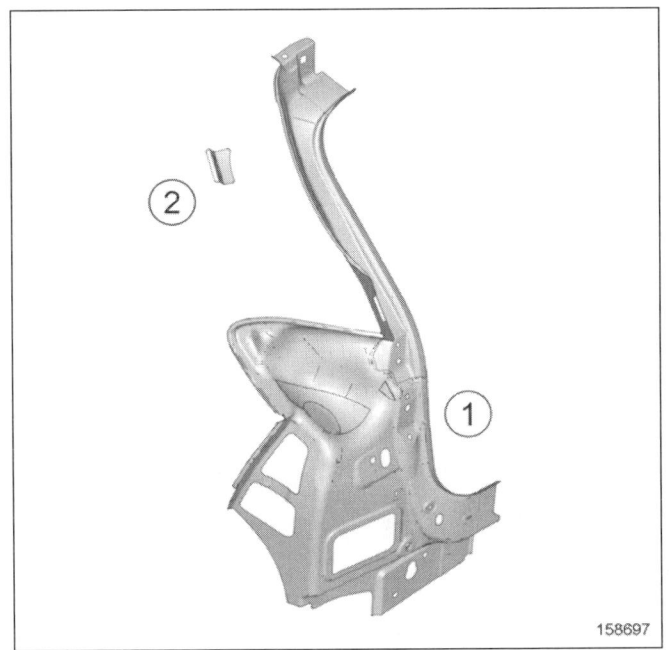

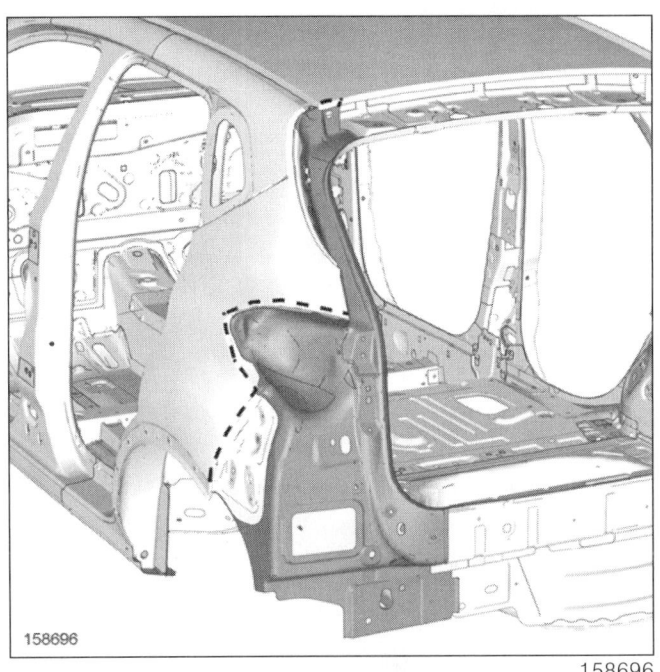

번호	설명	재질	두께 (mm)
(1)	리어 컴비네이션 램프 마운팅	연강	0.85
(2)	리어 라이트 마운팅 리어 리인포스먼트	연강	2

II - 교환 작업

부품 교환 방법 :

- 전체 교환 A-C,
- 부분 교환 A-B.

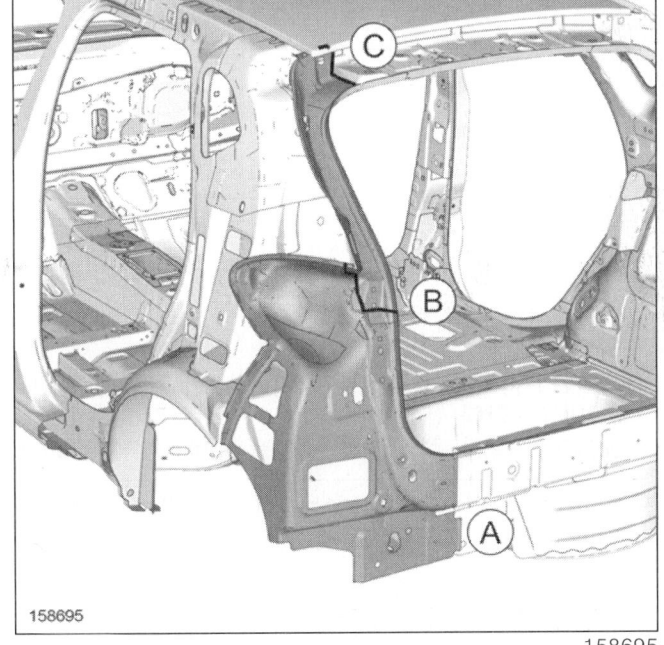

44A-1

리어 어퍼 스트럭쳐
리어 컴비네이션 램프 마운팅 : 교환

44A

J87

1 - 전체 교환 A-C

a - 부품의 장착 위치

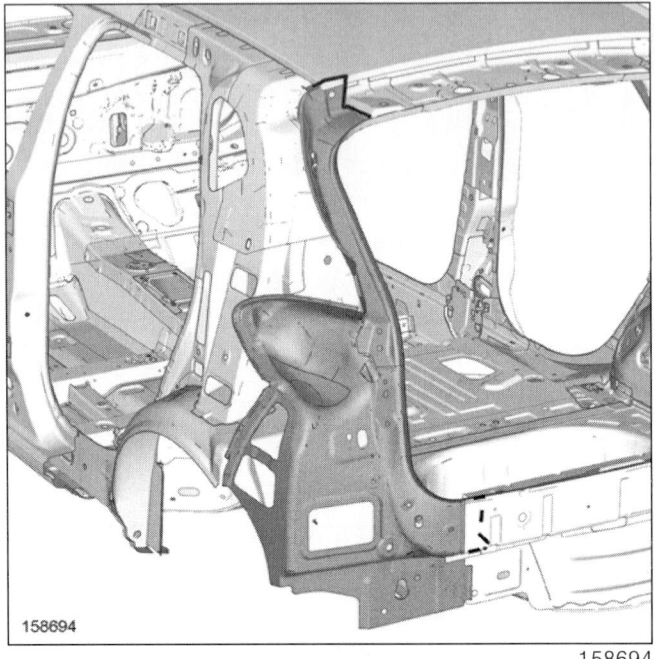

b - 전기 접지의 위치

주의

차량의 전기 및 전자 구성부품 손상을 방지하기 위해 용접 부위 근처에 있는 와이어링 하네스의 접지를 분리해야 한다.

용접기의 접지는 용접 부위에서 최대한 가까운 위치에 있어야 한다 (MR 400 차체 구조 수리 매뉴얼, 40H, 볼트 결합, 접지를 위한 볼트 결합: 장착 참조).

용접 부위 근처의 접지를 찾는다 (40A, 일반 사항, 접지 위치 : 구성부품 리스트 및 위치 참조).

c - 용접 작업에 대한 설명

주의

용접할 부품의 접촉면에 접근할 수 없는 경우 스폿 용접 (전기 저항 용접) 대신 플러그 용접 (아크 용접) 을 사용한다 (MR 400 차체 구조 수리 매뉴얼, 40C, 가스 메탈 아크 용접 접합, 가스 차폐 아크 용접 비드 조인트 : 설명 참조).

2 - 부분 교환 A-B

부품의 장착 위치

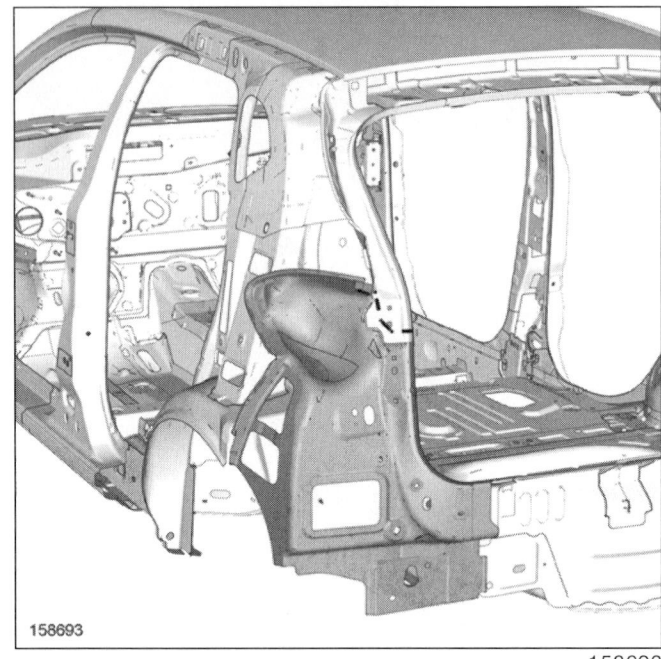

연결부를 이중으로 만든다 (MR 400 차체 구조 수리 매뉴얼, 40E, 부분 교환 접합, 오버레이에 의한 부분 교환 연결부 : 설명 참조).

리어 어퍼 스트럭쳐
리어 사이드 패널 : 교환

44A

J87

I - 서비스 부품의 구성

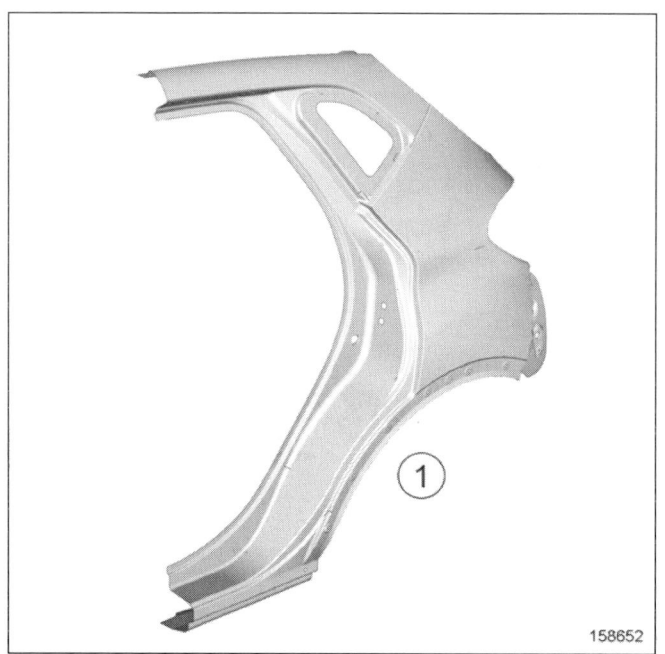

번호	설명	재질	두께 (mm)
(1)	리어 사이드 패널	연강	0.7

II - 교환 작업

부품 교환 방법 :
- 전체 교환 A-D,
- 부분 교환 A-C,
- 부분 교환 B-C.

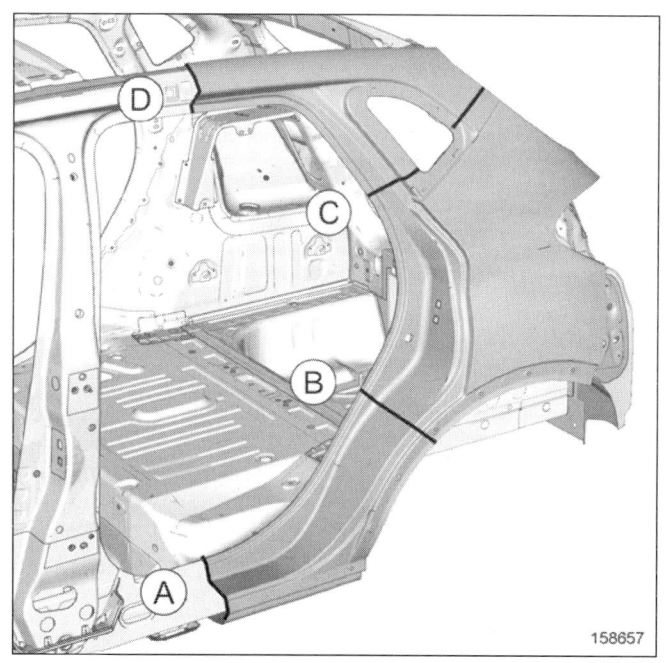

1 - 전기 접지의 위치

주의

차량의 전기 및 전자 구성부품 손상을 방지하기 위해 용접 부위 근처에 있는 와이어링 하네스의 접지를 분리해야 한다.

용접기의 접지는 용접 부위에서 최대한 가까운 위치에 있어야 한다 (MR 400 차체 구조 수리 매뉴얼, 40H, 볼트 결합, 접지를 위한 볼트 결합: 장착 참조).

용접 부위 근처의 접지를 찾는다 (40A, 일반 사항, 접지 위치 : 구성부품 리스트 및 위치 참조).

2 - 용접 작업에 대한 설명

주의

용접할 부품의 접촉면에 접근할 수 없는 경우 스폿 용접 (전기 저항 용접) 대신 플러그 용접 (아크 용접) 을 사용한다 (MR 400 차체 구조 수리 매뉴얼, 40C, 가스 메탈 아크 용접 접합, 가스 차폐 아크 용접 비드 조인트 : 설명 참조).

리어 어퍼 스트럭쳐
리어 사이드 패널 : 교환

44A

J87

3 - 전체 교환 A-D

a - 부품의 장착 위치

단면도

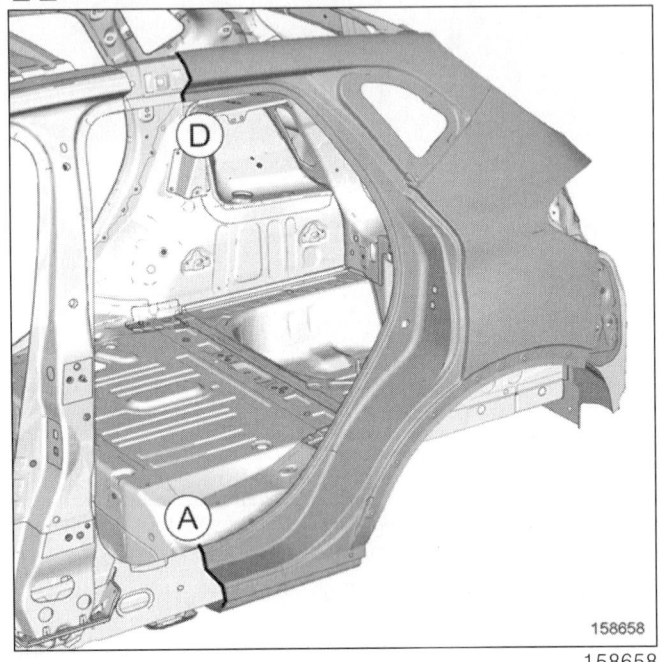

b - A-D 단면 세부도

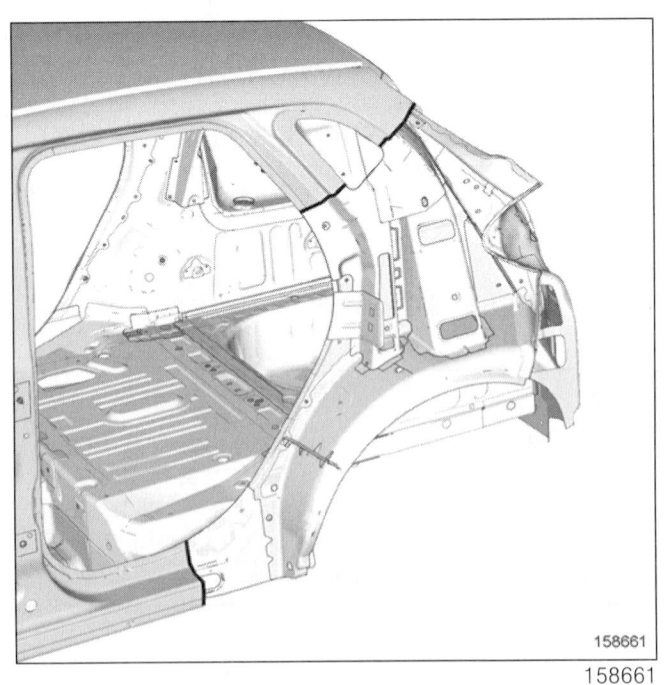

4 - 부분 교환 A-C

a - 부품의 장착 위치

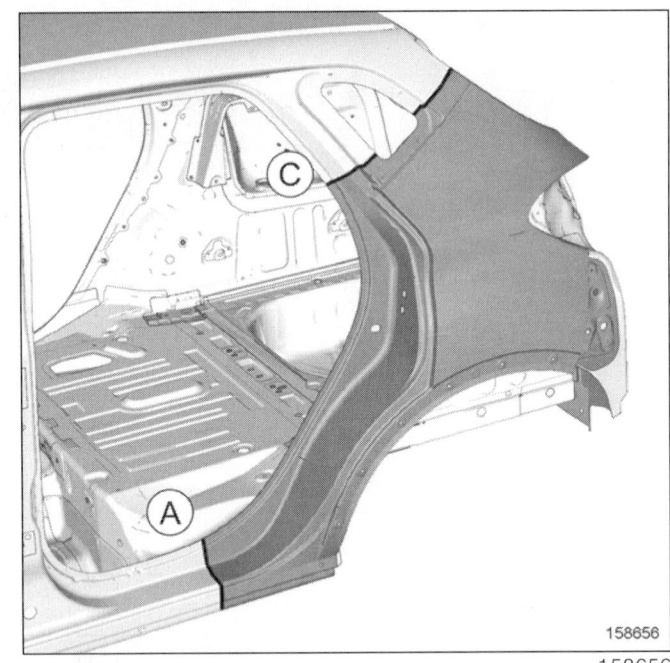

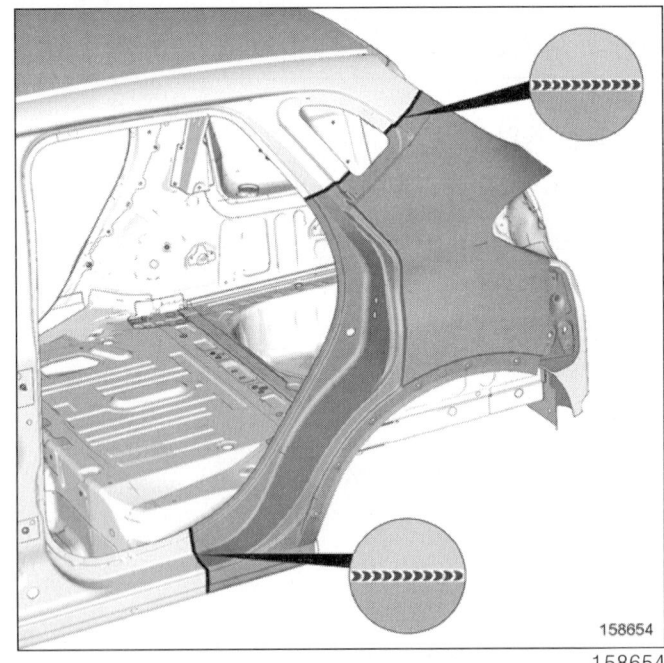

버트 용접을 사용한다 (MR 400 차체 구조 수리 매뉴얼 , 40E, 부분 교환 접합 , 에지 투 에지 부분 교환 접합 : 설명 참조).

리어 어퍼 스트럭쳐
리어 사이드 패널 : 교환

44A

J87

b - A-C 단면 세부도

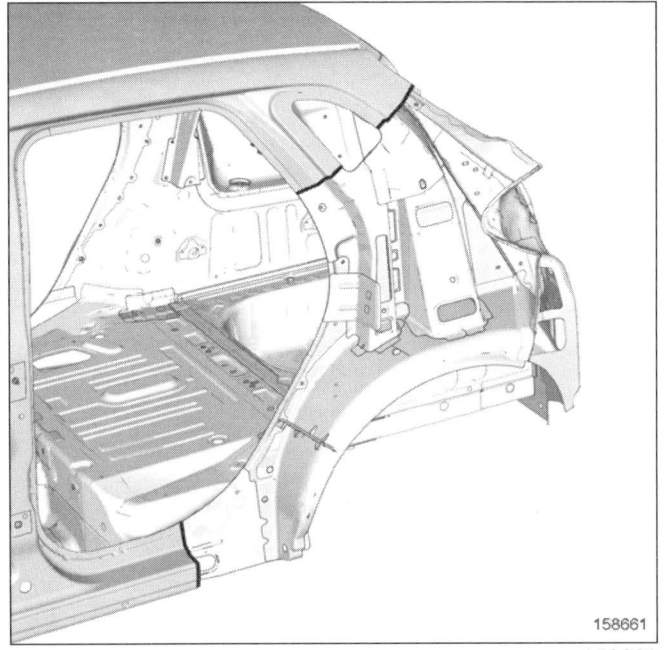

c - 세부도 A

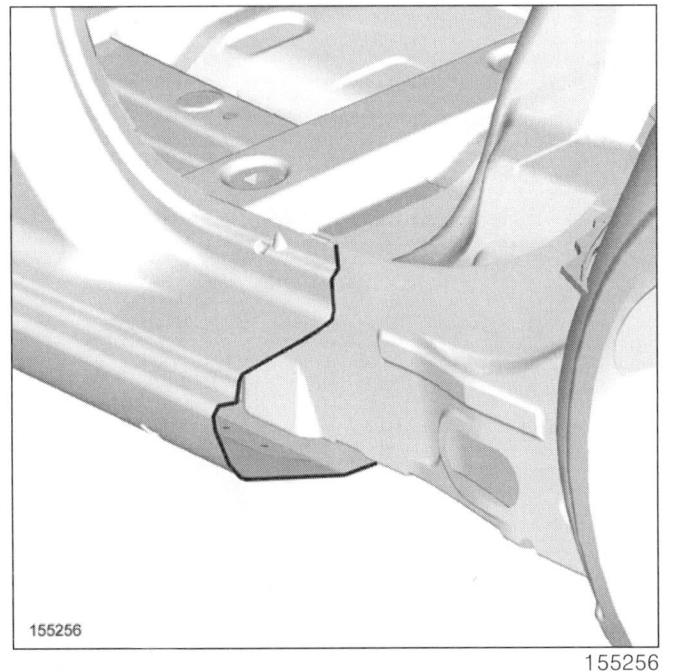

d - 세부도 C

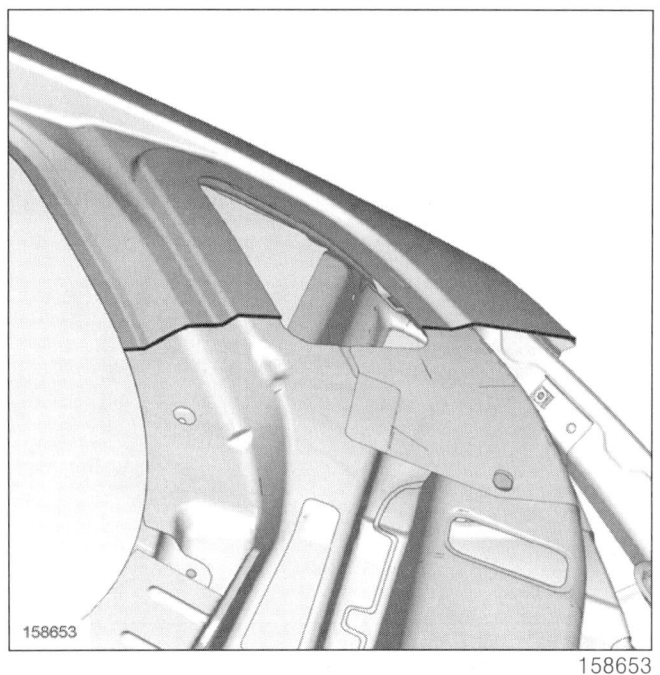

5 - 부분 교환 B-C

a - 부품의 장착 위치

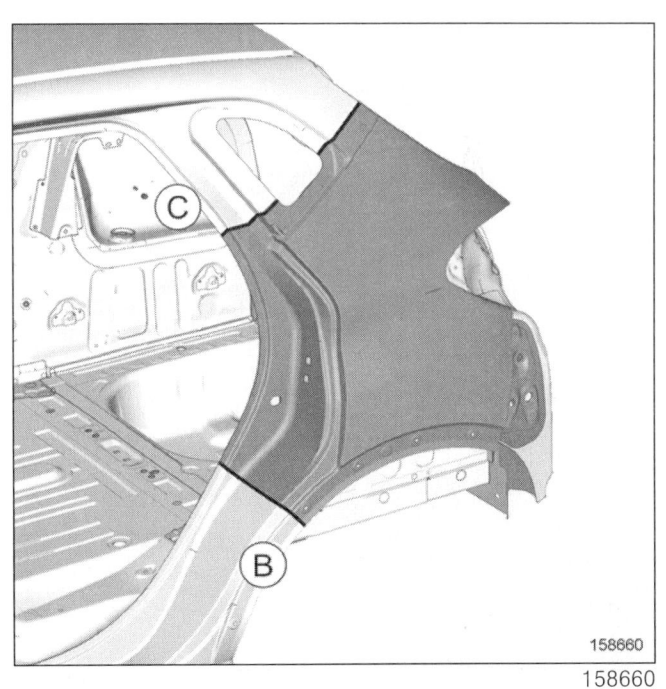

44A-5

리어 어퍼 스트럭쳐
리어 사이드 패널 : 교환

44A

J87

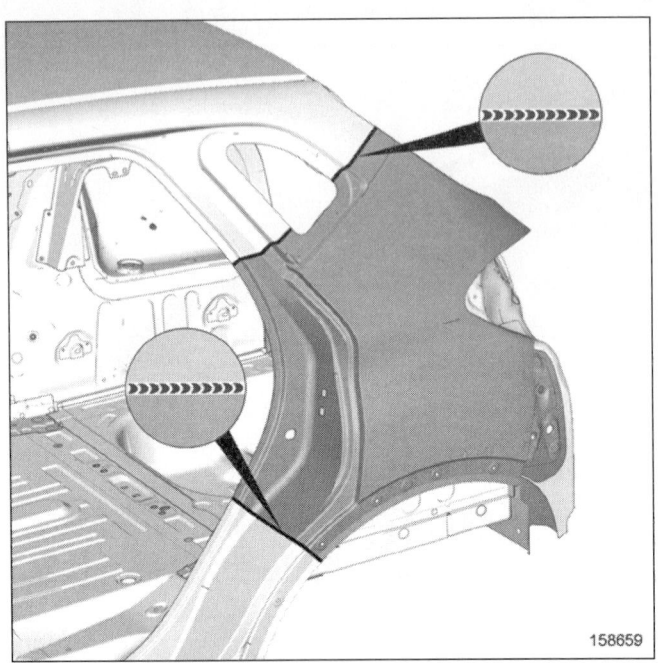

버트 용접을 사용한다 (MR 400 차체 구조 수리 매뉴얼, 40E, 부분 교환 접합, 에지 투 에지 부분 교환 접합 : 설명 참조).

b - B-C 단면 세부도

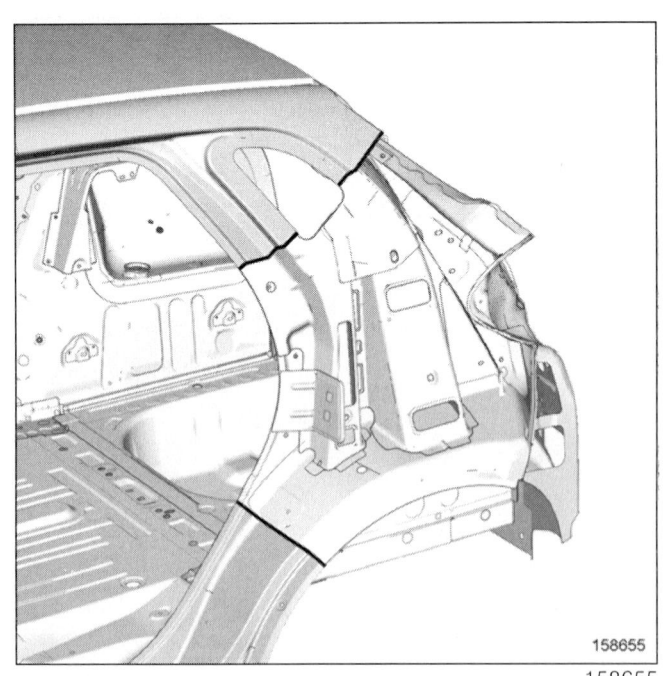

c - 세부도 B

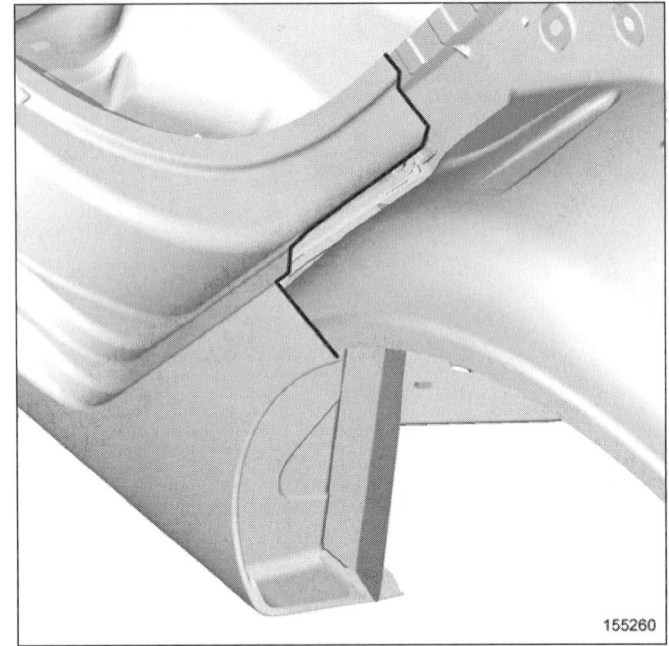

d - 세부도 C

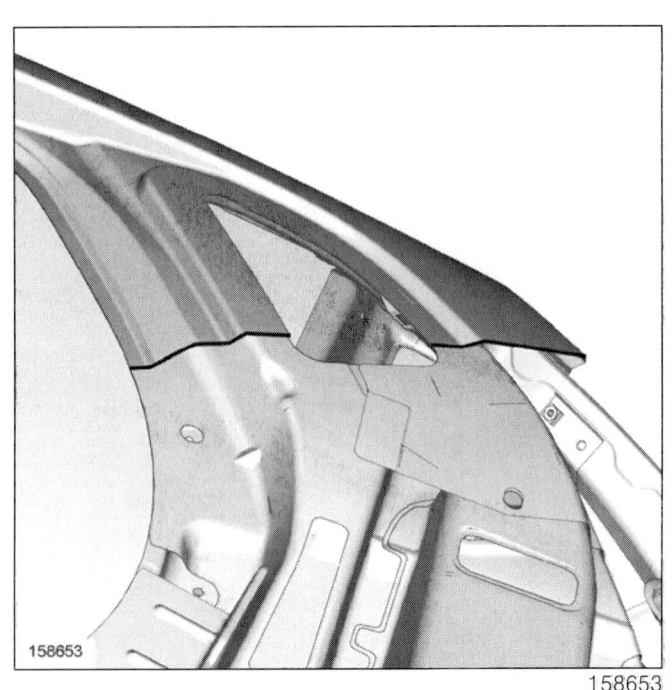

리어 어퍼 스트럭쳐
아우터 리어 휠 아치 : 교환

44A

J87

참고 :

다음 정보는 이 부품의 설계가 동일한 모든 차량의 일반적인 정비 절차를 설명한 것이다.

다음 일반 정보를 읽기 전에 차량과 관련된 특별한 설명이 없는지 확인한다. 이런 설명은 필요한 경우 해당 구성부품을 다룬 하위 섹션의 다른 부분에서 상세하게 기술된다.

참고 :

특정 연결에 대한 자세한 설명은 MR 400 을 참조한다.

I - 스트럭쳐 구성부품의 구조

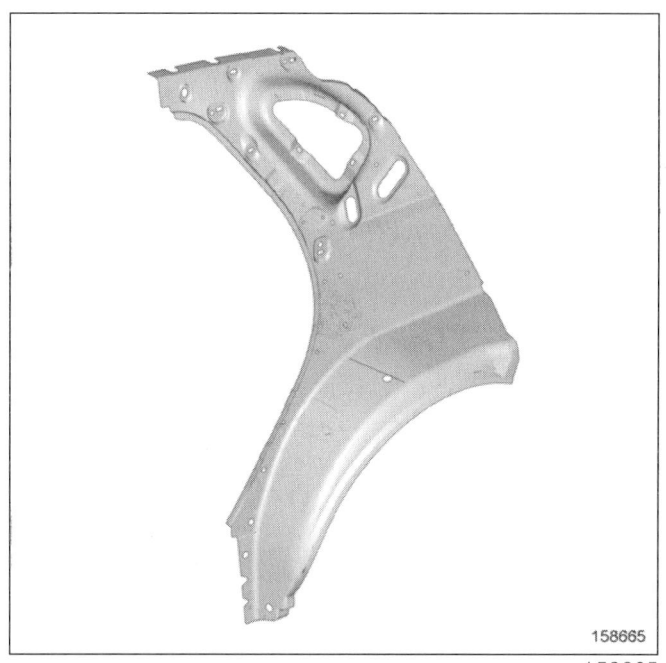

이 부품의 특수 기능은 쿼터 패널 이너 패널에서 전개되어 외부 리어 휠 아치를 생성하는 것이다.

II - 부분 교환을 위해 절단할 부위

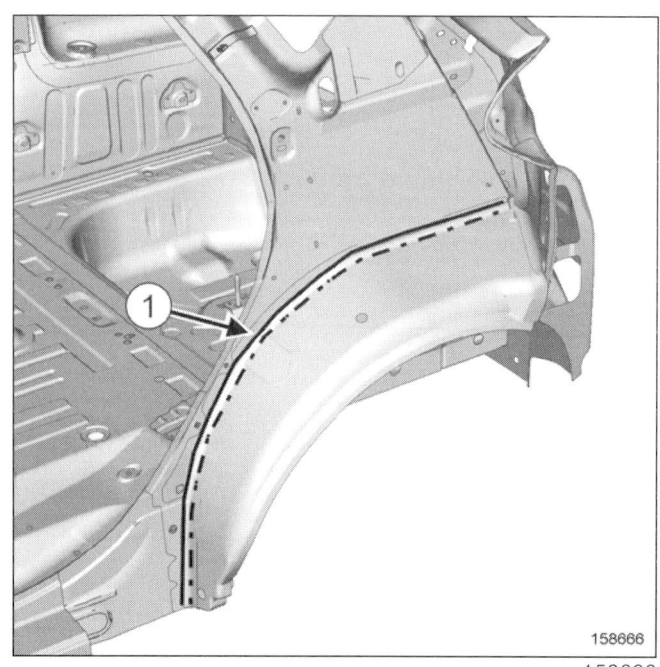

그림의 라인 (1) 은 부분 교환을 수행할 수 있는 영역을 보여준다.

III - 부분 교환을 위한 조립 방법

절단에 의한 부분 교환에 관련된 연결부만 표시된다.

접촉면 접근에 관해 다른 문제가 있는 경우, 스트럭쳐 차체 수리 기본 지침에 다양한 교환 방법이 설명되어 있다 (MR 400 참조).

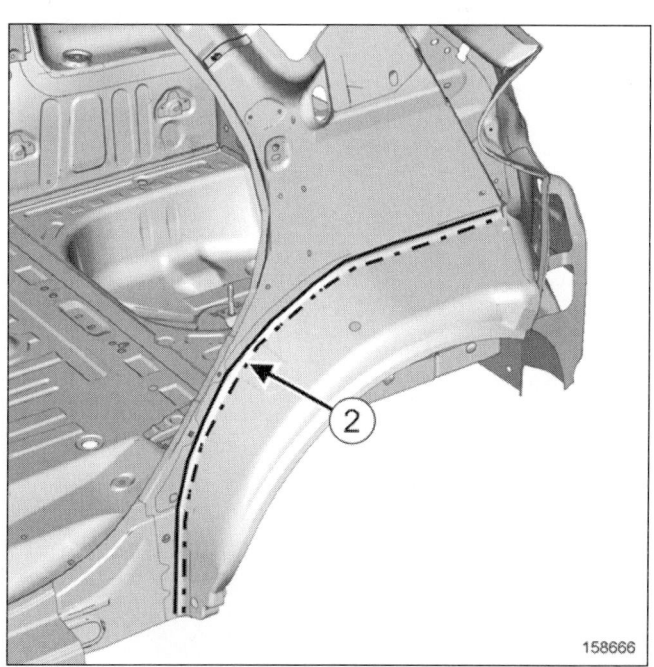

리어 어퍼 스트럭쳐
아우터 리어 휠 아치 : 교환

44A

J87

다이어그램의 라인 (2) 은 부분 교환 및 플러그 용접기를 사용해 규칙적인 간격으로 조글링 작업을 한 용접 부위를 표시한다.

리어 어퍼 스트럭쳐
쿼터 패널 이너 패널 : 교환

44A

J87

I - 서비스 부품의 구성

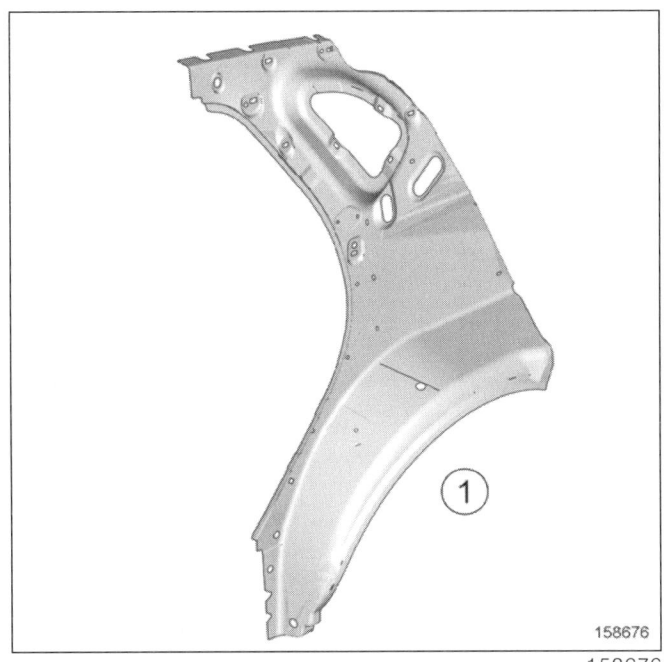

번호	설명	두께 (mm)
(1)	쿼터 패널 이너 패널	0.6

II - 교환 작업

부품 교환 방법 :

- 절단면 A 를 따라 부분 교환 .

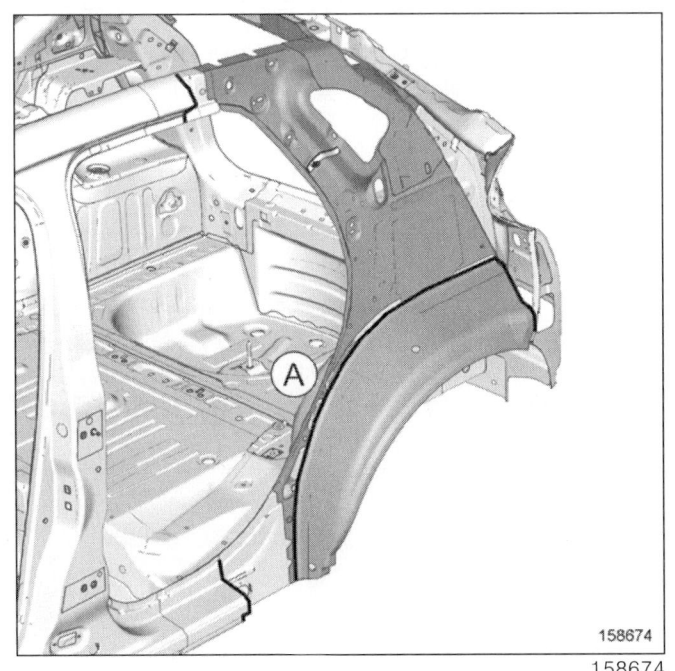

주의

차량의 전기 및 전자 구성부품 손상을 방지하기 위해 용접 부위 근처에 있는 와이어링 하네스의 접지를 분리해야 한다 .

용접기의 접지는 용접 부위에서 최대한 가까운 위치에 있어야 한다 (MR 400 차체 구조 수리 매뉴얼 , 40H, 볼트 결합, 접지를 위한 볼트 결합: 장착 참조).

용접 부위 근처의 접지를 찾는다 (40A, 일반 사항 , 접지 위치 : 구성부품 리스트 및 위치 참조).

부분 교환

부품의 장착 위치

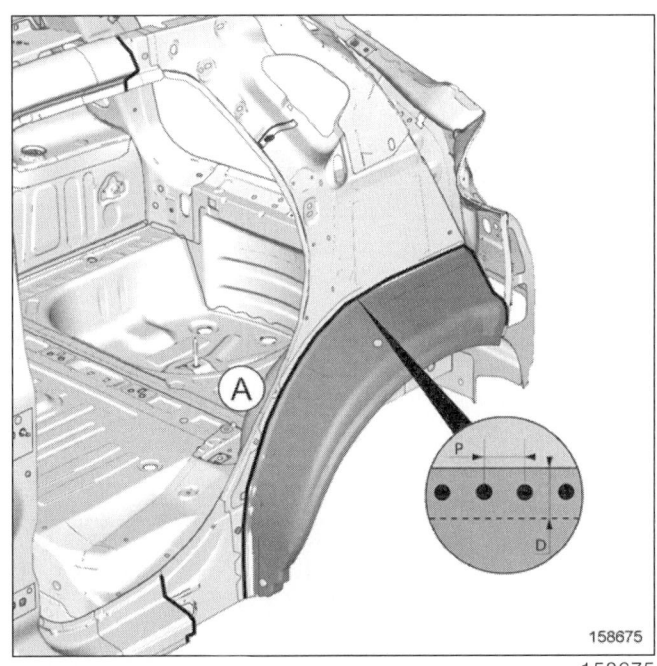

다음의 연결부를 이중으로 만든다 : (A) (MR 400 차체 구조 수리 매뉴얼 , 40E, 부분 교환 접합 , 오버레이에 의한 부분 교환 연결부 : 설명 참조).

리어 어퍼 스트럭쳐
리어 엔드 패널 : 교환

44A

J87

I – 서비스 부품의 구성

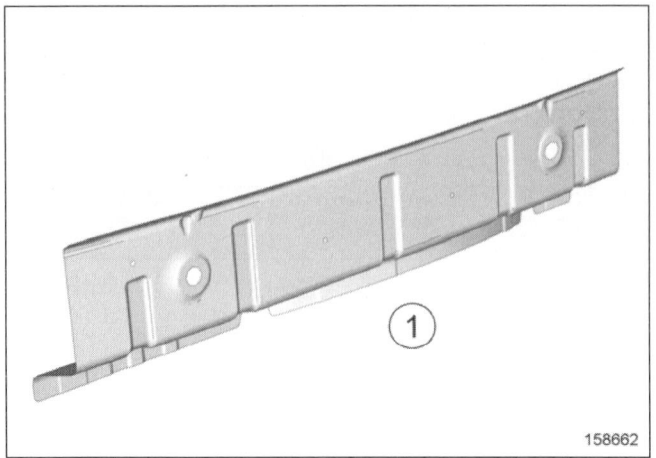

번호	설명	재질	두께 (mm)
(1)	리어 엔드 패널	연강	0.85

II – 교환 작업

부품 교환 방법 :

- 전체 교환 .

전체 교환

a – 부품의 장착 위치

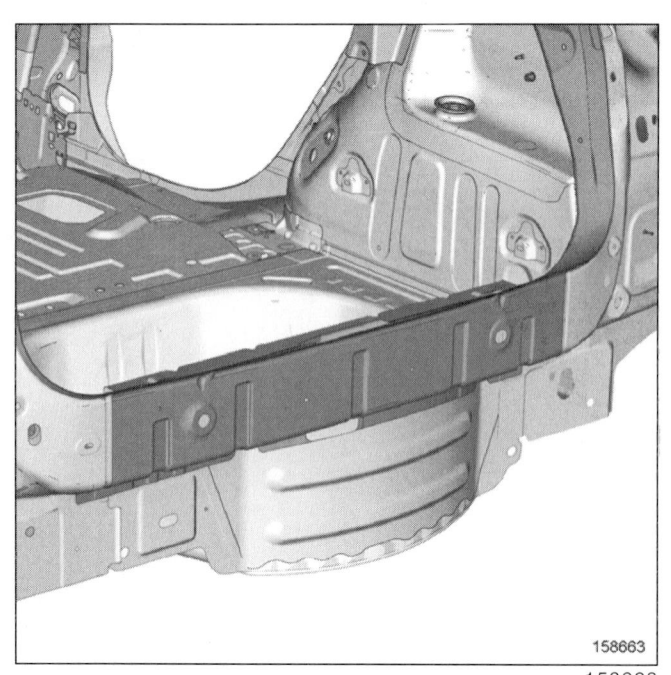

부품 탈거 상태

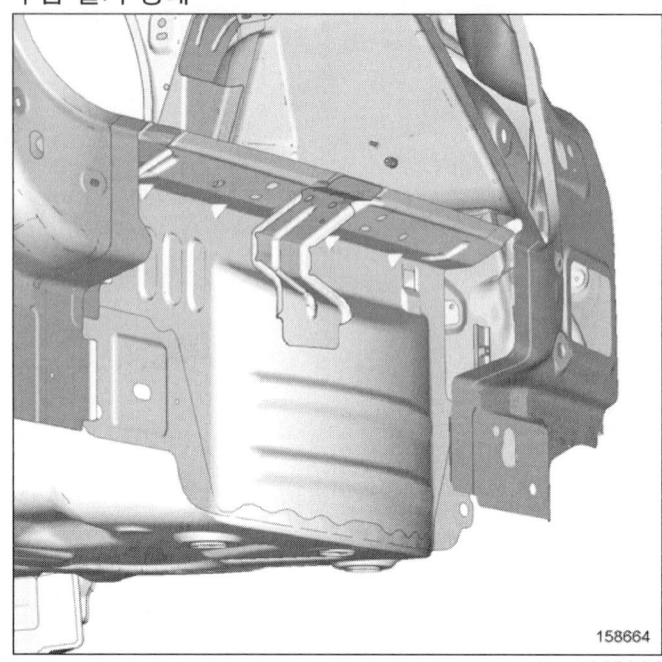

b – 전기 접지의 위치

> **주의**
>
> 차량의 전기 및 전자 구성부품 손상을 방지하기 위해 용접 부위 근처에 있는 와이어링 하네스의 접지를 분리해야 한다 .
>
> 용접기의 접지는 용접 부위에서 최대한 가까운 위치에 있어야 한다 (MR 400 차체 구조 수리 매뉴얼 , 40H, 볼트 결합 , 접지를 위한 볼트 결합 : 장착 참조).

용접 부위 근처의 접지를 찾는다 (40A, 일반 사항 , 접지 위치 : 구성부품 리스트 및 위치 참조).

c – 용접 작업에 대한 설명

> **주의**
>
> 용접할 부품의 접촉면에 접근할 수 없는 경우 스폿 용접 (전기 저항 용접) 대신 플러그 용접 (아크 용접) 을 사용한다 (MR 400 차체 구조 수리 매뉴얼 , 40C, 가스 메탈 아크 용접 접합 , 가스 차폐 아크 용접 비드 조인트 : 설명 참조).

44A-10

바디 어퍼 스트럭쳐
루프 : 교환

45A

J87

I – 서비스 부품의 구성

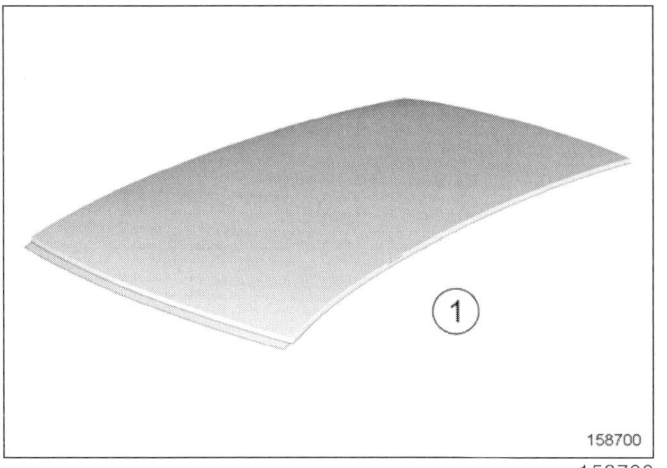

번호	설명	재질	두께 (mm)
(1)	루프	연강	0.75

II – 교환 작업

부품 교환 방법 :

– 전체 교환 .

> **주의**
>
> 차량의 전기 및 전자 구성부품 손상을 방지하기 위해 용접 부위 근처에 있는 와이어링 하네스의 접지를 분리해야 한다 .
>
> 용접기의 접지는 용접 부위에서 최대한 가까운 위치에 있어야 한다 (MR 400 차체 구조 수리 매뉴얼 , 40H, 볼트 결합, 접지를 위한 볼트 결합: 장착 참조).

용접 부위 근처의 접지를 찾는다 (40A, 일반 사항 , 접지 위치 : 구성부품 리스트 및 위치 참조).

전체 교환

a – 부품의 장착 위치

프론트 파트

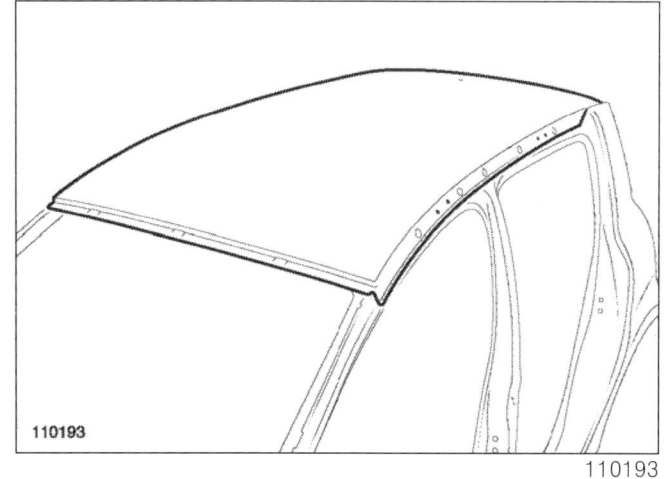

리어 파트

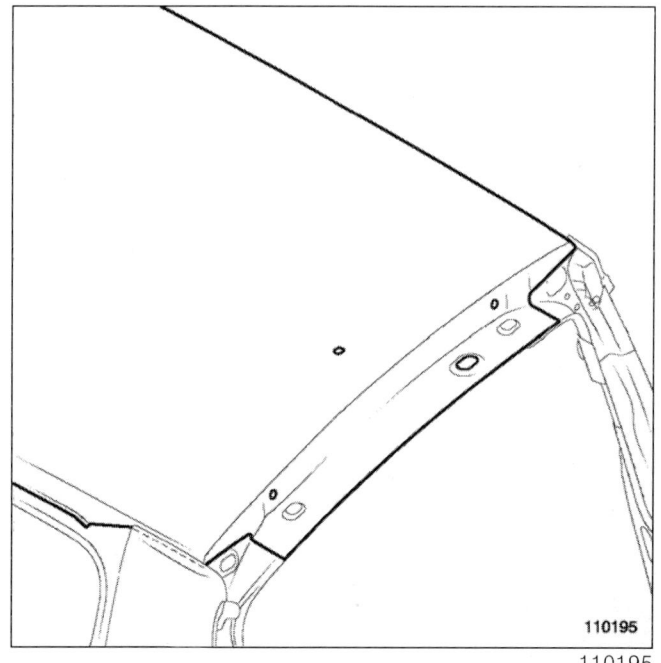

45A-1

바디 어퍼 스트럭쳐
루프 : 교환

45A

J87

b - 접착 부위

앞 부분

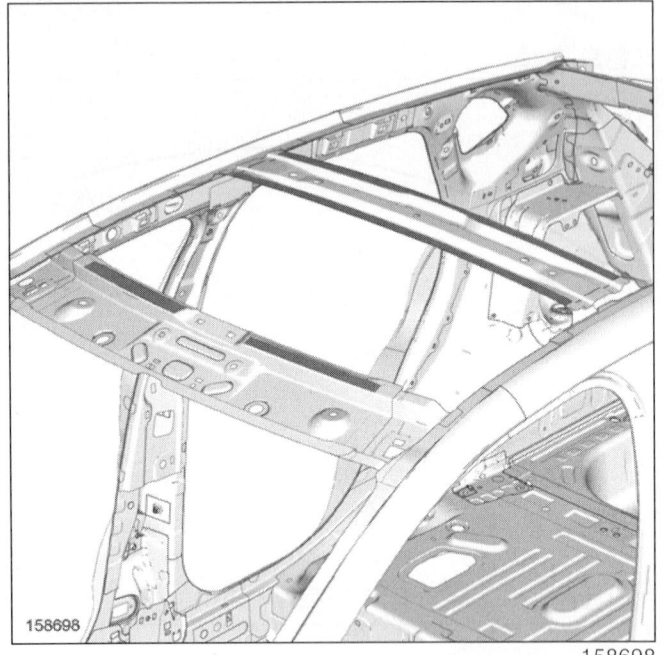

뒷 부분

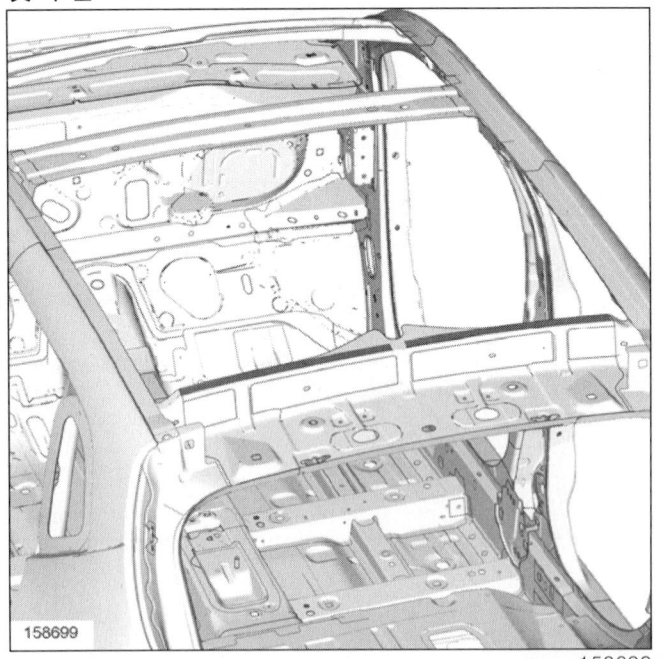

c - 용접 작업에 대한 설명

주의

용접할 부품의 접촉면에 접근할 수 없는 경우 스폿 용접 (전기 저항 용접) 대신 플러그 용접 (아크 용접) 을 사용한다 (MR 400 차체 구조 수리 매뉴얼 , 40C, 가스 메탈 아크 용접 접합 , 가스 차폐 아크 용접 비드 조인트 : 설명 참조).

사이드 도어 패널
프론트 사이드 도어 : 탈거 - 장착

47A

J87

이 작업은 다음 두 가지 방법으로 수행할 수 있다 :

- 탈거 (힌지 제외) : 도어 교환시 사용 .
- 힌지 포함 탈거 : 초기 조정 유지 가능 .

> 참고 :
> 프론트 펜더를 탈거하지 않고 프론트 사이드 도어를 탈거할 수 있다 .

위치 및 사양 (규정 토크 , 항상 교환해야 하는 부품 등) (51A, 사이드 도어 메커니즘 , 프론트 사이드 도어의 오프닝 메커니즘 어셈블리 : 분해도 참조).

탈거

I - 탈거 준비 작업

1 - 탈거 (힌지 포함)

❏ 차량을 2 주식 리프트에 위치시킨다 (02A, 리프팅 , 차량 : 견인 및 리프팅 참조).

❏ 다음을 탈거한다 :
- 프론트 휠 (MR 469 리페어 매뉴얼 , 31A, 프론트 액슬 어셈블리 , 프론트 허브 캐리어 어셈블리 : 분해도 참조),
- 프론트 펜더 프로텍터 (55A, 외장 보호 트림 , 외부 바디 프론트 트림 어셈블리 : 분해도 참조).

❏ 프론트 펜더 익스텐더를 탈거한다 (56A, 외장 장착 부품 , 외부 바디 사이드 트림 어셈블리 : 분해도 참조).

2 - 두 유형 모두 절차는 동일하다 .

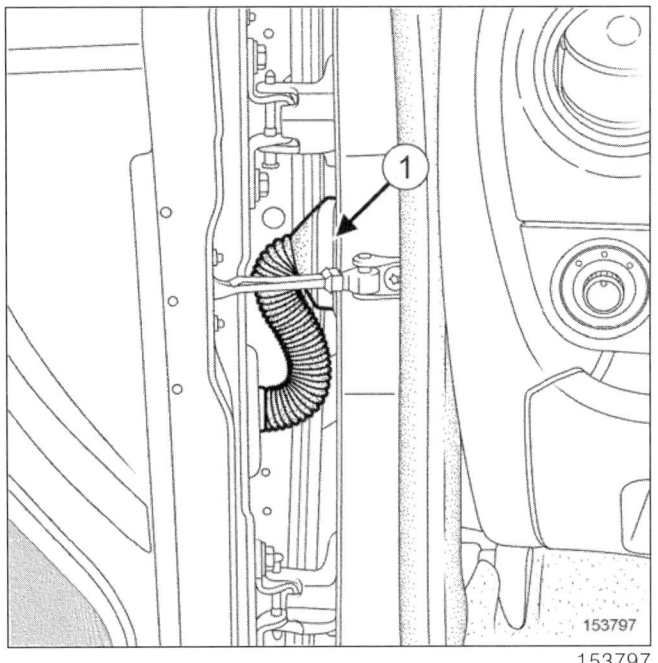

❏ 프론트 필러에서 프론트 사이드 도어 와이어링의 프로텍터 (1) 를 탈거한다 .

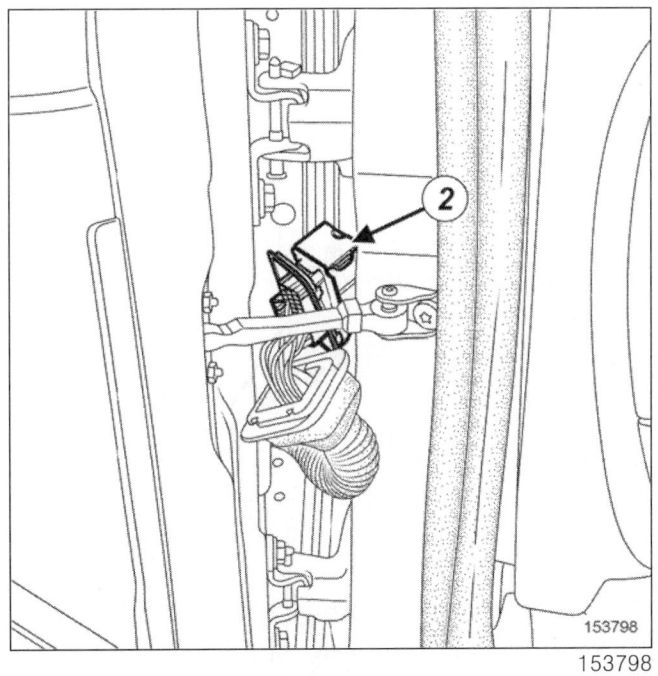

❏ 프론트 사이드 도어 와이어링의 커넥터 (2) 를 분리한다 .

사이드 도어 패널
프론트 사이드 도어 : 탈거 – 장착

47A

J87

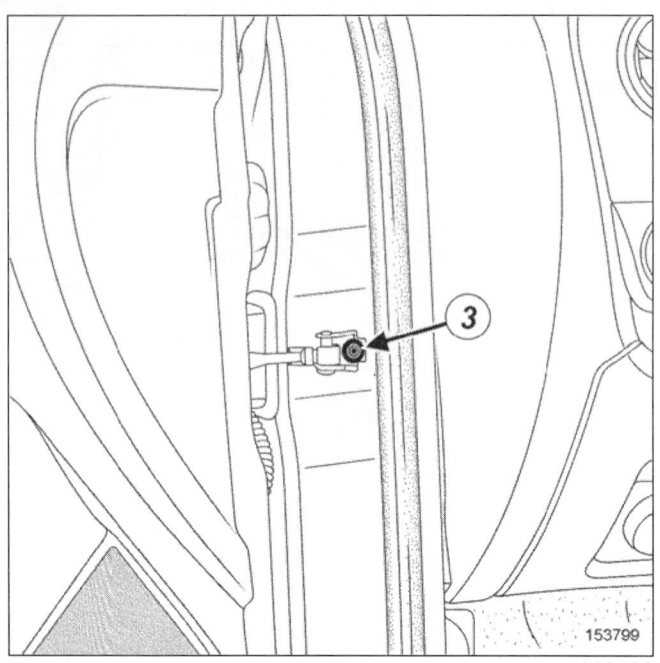

153799

- 프론트 필러에서 프론트 사이드 도어 체크 링크의 볼트 (3) 를 탈거한다 .
- 프론트 사이드 도어 체크 링크를 한쪽으로 이동시킨다 .

II – 관련 부품 탈거 작업

1 – 탈거 (힌지 제외)

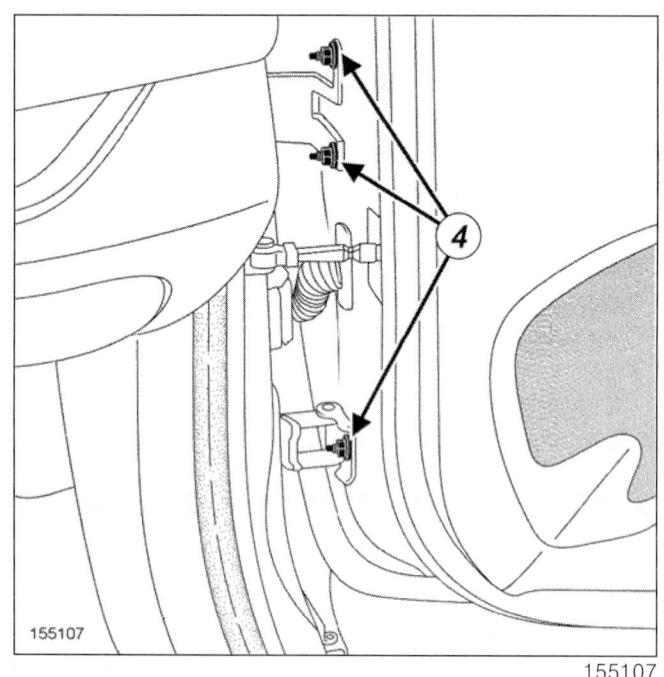

155107

- 다음을 탈거한다 :
  – 프론트 사이드 도어 너트 (4),
  – 프론트 사이드 도어 (이 작업은 두 사람이 작업 한다).

2 – 탈거 (힌지 포함)

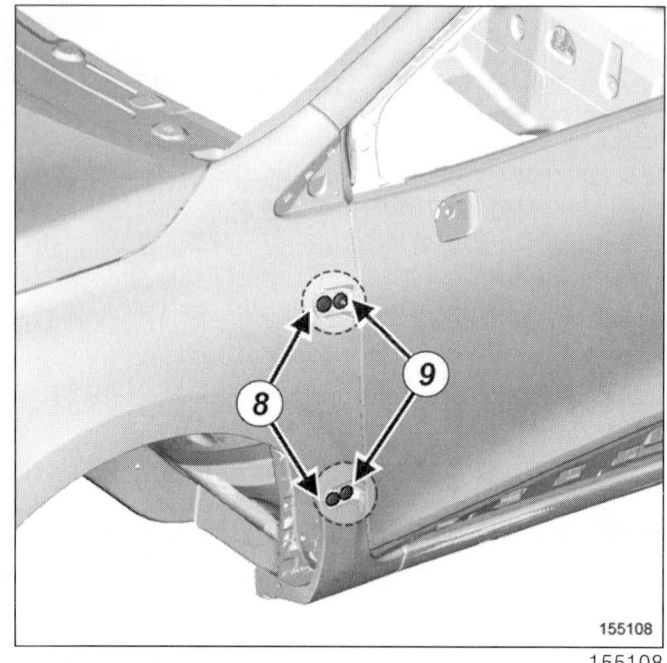

155108

- 다음을 탈거한다 :
  – 프론트 사이드 도어 볼트 (8),
  – 프론트 사이드 도어 너트 (9),
  – 프론트 사이드 도어 (이 작업은 두 사람이 작업한다).

장착

I – 관련 부품 장착 작업

1 – 장착 (힌지 제외)

- 탈거의 역순으로 장착한다 .
- 프론트 사이드 도어 사이의 틈새 및 단차를 조정한다 (47A, 사이드 도어 패널 , 프론트 사이드 도어 : 조정 참조).

> 참고 :
> 원래 힌지 마운팅 플레이트는 도어 박스 섹션에 접착되어 있다 .
> 조정하려면 나무 받침목과 해머를 사용하여 플레이트를 제거해야 한다 .

- 모든 기능 테스트를 수행한다 .

사이드 도어 패널
프론트 사이드 도어 : 탈거 – 장착

J87

2 - 탈거 (힌지 포함)

❏ 탈거의 역순으로 장착한다 .

❏ 프론트 사이드 도어 사이의 틈새 및 단차를 조정한다 (47A, 사이드 도어 패널 , 프론트 사이드 도어 : 조정 참조).

❏ 모든 기능 테스트를 수행한다 .

사이드 도어 패널
프론트 사이드 도어 : 조정

47A

J87

위치 및 사양 (규정 토크 , 항상 교환해야 하는 부품 등) (51A, 사이드 도어 메커니즘 , 프론트 사이드 도어의 오프닝 메커니즘 어셈블리 : 분해도 참조).

조정 값

❏ 프론트 사이드 도어 조정 값에 관한 모든 정보 (01C, 바디 제원 , 차량 틈새 : 조정 값 참조).

조정

❏ 프론트 사이드 도어 조정 시 다음의 두 가지 옵션을 사용할 수 있다 :

- 프론트 사이드 도어 마운팅 사용 ,
- 프론트 사이드 도어 스트라이커 플레이트 사용 .

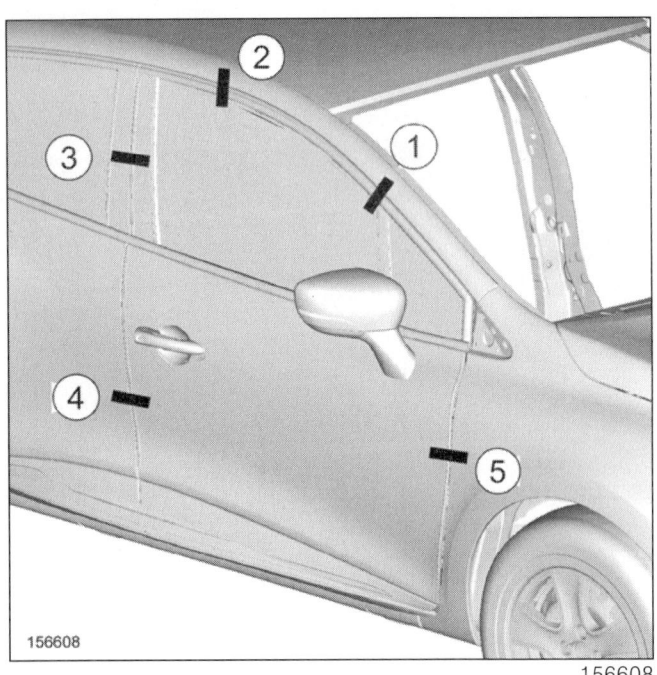

❏ (1), (2), (3), (4) 및 (5) 부위의 조정 순서를 준수한다 .

> 참고 :
> (3) 및 (4) 부위는 리어 사이드 도어를 올바르게 조정한 경우에만 조정할 수 있다 .

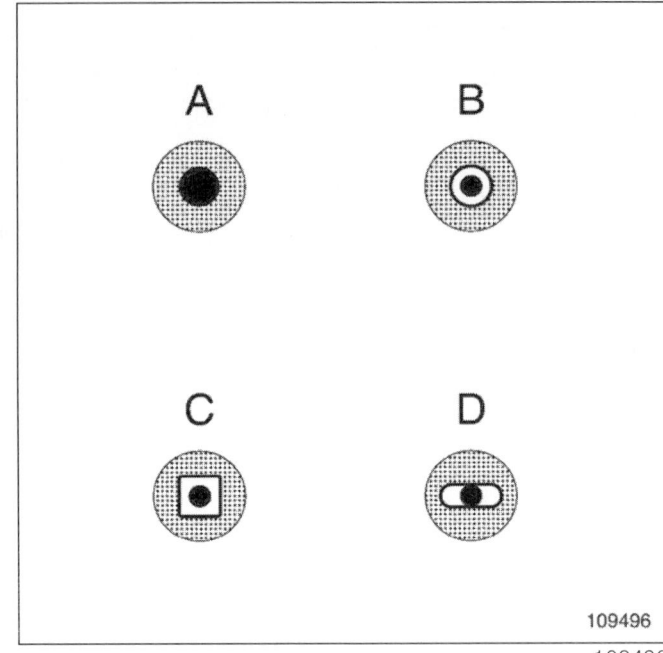

❏
A, B, C 및 D 기호는 다음과 같은 조정 옵션을 나타낸다 .

중앙의 검은색 점은 볼트의 바디를 나타낸다 .

회색 부분은 조정할 부품을 나타낸다 .

흰색 부분은 조정 부위를 나타낸다 .

I - 조정 준비 작업

❏ 차량을 2 주식 리프트에 위치시킨다 (02A, 리프팅 , 차량 : 견인 및 리프팅 참조).

❏ 다음을 탈거한다 :

- 프론트 휠 (MR 469 리페어 매뉴얼 , 31A, 프론트 액슬 어셈블리 , 프론트 허브 캐리어 어셈블리 : 분해도 참조),
- 프론트 펜더 프로텍터 (55A, 외장 보호 트림 , 외부 바디 프론트 트림 어셈블리 : 분해도 참조).

사이드 도어 패널
프론트 사이드 도어 : 조정

47A

J87

II – 높이 및 길이 조정

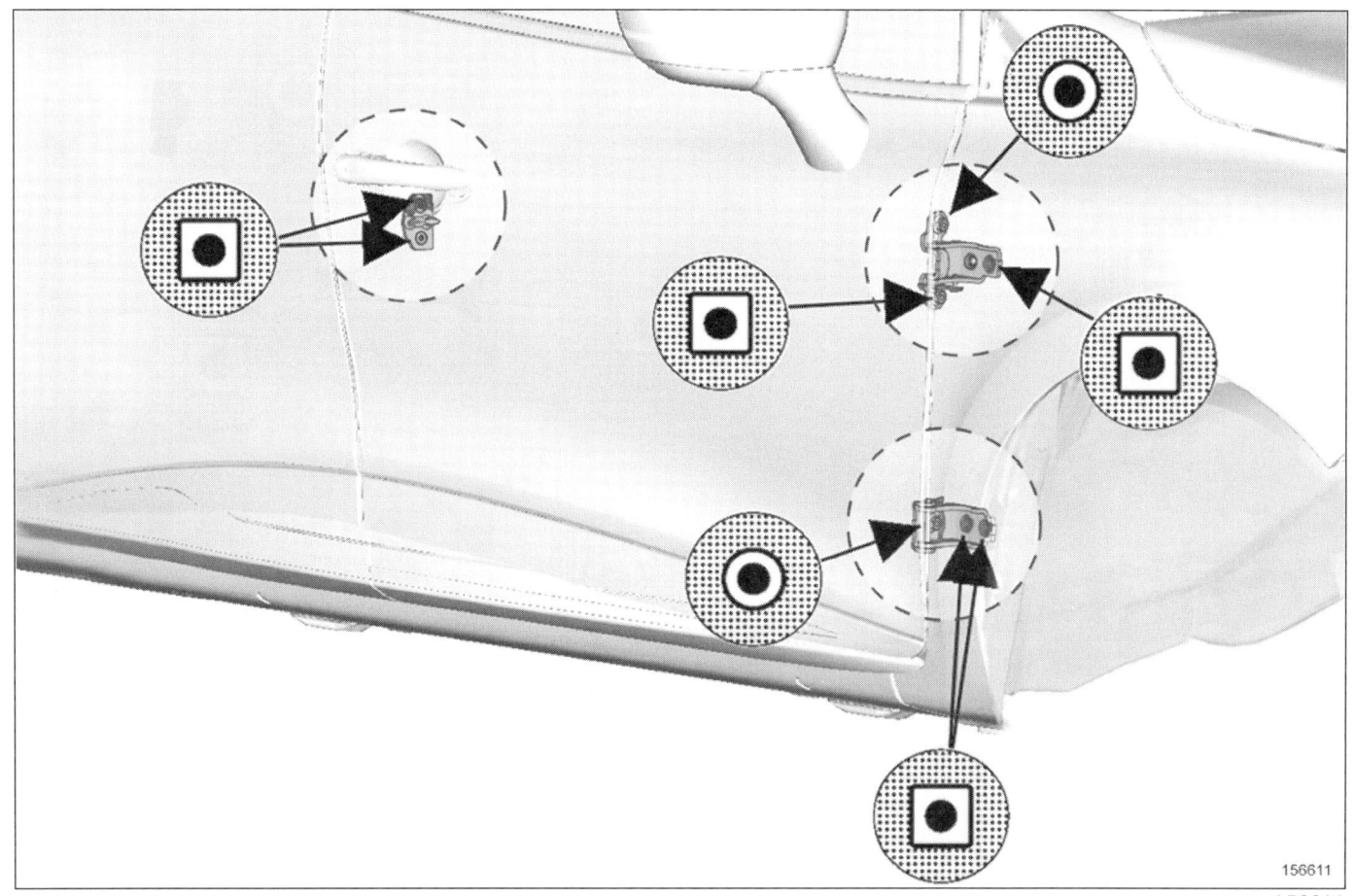

(3) 및 (4) 부위의 조정은 리어 사이드 도어 조정에 따라 달라진다 (47A, 사이드 도어 패널, 리어 사이드 도어 : 조정 참조).

참고 :

원래 힌지 마운팅 플레이트는 도어 박스 섹션에 접착되어 있다.

조정하려면 나무 받침목과 해머를 사용하여 플레이트를 제거해야 한다.

다음 순서대로 조정한다 :
- (1) 및 (2) 부위의 높이,
- (3), (4), (5) 및 부위의 길이.

47A-5

사이드 도어 패널
프론트 사이드 도어 : 조정

47A

J87

III - 깊이 조정

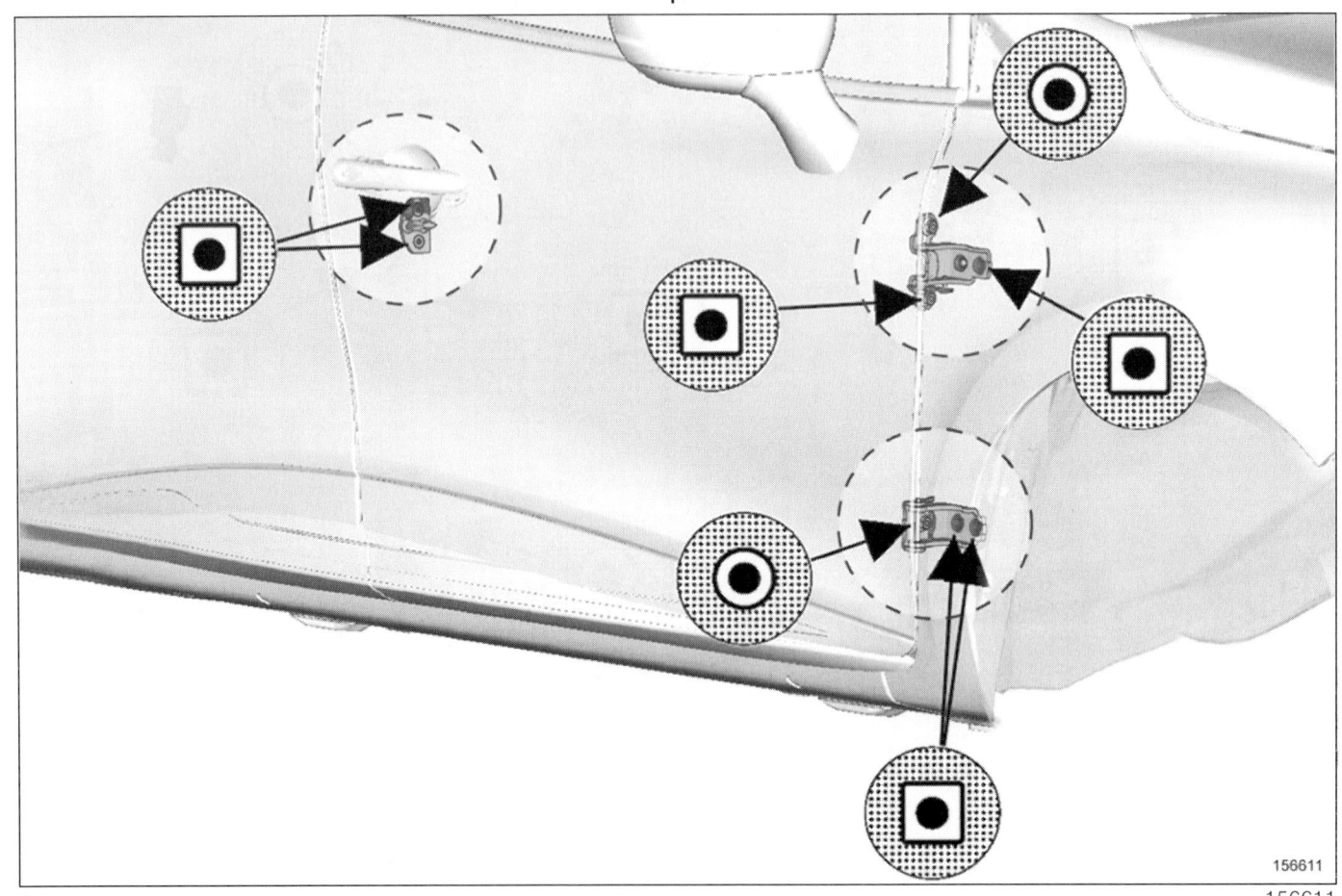

참고 :
(3) 및 (4) 부위의 조정은 리어 사이드 도어 조정에 따라 달라진다 (47A, 사이드 도어 패널, 리어 사이드 도어 : 조정 참조).

참고 :
원래 힌지 마운팅 플레이트는 도어 박스 섹션에 접착되어 있다.

조정하려면 나무 받침목과 해머를 사용하여 플레이트를 제거해야 한다.

다음 조정 순서를 준수한다 :
- (1), (2) 및 (5) 부위의 깊이를 조정한다,
- 록을 기준으로 스트라이커 패널을 조정하여 서로 닿지 않게 한다,
- (3) 및 (4) 부위의 깊이를 조정한다.

참고 :
스트라이커 플레이트는 센터 필러 내부의 리인포스먼트에 스폿 용접으로 고정되어 있다.

조정을 실시하려면 플레이트의 퓨즈 브라켓을 변형한다.

사이드 도어 패널
리어 사이드 도어 : 탈거 – 장착

47A

J87

위치 및 사양 (규정 토크 , 항상 교환해야 하는 부품 등) (51A, 사이드 도어 메커니즘 , 리어 사이드 도어의 오프닝 메커니즘 어셈블리 : 분해도 참조).

이 작업은 다음 두 가지 방법으로 수행할 수 있다 :

– 탈거 (힌지 제외): 도어 교환시 사용 .

– 힌지 포함 탈거 : 초기 조정 유지 가능 .

탈거

I – 탈거 준비 작업

❏ 리어 사이드 도어 와이어링의 커넥터 (1) 를 분리한다 .

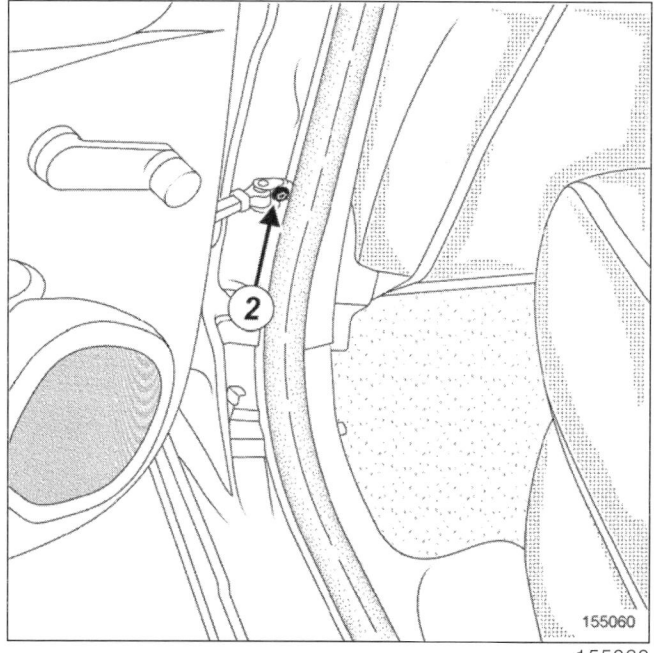

❏ 리어 사이드 도어 체크 링크에서 볼트 (2) 를 탈거한다 .

❏ 리어 사이드 도어 체크 링크를 한쪽으로 이동시킨다 .

II – 관련 부품 탈거 작업

1 – 탈거 (힌지 제외)

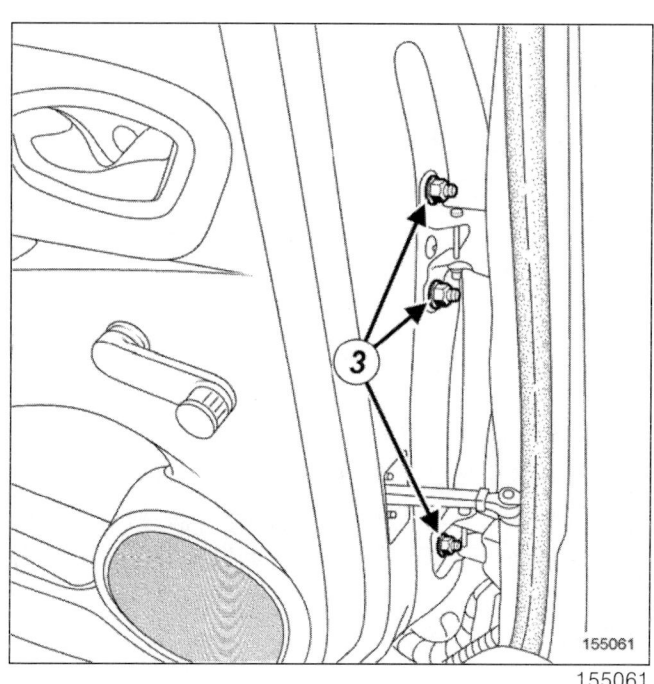

❏ 다음을 탈거한다 :
  – 리어 사이드 도어 너트 (3),
  – 리어 사이드 도어 (이 작업은 두 사람이 작업한다).

사이드 도어 패널
리어 사이드 도어 : 탈거 - 장착

47A

J87

2 - 탈거 (힌지 포함)

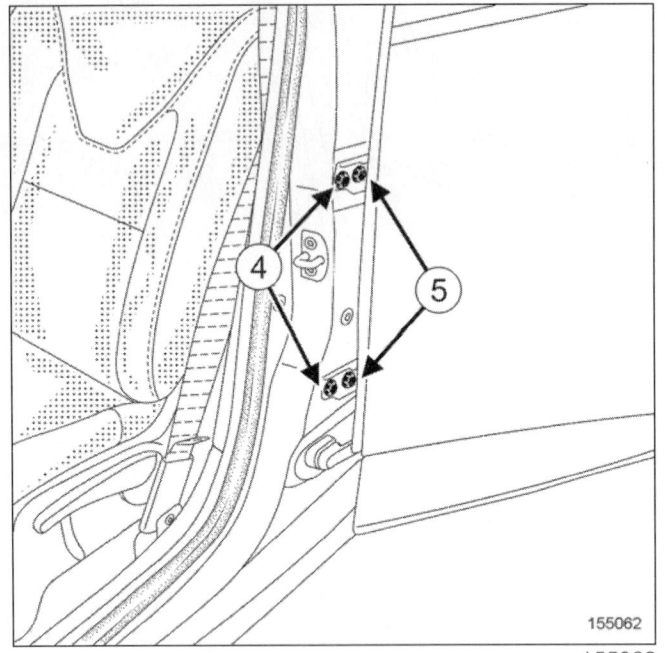

155062

❏ 다음을 탈거한다 :
- 리어 사이드 도어 너트 (4),
- 리어 사이드 도어 볼트 (5),
- 리어 사이드 도어(이 작업은 두 사람이 작업한다).

장착

I - 관련 부품 장착 작업

1 - 장착 (힌지 제외)

❏ 탈거의 역순으로 장착한다 .

❏ 리어 사이드 도어 사이의 틈새 및 단차를 조정한다 (47A, 사이드 도어 패널 , 리어 사이드 도어 : 조정 참 조).

❏ 모든 기능 테스트를 수행한다 .

2 - 장착 (힌지 포함)

❏ 탈거의 역순으로 장착한다 .

❏ 리어 사이드 도어 사이의 틈새 및 단차를 조정한다 (47A, 사이드 도어 패널 , 리어 사이드 도어 : 조정 참 조).

❏ 모든 기능 테스트를 수행한다 .

사이드 도어 패널
리어 사이드 도어 : 조정

47A

J87

위치 및 사양 (규정 토크 , 항상 교환해야 하는 부품 등) (51A, 사이드 도어 메커니즘 , 리어 사이드 도어의 오프닝 메커니즘 어셈블리 : 분해도 참조).

조정 값

- 사이드 도어 조정 값에 관한 정보 (01C, 바디 제원 , 차량 틈새 : 조정 값 참조).

조정

- 리어 사이드 도어 조정 시 다음의 두 가지 옵션을 사용할 수 있다 :
  - 리어 사이드 도어 마운팅 사용 ,
  - 리어 사이드 도어 스트라이커 플레이트 사용 .

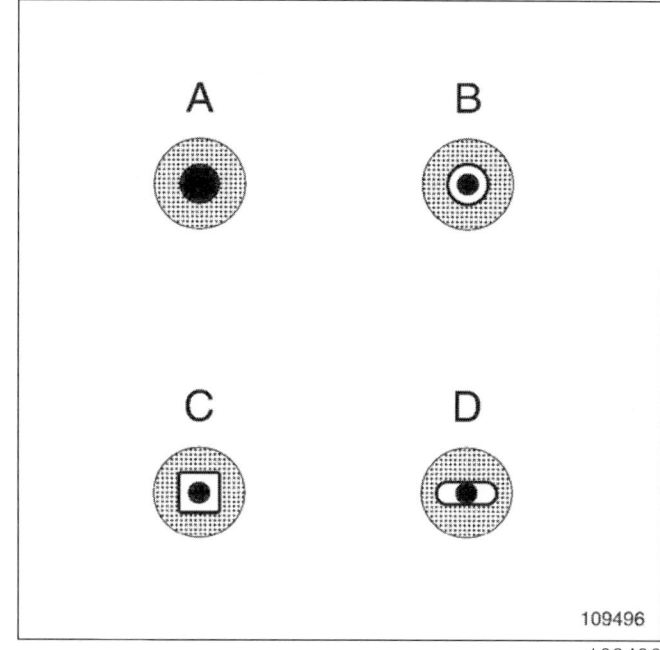

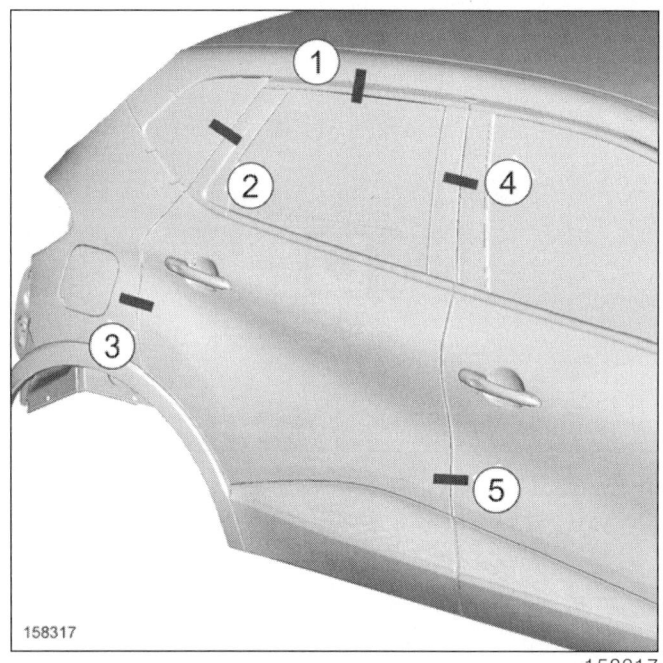

- A, B, C 및 D 기호는 다음과 같은 조정 옵션을 나타낸다 .

  중앙의 검은색 점은 볼트의 바디를 나타낸다 .

  회색 부분은 조정할 부품을 나타낸다 .

  흰색 부분은 조정 부위를 나타낸다 .

- (1), (2), (3), (4) 및 (5) 부위의 조정 순서를 준수한다 .

> 참고 :
> (4) 및 (5) 부위는 프론트 도어를 올바르게 조정한 경우에만 조정할 수 있다 .

사이드 도어 패널
리어 사이드 도어 : 조정

47A

J87

I - 높이 및 길이 조정

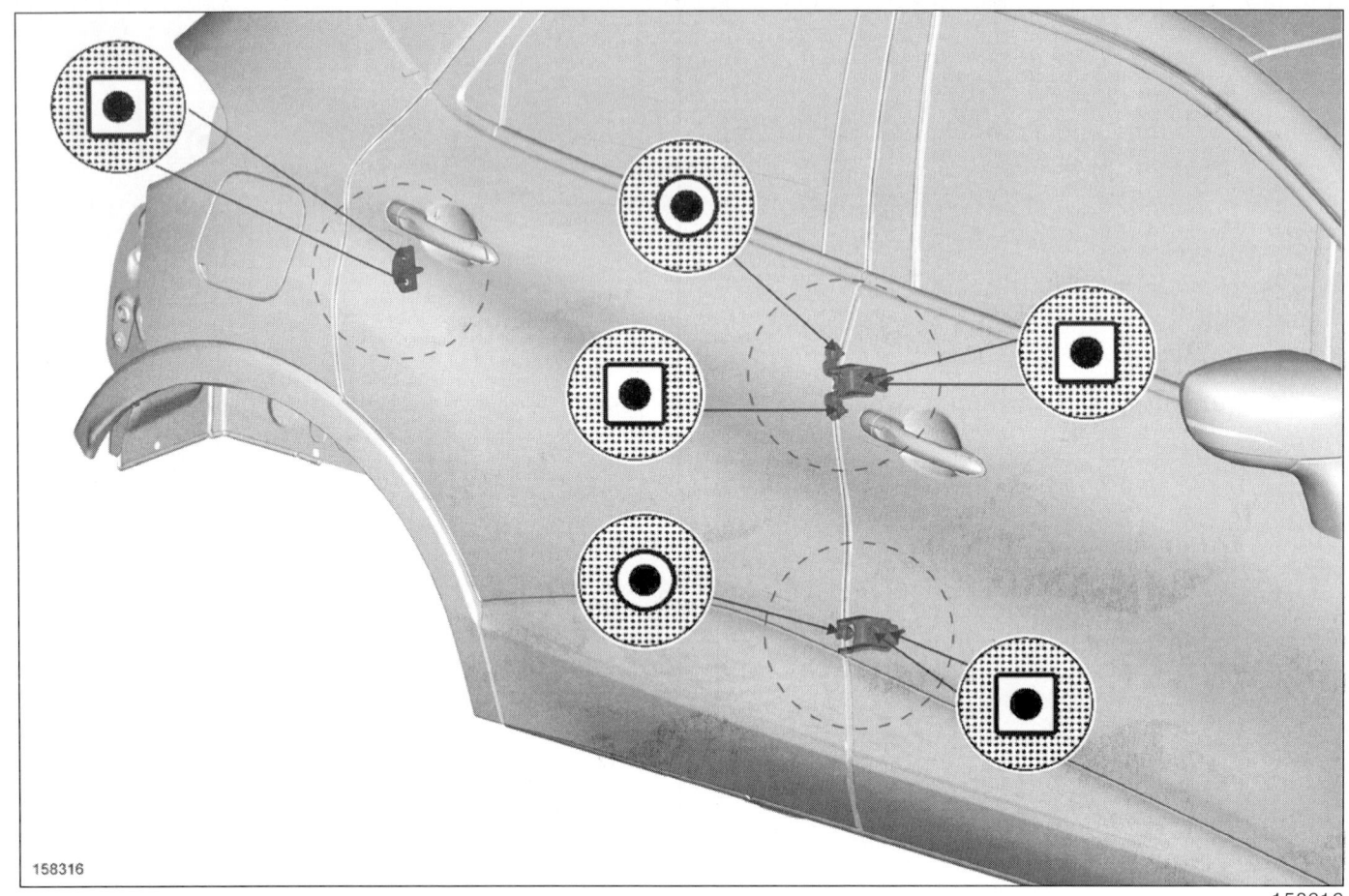

참고 :
(4) 및 (5) 부위의 조정은 프론트 도어 조정에 따라 달라진다 (47A, 사이드 도어 패널, 프론트 사이드 도어 : 조정 참조).

다음 순서대로 조정한다 :
- (1) 및 (2) 부위의 높이 ,
- (3), (4), (5) 및 부위의 길이 .

사이드 도어 패널
리어 사이드 도어 : 조정

47A

J87

II - 깊이 조정

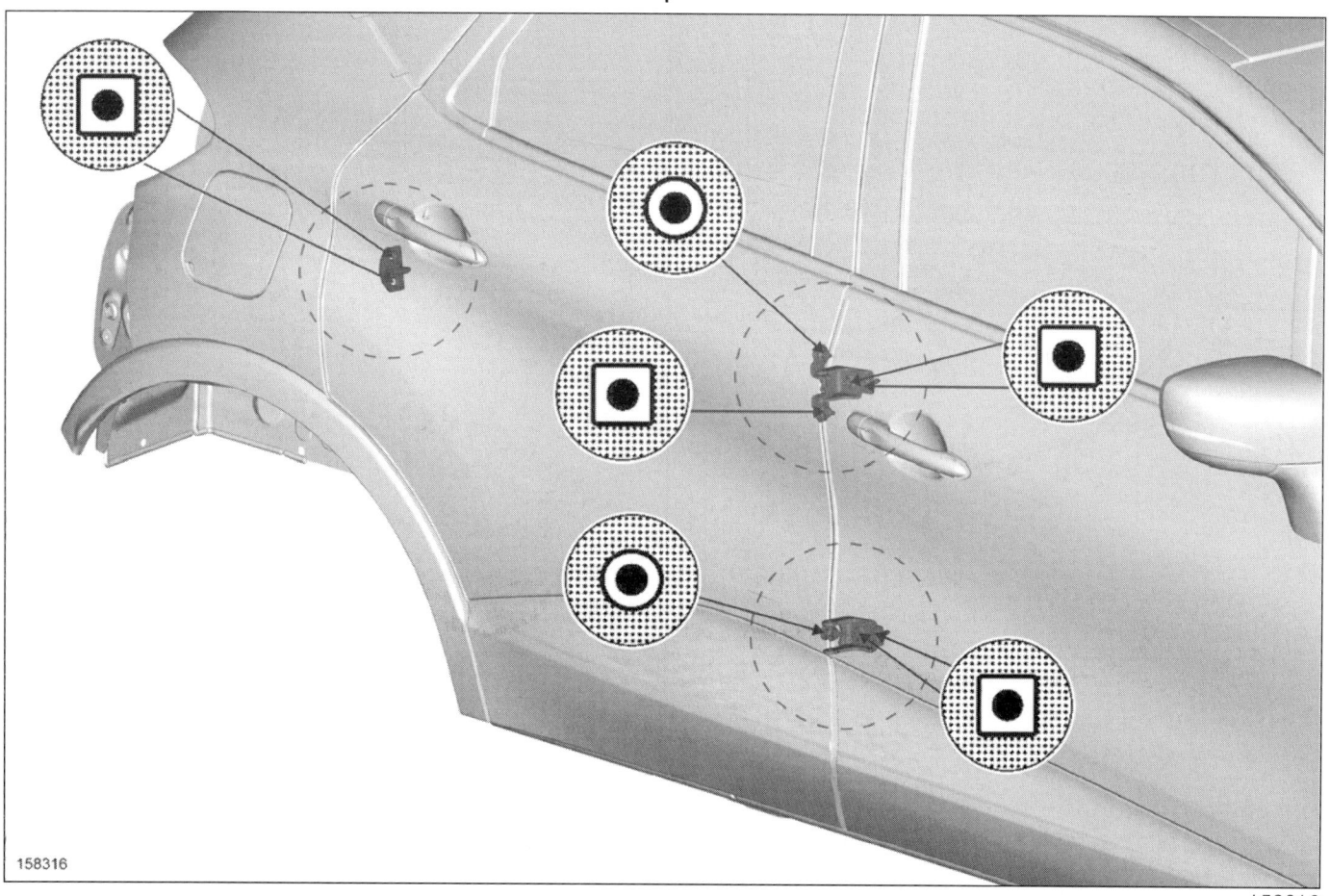

참고 :
(4) 및 (5) 부위의 조정은 프론트 도어 조정에 따라 달라진다 (47A, 사이드 도어 패널 , 프론트 사이드 도어 : 조정 참조).

참고 :
원래 힌지 마운팅 플레이트는 도어 박스 섹션에 접착되어 있다 .
조정하려면 나무 받침목과 해머를 사용하여 플레이트를 제거해야 한다 .

참고 :
스트라이커 플레이트는 센터 필러 내부의 리인포스먼트에 스폿 용접으로 고정되어 있다 .
조정을 실시하려면 플레이트의 퓨즈 브라켓을 변형한다 .

다음 조정 순서를 준수한다 :
- (1), (4) 및 (5) 부위의 깊이를 조정한다 .
- 록을 기준으로 스트라이커 패널을 조정하여 서로 닿지 않게 한다 .
- (2) 및 (3) 부위의 깊이를 조정한다 .

사이드 도어 이외 패널
후드 : 탈거 - 장착

48A

J87

위치 및 사양 (규정 토크 , 항상 교환해야 하는 부품 등) (52A, 사이드 도어 이외 메커니즘 , 프론트 오프닝 메커니즘 어셈블리 : 분해도 참조).

탈거

I - 탈거 준비 작업

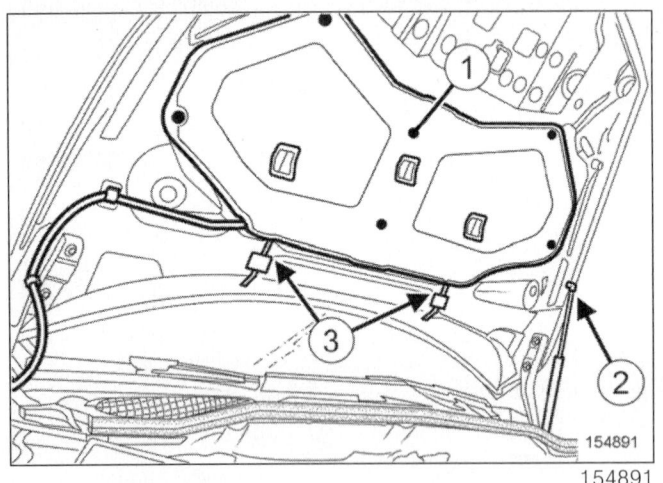

❏ 다음을 탈거한다 :
  - 후드 인슐레이터 (1),
  - 후드 스트럿 (2).

❏ 글라스 워셔 노즐 파이프 (3) 를 분리한다 .

❏ 글라스 워셔 파이프의 클립을 탈거한다 .

II - 관련 부품 탈거 작업

후드 볼트에 의한 탈거

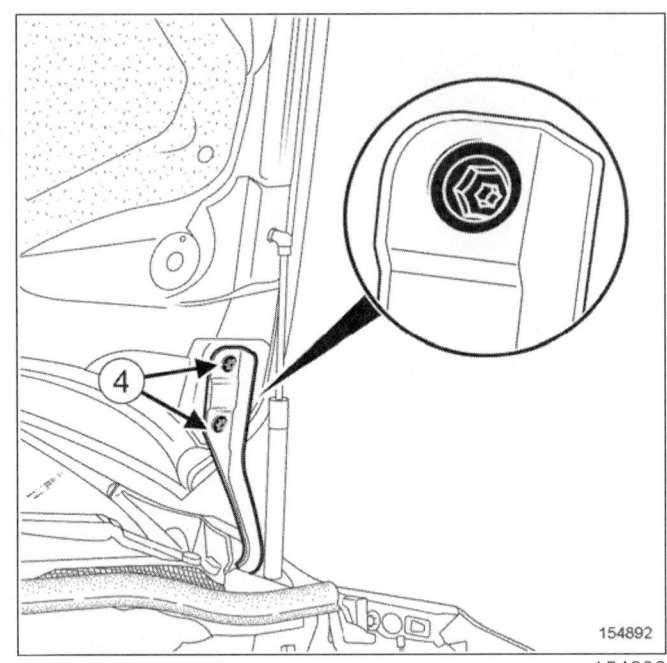

❏ 다음을 탈거한다 :
  - 후드 볼트 (4),
  - 후드 (이 작업은 두 사람이 작업한다).

장착

I - 관련 부품 장착 작업

❏ 탈거의 역순으로 장착한다 .

❏ 후드의 틈새 간극 및 단차를 조정한다 (48A, 사이드 도어 이외 패널 , 후드 : 탈거 - 장착 참조).

사이드 도어 이외 패널
후드 : 조정

48A

J87

위치 및 사양 (규정 토크 , 항상 교환해야 하는 부품 등) (52A, 사이드 도어 이외 메커니즘 , 프론트 오프닝 메커니즘 어셈블리 : 분해도 참조).

조정

- 후드 조정 값에 관한 모든 정보 (01C, 바디 제원 , 차량 틈새 : 조정 값 참조).

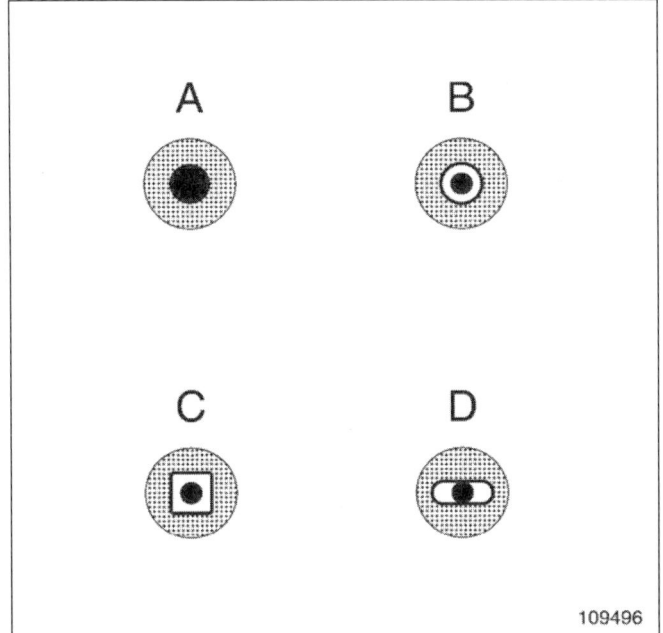

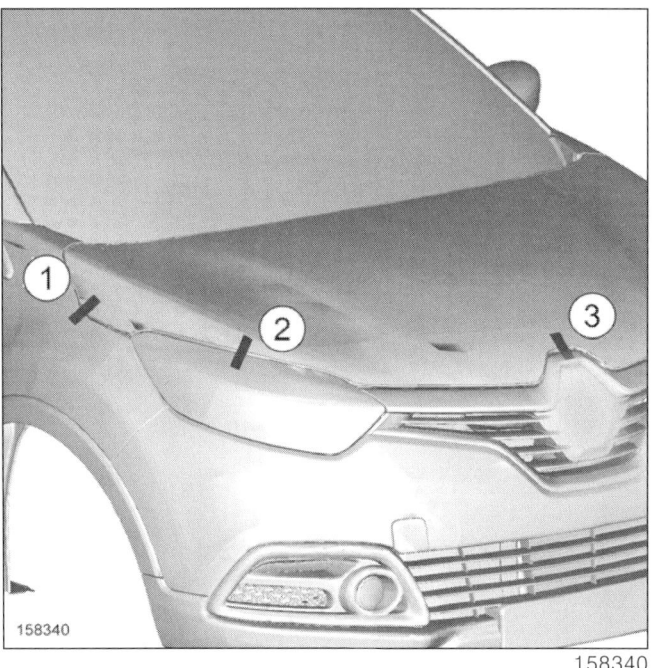

- 조정 순서 ((1),(2) 및 (3)) 를 준수한다 .

후드 볼트를 사용한 조정

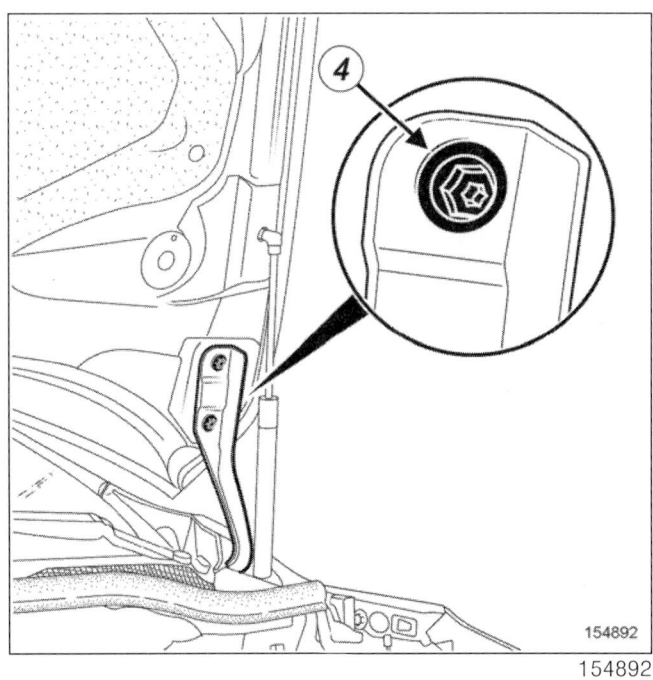

- A, B, C 및 D 기호는 다음과 같은 조정 옵션을 나타낸다 .

  중앙의 검은색 점은 볼트의 바디를 나타낸다 .

  회색 부분은 조정할 부품을 나타낸다 .

  흰색 부분은 조정 부위를 나타낸다 .

48A-2

사이드 도어 이외 패널
후드 : 조정

48A

J87

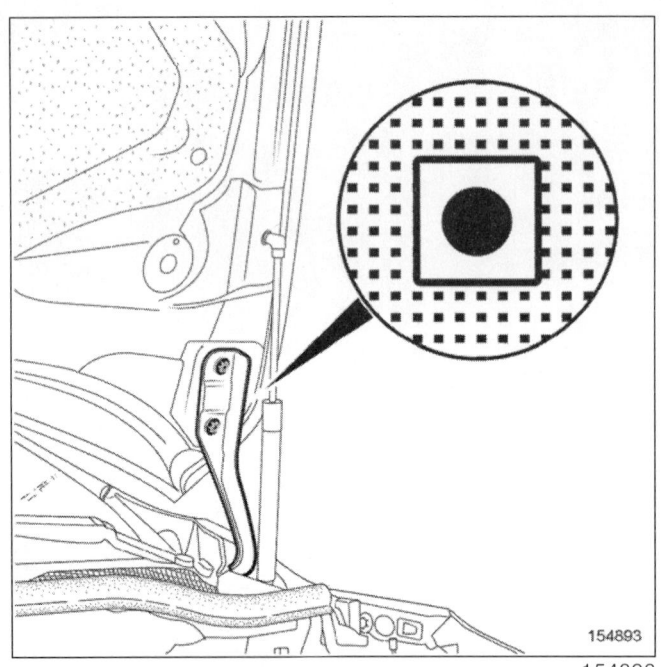

- 후드 볼트 (4) 를 느슨하게 한다.
- 후드 틈새 및 단차를 조정한다.
- 후드 볼트 (4) 를 조인다.

사이드 도어 이외 패널
테일 게이트 : 탈거 - 장착

48A

J87

위치 및 사양 (규정 토크 , 항상 교환해야 하는 부품 등) (51A, 사이드 도어 메커니즘 , 프론트 사이드 도어의 오프닝 메커니즘 어셈블리 : 분해도 참조).

I - 탈거 (힌지 제외)

1 - 탈거 준비 작업

❏ 테일 게이트 피니셔를 탈거한다 (73A, 사이드 도어 이외 트림 , 테일 게이트 피니셔 : 탈거 - 장착 참조).

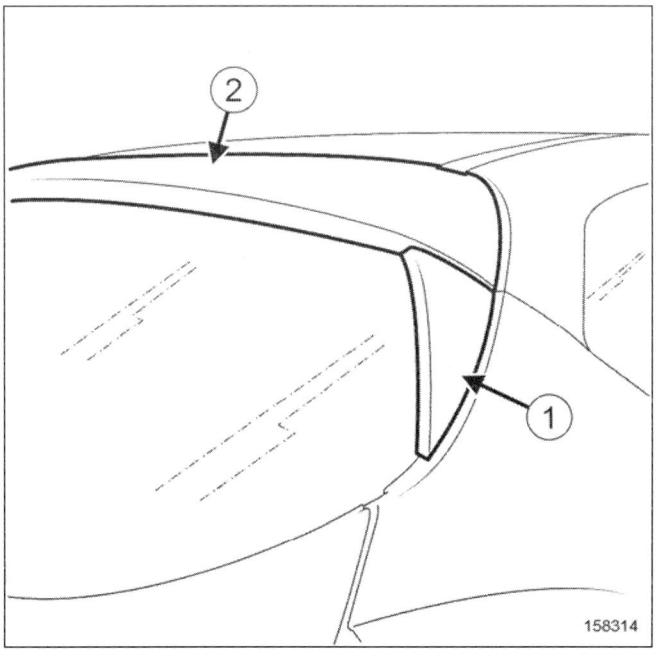
158314

❏ 다음을 탈거한다 :
- 리어 글라스 사이드 트림의 볼트 ,
- 리어 글라스 사이드 트림 (1).

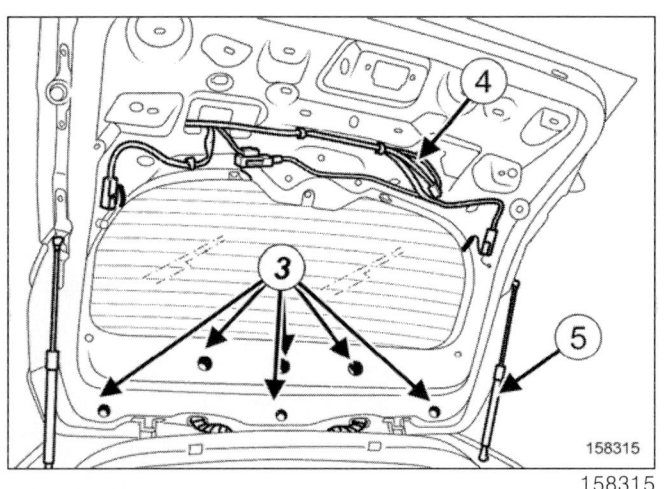
158315

❏ 다음을 탈거한다 :
- 리어 오프닝 스포일러의 블랭킹 커버 ,
- 리어 오프닝 스포일러의 볼트 (3),
- 리어 오프닝 스포일러 (2).

❏ 다음 위치의 커넥터를 분리한다 :
- 리어 글라스 와이퍼 모터 ,
- 하이 마운팅 스톱 램프 ,
- 트렁크 리드 록 ,
- 열선 내장 리어 글라스 .

❏ 테일게이트에서 다음을 탈거한다 :
- 트렁크 리드 와이어링 (4),
- 테일게이트 워셔 노즐 튜브 ,
- 테일게이트 가스 스트럿 (5).

2 - 관련 부품 탈거 작업

❏ 다음을 탈거한다 (52A, 사이드 도어 이외 메커니즘 , 리어 오프닝 메커니즘 어셈블리 : 분해도 참조):
- 차량의 각 사이드에서 테일게이트 볼트 ,
- 테일게이트 (이 작업은 두 사람이 작업한다).

II - 장착 (힌지 제외)

❏ 탈거의 역순으로 장착한다 .

❏ 테일게이트 틈새 및 단차를 조정한다 (48A, 사이드 도어 이외 패널 , 테일 게이트 : 조정 참조).

III - 힌지 포함 탈거

1 - 탈거 준비 작업

❏ 다음을 탈거한다 :
- 헤드라이닝 (부분적으로) (71A, 인테리어 트림 , 헤드라이닝 : 탈거 - 장착 참조),
- 리어 오프닝 트림 (73A, 사이드 도어 이외 트림 , 테일 게이트 피니셔 : 탈거 - 장착 참조),
- 리어 글라스 사이드 트림의 볼트 ,
- 리어 글라스 사이드 트림 (1),
- 리어 오프닝 스포일러의 블랭킹 커버 ,
- 리어 오프닝 스포일러의 볼트 (3),
- 리어 오프닝 스포일러 (2).

❏ 다음 위치의 커넥터를 분리한다 :
- 리어 글라스 와이퍼 모터 ,
- 하이 마운팅 스톱 램프 ,
- 트렁크 리드 록 ,
- 열선 내장 리어 글라스 .

❏ 테일게이트에서 다음을 탈거한다 :

사이드 도어 이외 패널
테일 게이트 : 탈거 – 장착

48A

J87

- 트렁크 리드 와이어링 (4),
- 테일게이트 워셔 노즐 튜브 ,
- 테일게이트 가스 스트럿 (5).

2 - 탈거 준비 작업

❏ 다음을 탈거한다 (52A, 사이드 도어 이외 메커니즘 , 리어 오프닝 메커니즘 어셈블리 : 분해도 참조):

- 차량의 각 사이드에서 테일게이트 힌지 너트 ,
- 테일게이트 (이 작업은 두 사람이 작업한다).

IV - 장착 (힌지 포함)

❏ 탈거의 역순으로 장착한다 .

❏ 테일게이트 패널의 틈새를 조정한다 (48A, 사이드 도어 이외 패널 , 테일 게이트 : 탈거 – 장착 참조).

사이드 도어 이외 패널
테일 게이트 : 조정

48A

J87

위치 및 사양 (규정 토크 , 항상 교환해야 하는 부품 등) (52A, 사이드 도어 이외 메커니즘 , 리어 오프닝 메커니즘 어셈블리 : 분해도 참조).

조정 값

- 테일게이트 조정 값에 관한 모든 정보 (01C, 바디 제원 , 차량 틈새 : 조정 값 참조).

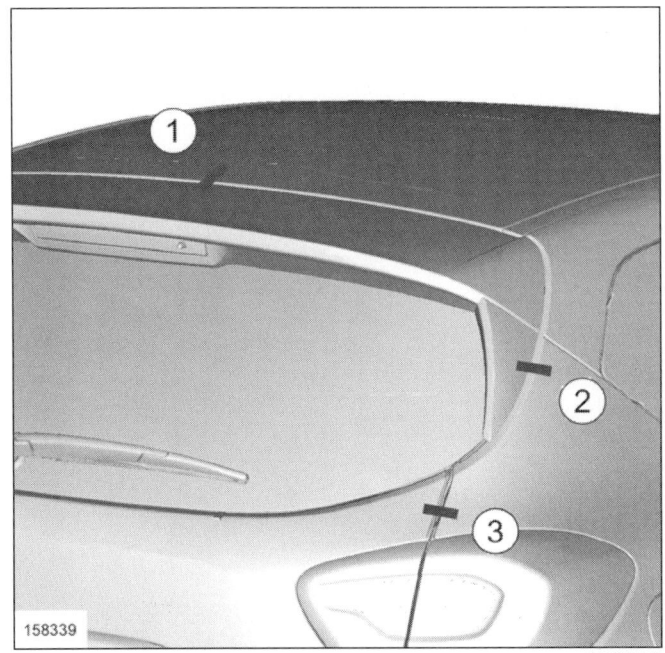

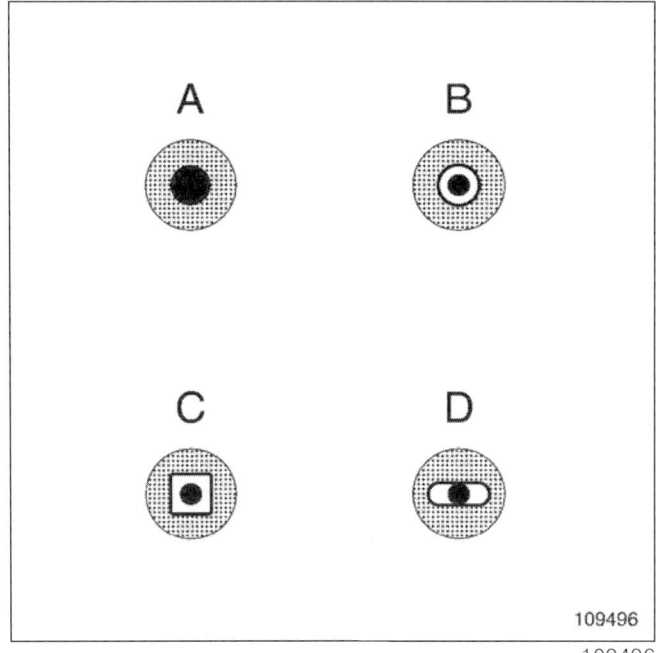

- 조정 순서 ((1),(2) 및 (3)) 를 준수한다 .

조정

- 테일게이트 조정 시 다음 세 가지 옵션을 사용할 수 있다 :
    - 테일게이트 볼트 사용 ,
    - 테일게이트 힌지 너트 사용 ,
    - 리어 엔드 패널 스트라이커 플레이트 사용 .

A, B, C 및 D 기호는 다음과 같은 조정 옵션을 나타낸다 .

중앙의 검은색 점은 볼트의 바디를 나타낸다 .

회색 부분은 조정할 부품을 나타낸다 .

흰색 부분은 조정 부위를 나타낸다 .

사이드 도어 이외 패널
테일 게이트 : 조정

48A

J87

I - 테일게이트 볼트를 사용한 조정

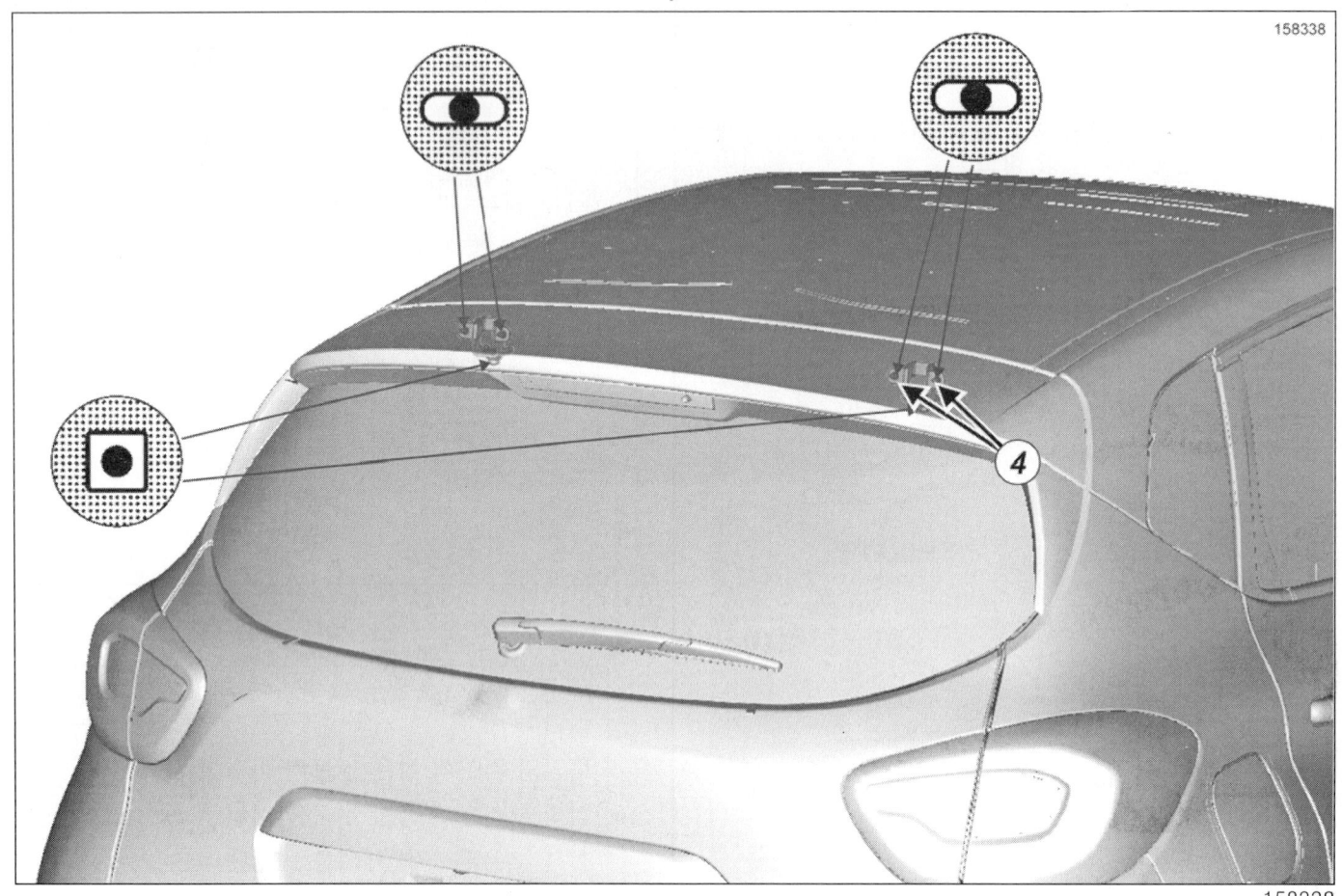

- 차량의 각 사이드에 있는 테일게이트 볼트 (4) 를 탈거한다.
- 테일게이트 패널의 틈새를 조정한다.
- 테일게이트 볼트를 규정 토크로 조인다 (52A, 사이드 도어 이외 메커니즘, 리어 오프닝 메커니즘 어셈블리 : 분해도 참조).

사이드 도어 이외 패널
테일 게이트 : 조정

48A

J87

II - 힌지 너트를 사용한 조정

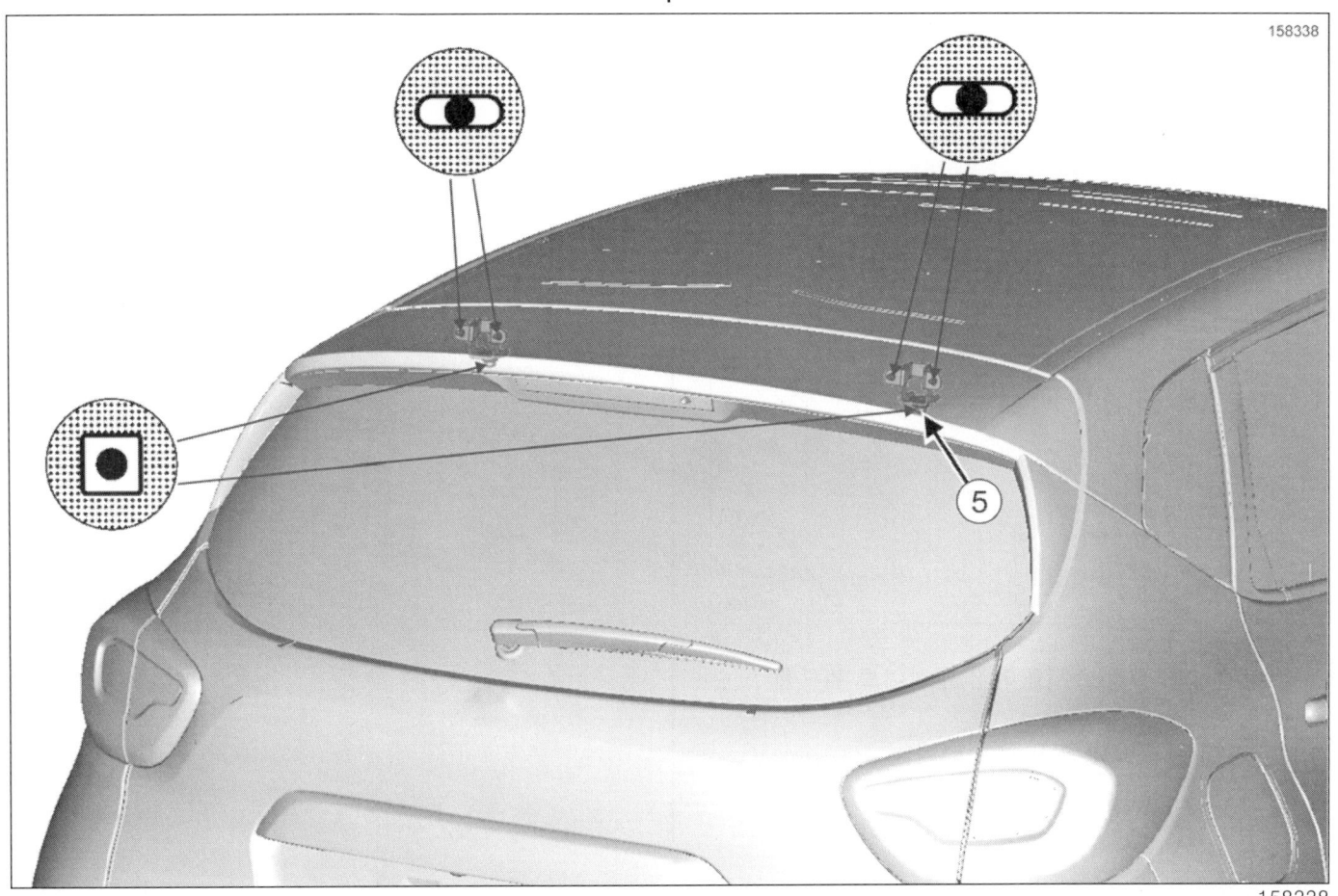

- 차량의 각 사이드에 있는 힌지 너트 (5) 를 탈거한다.
- 테일게이트 패널의 틈새를 조정한다.
- 힌지 너트를 조인다.

사이드 도어 이외 패널
테일 게이트 : 조정

48A

J87

III – 리어 엔드 패널 스트라이커 플레이트 조정

- 리어 엔드 패널의 스트라이커 플레이트 볼트를 느슨하게 한다.
- 테일게이트 패널의 틈새를 조정한다.
- 스트라이커 플레이트 볼트를 조인다.

르노삼성자동차

5 메커니즘과 액세서리

51A 사이드 도어 메커니즘

52A 사이드 도어 이외 메커니즘

54A 윈도우

55A 외장 보호 트림

56A 외장 장착 부품

57A 내장 장착 부품

J87

2013. 12

본 리페어 매뉴얼은 2013년 12월의 양산 차량을 기준으로 작성하였으며, 향후 차량의 설계 변경에 따라 실차와 다른 내용이 있을 수 있으므로, 양해를 구합니다.

주 : 설계 변경에 대한 정보는 www.rsmservice.com 을 참조하여 주시기 바랍니다.

이 문서의 모든 권리는 르노삼성자동차에 있습니다.

ⓒ 르노삼성자동차 (주), 2013

J87-Section 5

목차

페이지 페이지

51A 사이드 도어 메커니즘

프론트 사이드 도어의 오프닝 메커니즘 어셈블리 : 분해도	51A-1
리어 사이드 도어의 오프닝 메커니즘 어셈블리 : 분해도	51A-3
프론트 사이드 윈도우 메커니즘 어셈블리 : 분해도	51A-5
리어 사이드 윈도우 메커니즘 어셈블리 : 분해도	51A-7
윈도우 : 정비 전 / 후 절차	51A-8
연료 주입구 플랩 록킹 모터 : 탈거 – 장착	51A-9

52A 사이드 도어 이외 메커니즘

리어 오프닝 메커니즘 어셈블리 : 분해도	52A-1
프론트 오프닝 메커니즘 어셈블리 : 분해도	52A-3
테일 게이트 힌지 : 탈거 – 장착	52A-4

54A 윈도우

윈드실드 : 탈거 – 장착	54A-1
리어 쿼터 패널 윈도우 : 탈거 – 장착	54A-3
리어 글라스 : 탈거 – 장착	54A-4

55A 외장 보호 트림

프론트 범퍼 어셈블리 : 분해도	55A-1
리어 범퍼 어셈블리 : 분해도	55A-3
외부 바디 프론트 트림 어셈블리 : 분해도	55A-4
프론트 범퍼 : 탈거 – 장착	55A-5
프론트 범퍼 : 분해 – 재조립	55A-7
리어 범퍼 : 탈거 – 장착	55A-10
리어 범퍼 : 분해 – 재조립	55A-11
루프 레일 : 탈거 – 장착	55A-12
장식 스트립 : 사전 주의사항	55A-13
프론트 엔드 패널 에어 인렛 컨트롤 밸브 어셈블리 : 분해도	55A-14

56A 외장 장착 부품

외부 바디 사이드 트림 어셈블리 : 분해도	56A-1
도어 미러 : 탈거 – 장착	56A-2
카울 탑 커버 : 탈거 – 장착	56A-4

57A 내장 장착 부품

인스트루먼트 패널 어셈블리 : 분해도	57A-1
인스트루먼트 패널 : 탈거 – 장착	57A-3
인스트루먼트 패널 : 분해 – 재조립	57A-5

목차

페이지

57A 내장 장착 부품

인스트루먼트 패널 사이드 에어 벤트 : 탈거 - 장착	57A-6
센터 프론트 패널 : 탈거 - 장착	57A-7
글로브 박스 : 탈거 - 장착	57A-8
센터 콘솔 : 탈거 - 장착	57A-9

57A 내장 장착 부품

사이드 도어 오프닝 메커니즘
프론트 사이드 도어의 오프닝 메커니즘 어셈블리 : 분해도

51A

J87

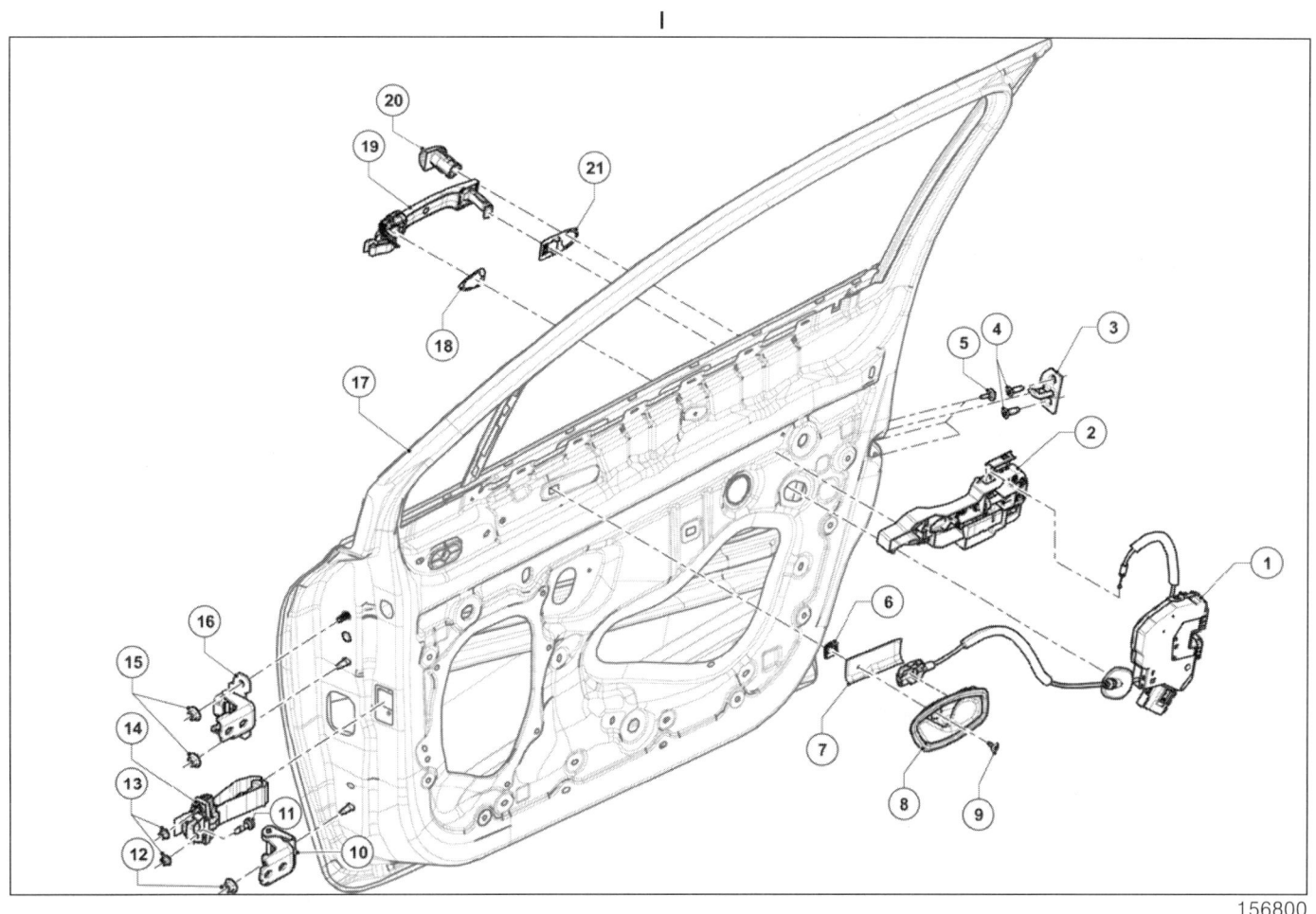

(MR 469 리페어 매뉴얼, 01D, 기계적인 소개, 그림 설명 : 설명 참조)

명시되지 않은 규정 토크로 조이는 경우 규정 토크 표를 참조한다 (MR 469 리페어 매뉴얼, 01D, 기계적인 소개, 규정 토크 : 일반 정보 참조).

표시	설명	정보
(1)	프론트 사이드 도어 록	
(2)	프론트 사이드 도어 외부 오프닝 컨트롤 모듈	
(3)	스트라이커 패널	
(4)	스트라이커 패널 볼트	
(5)	프론트 사이드 도어 록 볼트	
(6)	클립	
(7)	패드	
(8)	프론트 사이드 도어 내부 오프닝 컨트롤	
(9)	프론트 사이드 도어 내부 오프닝 컨트롤 볼트	
(10)	프론트 사이드 도어 힌지	

사이드 도어 오프닝 메커니즘
프론트 사이드 도어의 오프닝 메커니즘 어셈블리 : 분해도

51A

| J87 |

표시	설명	정보
(11)	프론트 사이드 도어 체크 링크 볼트	
(12)	프론트 사이드 도어 힌지 너트	
(13)	프론트 사이드 도어 체크 링크 너트	
(14)	프론트 사이드 도어 체크 링크	
(15)	프론트 사이드 도어 힌지 너트	
(16)	프론트 사이드 도어 힌지	
(17)	프론트 사이드 도어	(47A, 사이드 도어 패널 , 프론트 사이드 도어 : 탈거 – 장착 참조)
(18)	프론트 사이드 도어 외부 핸들 씰	
(19)	프론트 사이드 도어 외부 핸들	
(20)	프론트 사이드 도어 록 배럴	
(21)	프론트 사이드 도어 록 배럴 씰	

사이드 도어 오프닝 메커니즘
리어 사이드 도어의 오프닝 메커니즘 어셈블리 : 분해도

51A

J87

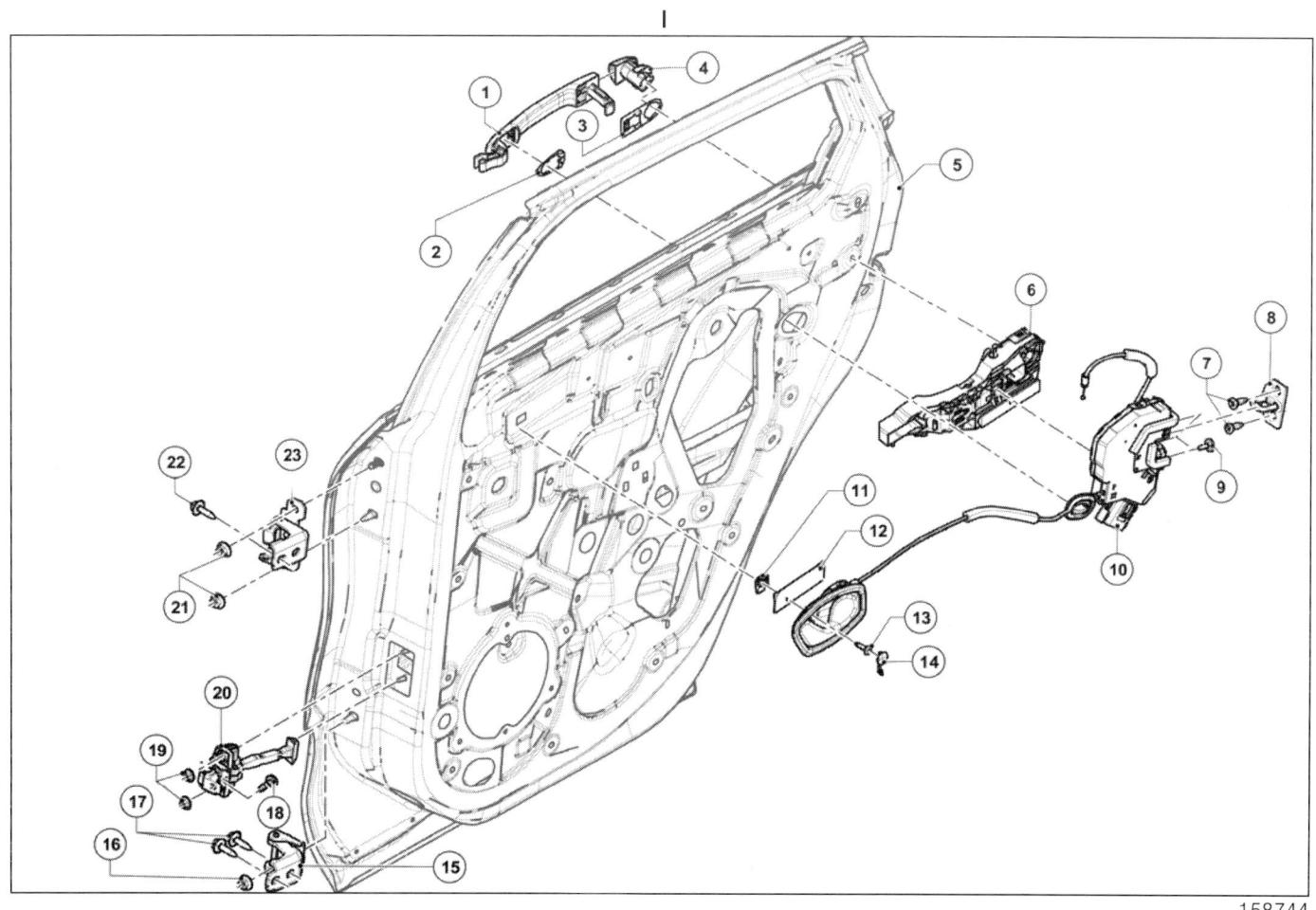

158744

(MR 469 리페어 매뉴얼, 01D, 기계적인 소개, 그림 설명 : 설명 참조)

명시되지 않은 규정 토크로 조이는 경우 규정 토크 표를 참조한다 (MR 469 리페어 매뉴얼, 01D, 기계적인 소개, 규정 토크 : 일반 정보 참조).

표시	설명	정보
(1)	리어 사이드 도어 외부 핸들	
(2)	리어 사이드 도어 외부 핸들 씰	
(3)	리어 사이드 도어 더미 록 씰	
(4)	리어 사이드 도어 더미 록	
(5)	리어 사이드 도어	(47A, 사이드 도어 패널, 리어 사이드 도어 : 탈거 – 장착 참조)
(6)	리어 사이드 도어 익스테리어 오프닝 컨트롤 모듈	
(7)	스트라이커 패널 볼트	
(8)	스트라이커 패널	
(9)	리어 사이드 도어 록 볼트	
(10)	리어 사이드 도어 록	
(11)	클립	

51A-3

사이드 도어 오프닝 메커니즘
리어 사이드 도어의 오프닝 메커니즘 어셈블리 : 분해도

51A

J87

표시	설명	정보
(12)	패드	
(13)	리어 사이드 도어 인사이드 오프닝 컨트롤 볼트	
(14)	리어 사이드 도어 인사이드 오프닝 컨트롤 볼트의 커버	
(15)	리어 사이드 도어 힌지	
(16)	리어 사이드 도어 힌지 너트	
(17)	리어 사이드 도어 힌지 볼트	
(18)	리어 사이드 도어 체크 링크 볼트	
(19)	리어 사이드 도어 체크 링크 너트	
(20)	리어 사이드 도어 체크 링크	
(21)	리어 사이드 도어 힌지 너트	
(22)	리어 사이드 도어 힌지 볼트	
(23)	리어 사이드 도어 힌지	

사이드 도어 오프닝 메커니즘
프론트 사이드 윈도우 메커니즘 어셈블리 : 분해도

51A

J87

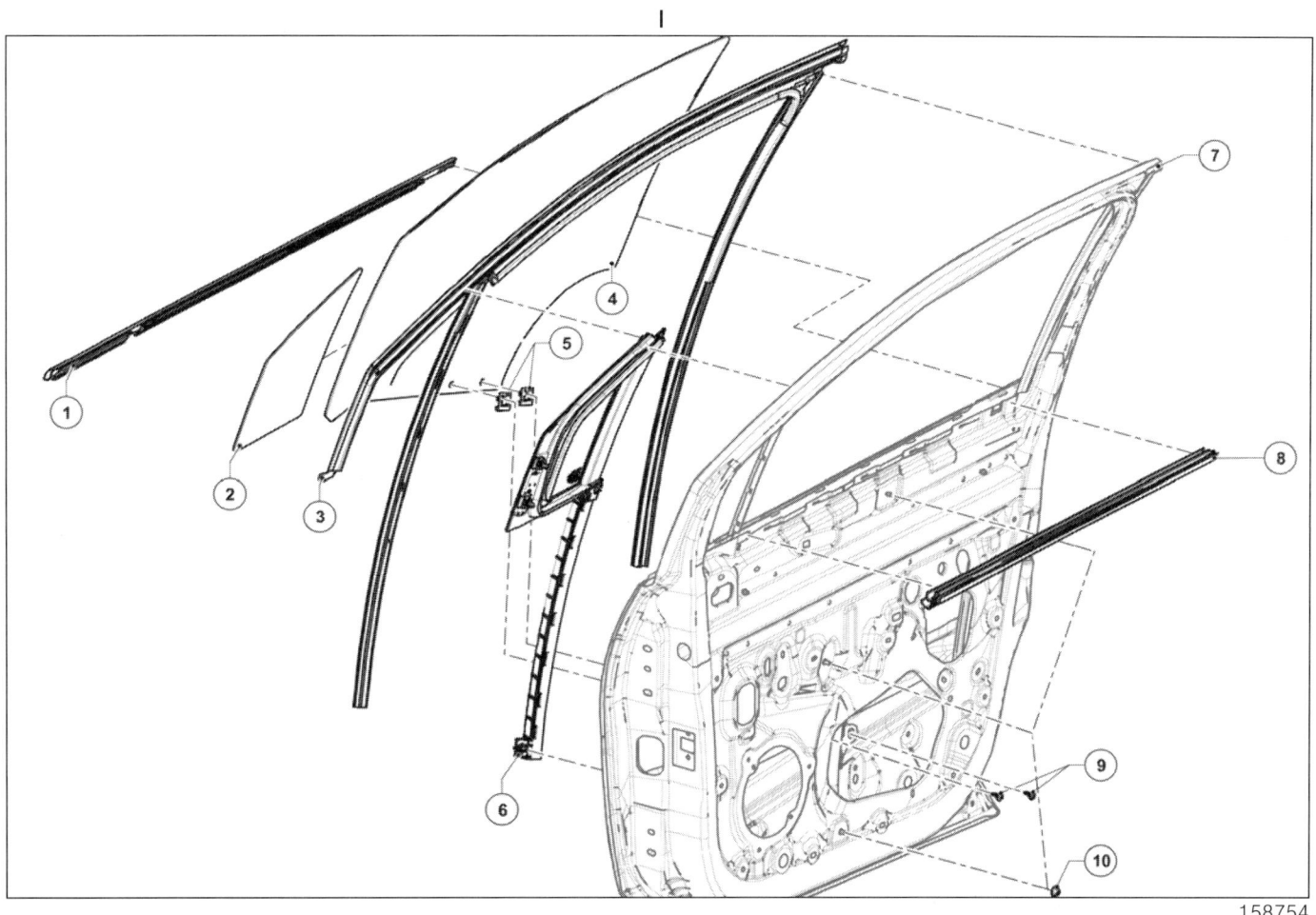

(MR 469 리페어 매뉴얼, 01D, 기계적인 소개, 그림 설명 : 설명 참조)

명시되지 않은 규정 토크로 조이는 경우 규정 토크 표를 참조한다 (MR 469 리페어 매뉴얼, 01D, 기계적인 소개, 규정 토크 : 일반 정보 참조).

표시	설명	정보
(1)	프론트 사이드 도어 윈도우 익스테리어 웨더스트립	
(2)	리어 쿼터 패널 윈도우	(54A, 윈도우, 리어 쿼터 패널 윈도우 : 탈거 – 장착 참조)
(3)	프론트 사이드 도어의 글라스 런	
(4)	프론트 사이드 오프닝 윈도우	
(5)	클립	
(6)	프론트 사이드 도어의 고정 윈도우	
(7)	프론트 사이드 도어	(47A, 사이드 도어 패널, 프론트 사이드 도어 : 탈거 – 장착 참조)
(8)	프론트 사이드 도어 윈도우 인테리어 웨더스트립	
(9)	프론트 사이드 도어 윈도우 메커니즘 볼트	

사이드 도어 오프닝 메커니즘
프론트 사이드 윈도우 메커니즘 어셈블리 : 분해도

51A

J87		
표시	설명	정보
(10)	프론트 사이드 도어 윈도우 메커니즘 너트	

사이드 도어 오프닝 메커니즘
리어 사이드 윈도우 메커니즘 어셈블리 : 분해도

51A

J87

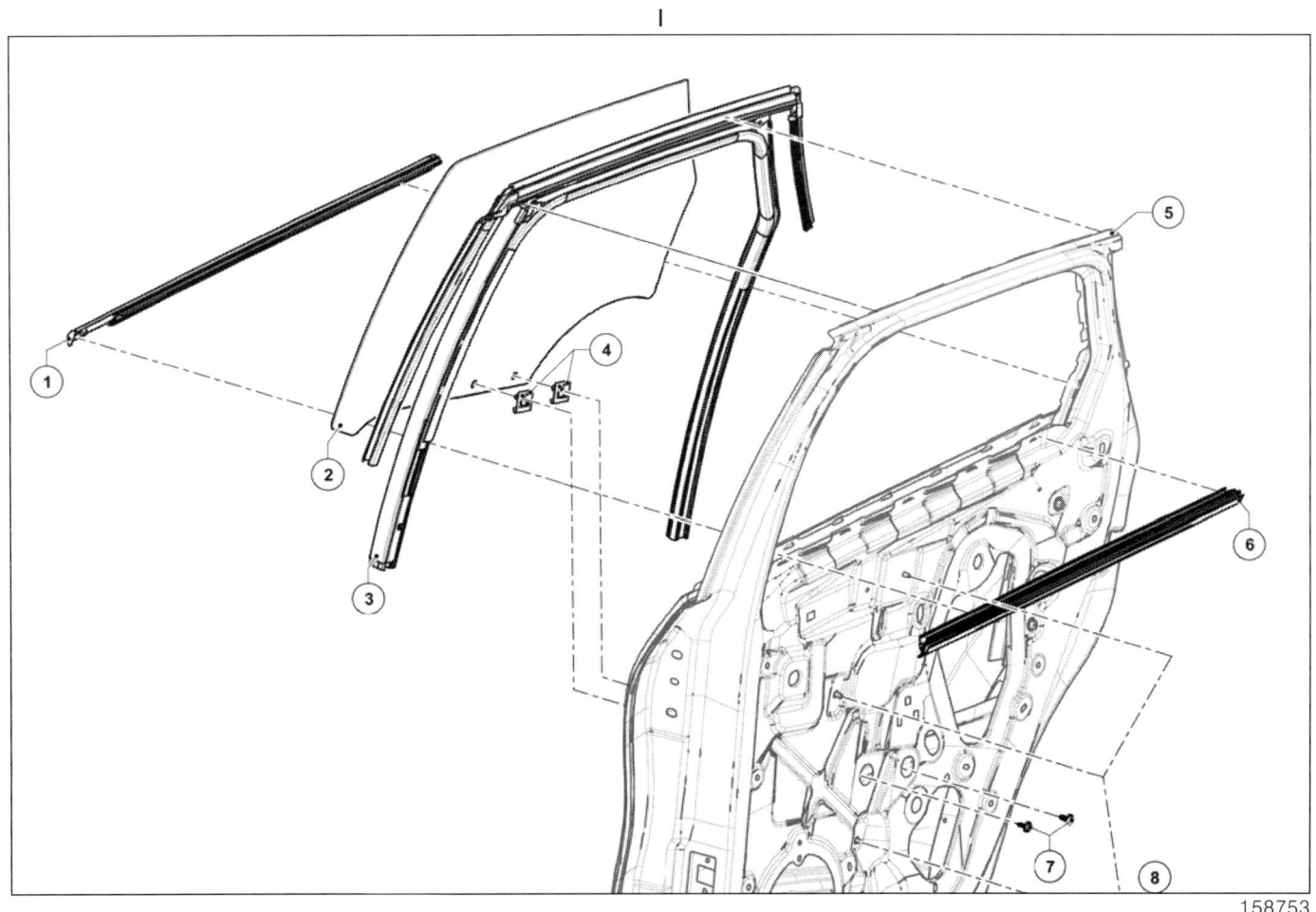

(MR 469 리페어 매뉴얼, 01D, 기계적인 소개, 그림 설명 : 설명 참조)

명시되지 않은 규정 토크로 조이는 경우 규정 토크 표를 참조한다 (MR 469 리페어 매뉴얼, 01D, 기계적인 소개, 규정 토크 : 일반 정보 참조).

표시	설명	정보
(1)	리어 사이드 도어 윈도우 익스테리어 웨더스트립	
(2)	리어 사이드 오프닝 윈도우	
(3)	리어 사이드 도어 글라스 런	
(4)	클립	
(5)	리어 사이드 도어	(47A, 사이드 도어 패널, 리어 사이드 도어 : 탈거 – 장착 참조)
(6)	리어 사이드 도어 윈도우 인테리어 웨더스트립	
(7)	리어 사이드 도어 윈도우 메커니즘 볼트	
(8)	리어 사이드 도어 윈도우 메커니즘 너트	

사이드 도어 오프닝 메커니즘
윈도우 : 정비 전 / 후 절차

51A

J87

필요 장비

진단 장비

❏ 전동식 윈도우 모터 탈거 및 장착 절차 :

- 전동식 윈도우 모터를 장착하기 전에 윈도우 모터를 윈도우가 올라가는 방향으로 **5초**, 내려가는 방향으로 **5초** 간 작동시킨다. 이 작업은 전동식 윈도우 모터 스톱 위치를 초기화하지 않는다

- 전동식 윈도우 모터를 장착한 후, 윈도우를 어퍼 스톱 위치로 올리고 **2초** 이상 전원 공급을 유지하여 전동식 윈도우 모터를 수동으로 초기화한다.

> **참고 :**
> 초기화되지 않은 시스템은 예상치 못한 방식으로 작동할 수 있다. 컨트롤 스위치를 누를 때마다 모터는 어퍼 스톱 위치의 **50mm** 위에서 작동한다.

❏ 기능 테스트를 수행한다.

❏ 운전석 전동식 윈도우 모터 교환 절차 :

- **진단 장비**을 연결한다,
- 모터가 운전석 프론트 도어에 장착되어 있는 경우 《운전석 도어 전동식 윈도우 컨트롤 유닛》을 선택한다,
- 수리 모드로 이동한다,
- 선택한 컨트롤 유닛에 대해 《수리 전 / 후 절차》를 적용한다,
- 《수리 후 절차》 섹션에 설명되어 있는 작업을 수행한다.

❏ 기능 테스트를 수행한다.

사이드 도어 오프닝 메커니즘
연료 주입구 플랩 록킹 모터 : 탈거 - 장착

51A

J87

탈거

I - 탈거 준비 작업

- 리어 쿼터 패널 트림을 탈거한다 (71A, 인테리어 트림, 내부 바디 사이드 트림 어셈블리 : 분해도 참조).

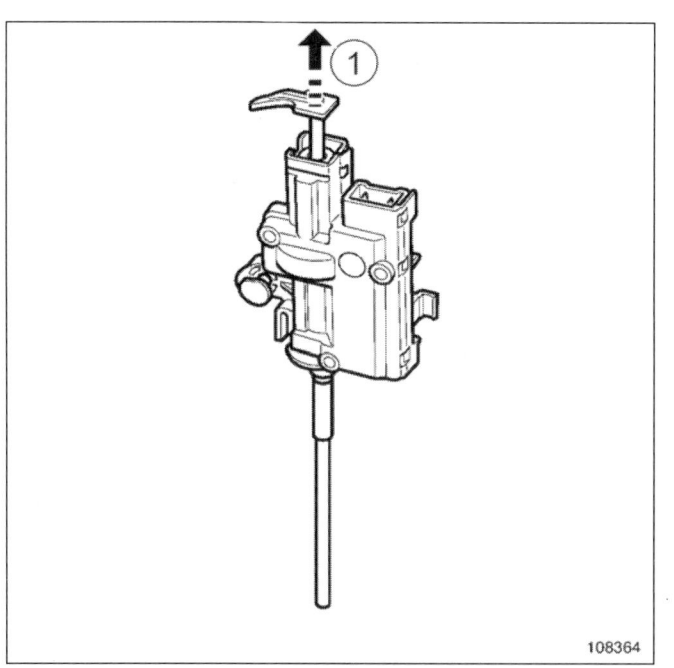

참고 :
차량에 전기적인 결함이 있는 경우 캐치 (1) 를 올려서 모터를 수동으로 작동시킨다.

- 모터의 위치가 올바른지 점검한다 (연료 주입구 플랩 잠금 해제).

II - 관련 부품 탈거 작업

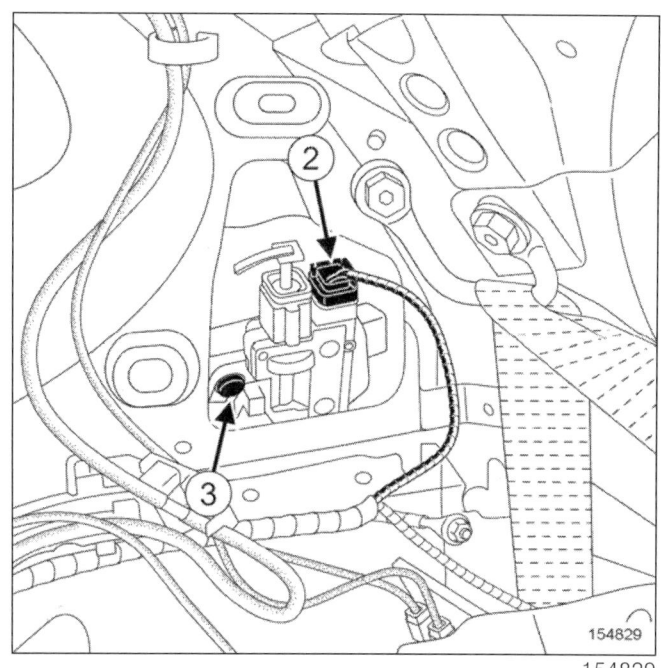

- 커넥터 (2) 를 분리한다.
- 클립 (3) 을 분리한다.
- 연료 주입구 플랩 록킹 모터를 탈거한다.

장착

I - 관련 부품 장착 작업

- 연료 주입구 플랩 록킹 모터를 장착한다.
- 모터에 클립을 장착한다.
- 커넥터를 연결한다.

II - 최종 작업

- 탈거의 역순으로 장착한다.

사이드 도어 이외 오프닝 메커니즘
리어 오프닝 메커니즘 어셈블리 : 분해도

52A

J87

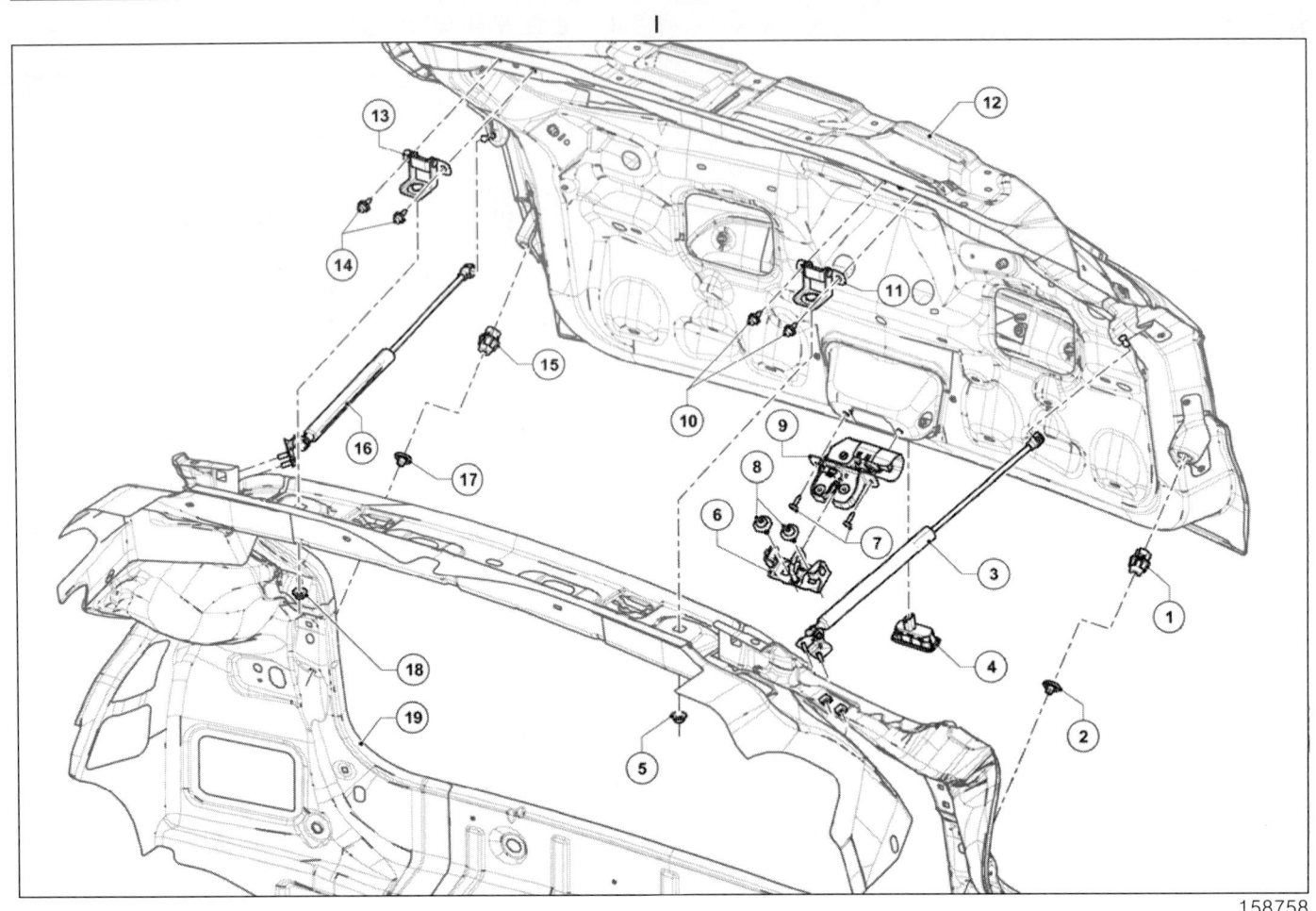

(MR 469 리페어 매뉴얼 , 01D, 기계적인 소개 , 그림 설명 : 설명 참조)

명시되지 않은 규정 토크로 조이는 경우 규정 토크 표를 참조한다 (MR 469 리페어 매뉴얼 , 01D, 기계적인 소개 , 규정 토크 : 일반 정보 참조).

표시	설명	정보
(1)	테일 게이트 스톱	
(2)	테일 게이트 스톱 패드	
(3)	테일 게이트 스트럿	
(4)	테일 게이트 오프닝 스위치	
(5)	테일 게이트 힌지 너트	
(6)	테일 게이트 스트라이커 패널	
(7)	테일 게이트 록 볼트	
(8)	테일 게이트 스트라이커 패널 볼트	
(9)	테일 게이트 록	
(10)	테일 게이트 힌지 볼트	
(11)	테일 게이트 힌지	

사이드 도어 이외 오프닝 메커니즘
리어 오프닝 메커니즘 어셈블리 : 분해도

52A

J87

표시	설명	정보
(12)	테일 게이트	(48A, 사이드 도어 이외 패널, 테일 게이트 : 탈거 – 장착 참조)
(13)	테일 게이트 힌지	
(14)	테일 게이트 힌지 볼트	
(15)	테일 게이트 스톱	
(16)	테일 게이트 스트럿	
(17)	테일 게이트 스톱 패드	
(18)	테일 게이트 힌지 너트	
(19)	바디	

사이드 도어 이외 오프닝 메커니즘
프론트 오프닝 메커니즘 어셈블리 : 분해도

52A

J87

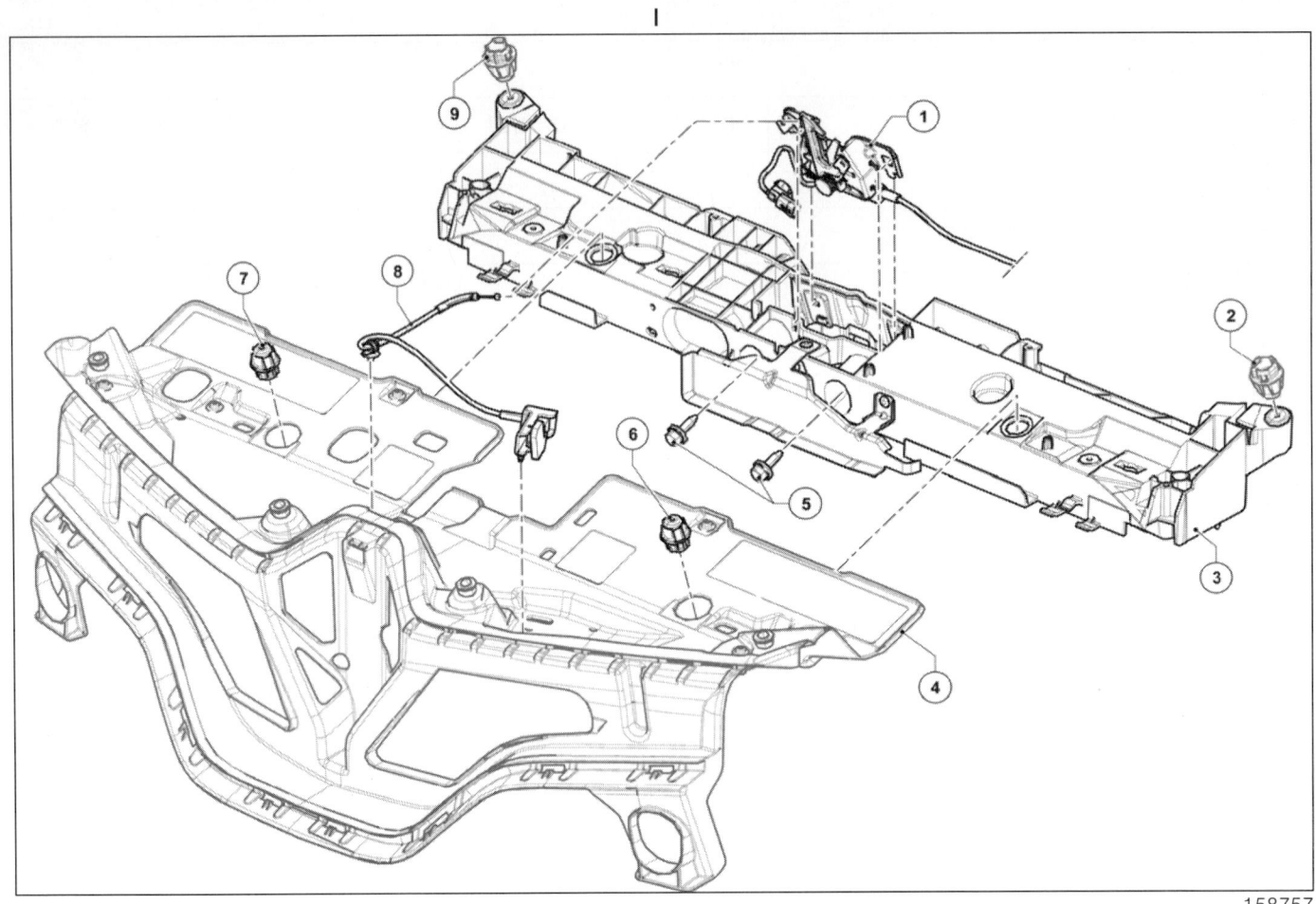

(MR 469 리페어 매뉴얼, 01D, 기계적인 소개, 그림 설명 : 설명 참조)

명시되지 않은 규정 토크로 조이는 경우 규정 토크 표를 참조한다 (MR 469 리페어 매뉴얼, 01D, 기계적인 소개, 규정 토크 : 일반 정보 참조).

표시	설명	정보
(1)	후드 록	
(2)	후드 스톱	
(3)	프론트 어퍼 크로스 멤버	
(4)	프론트 범퍼	(55A, 외장 보호 트림, 프론트 범퍼 : 탈거 – 장착 참조)
(5)	후드 록 볼트	
(6)	후드 스톱	
(7)	후드 스톱	
(8)	후드 오프닝 컨트롤	
(9)	후드 스톱	

사이드 도어 이외 메커니즘
테일 게이트 힌지 : 탈거 – 장착

52A

J87

위치 및 사양 (규정 토크 , 항상 교환해야 하는 부품 등) (52A, 사이드 도어 이외 메커니즘 , 리어 오프닝 메커니즘 어셈블리 : 분해도 참조).

탈거

I – 탈거 준비 작업

- 테일 케이트 힌지 너트를 탈거하고 , 트렁크 리드 어셈블리를 탈거한다 (이 작업은 두 사람이 작업한다) (48A, 사이드 도어 이외 패널 , 테일 게이트 : 탈거 – 장착 참조).

II – 관련 부품 탈거 작업

- 다음을 탈거한다 (52A, 사이드 도어 이외 메커니즘 , 리어 오프닝 메커니즘 어셈블리 : 분해도 참조):
    - 트렁크 리드 힌지 볼트 ,
    - 트렁크 리드 힌지 .

장착

I – 관련 부품 장착 작업

- 탈거의 역순으로 장착한다 .

윈도우
윈드실드 : 탈거 - 장착

54A

J87

탈거

I - 탈거 준비 작업

- 후드를 연다.

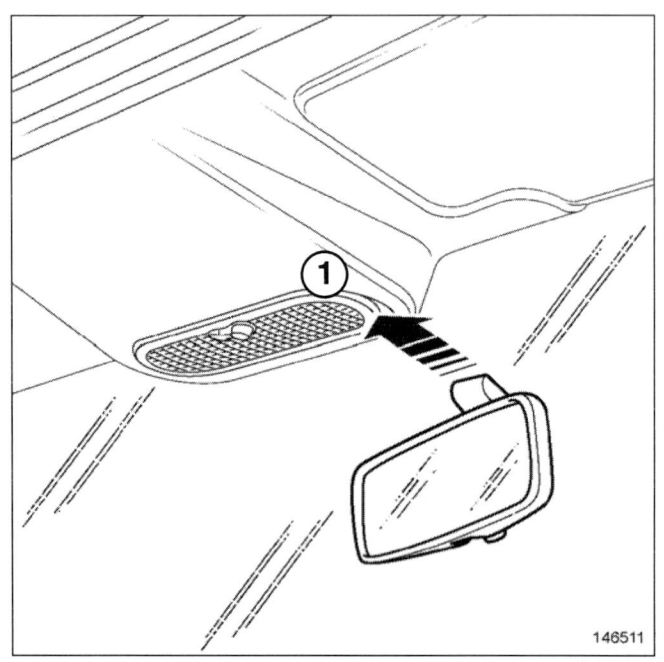

146511

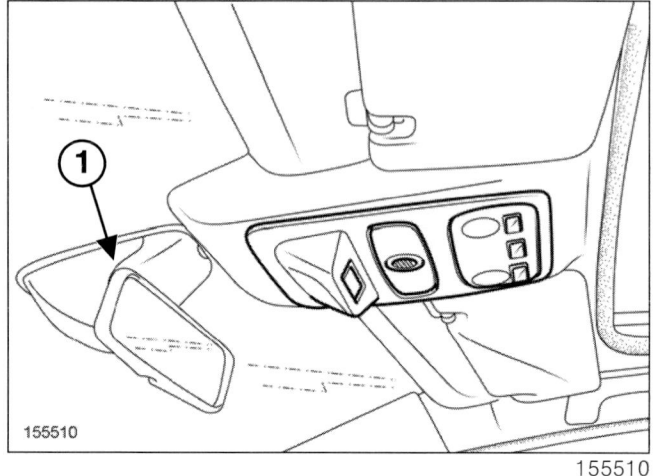

155510

- 다음을 탈거한다 :
  - 룸 미러 (1),
  - 프론트 필러 가니쉬 (71A, 인테리어 트림, 내부 바디 사이드 트림 어셈블리 : 분해도 참조),
  - 맵 램프 (MR 469 리페어 매뉴얼, 81B, 실내 라이팅, 실내 라이팅 : 구성부품 리스트 및 위치 참조).

라이트 및 자동 윈드실드 와이퍼

- 모터의 위치가 올바른지 점검한다 (연료 주입구 플랩 잠금 해제).

- 다음을 탈거한다 :
  - 윈드실드 와이퍼 암 (MR 469 리페어 매뉴얼, 85A, 와이퍼 및 워셔, 와이퍼 및 워셔 : 구성부품 리스트 및 위치 참조),
  - 카울 탑 커버 (56A, 외장 장착 부품, 카울 탑 커버 : 탈거 - 장착 참조),
  - 카울 탑 익스텐션.
- 마스킹 테이프로 윈드실드 주변과 헤드라이닝을 보호한다.
- 인스트루먼트 패널에 특수 공구를 장착한다.

II - 관련 부품 탈거 작업

-

> **주의**
> 실런트 비드를 절단할 때는 와이어링 하네스가 절단되지 않도록 주의한다.

> **참고 :**
> 실런트 비드를 절단할 때에는 차체 보호 커버로 엔진룸을 보호한다.

- 실런트 비드를 절단한다.
- 윈드실드를 탈거한다 (이 작업은 두 사람이 작업한다).

> **참고 :**
> 윈드실드를 탈거할 때에는 아랫 부분을 먼저 들어올린 다음에 윗부분을 들어 올린다.

장착

I - 장착 준비 작업

- 상시 교체 부품 : 윈드실드 조정 심.

라이트 및 자동 윈드실드 와이퍼

- 상시 교체 부품 : 레인 / 라이트 센서 베이스.

- 신품 심을 장착한다.

윈도우
윈드실드 : 탈거 - 장착

54A

J87

II - 관련 부품 장착 작업

- 후드를 닫는다.
- 윈드실드를 접착한다

> 참고 :
> 이 작업은 두 사람이 작업한다.

- 윈드실드의 위 아래 부분을 위치시킨다.
- 윈드실드 바닥 및 사이드에 있는 심의 위치를 점검한다.

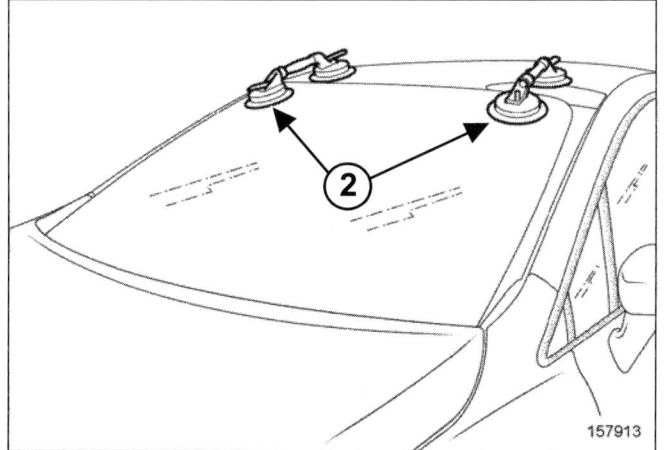

- 다음의 틈새 및 단차를 맞춘다 (01C, 바디 제원, 차량 : 차량 틈새 : 조정 값 참조):
  - 《윈드실드 - 루프 패널》,
  - 《윈드실드 - 프론트 필러》.
- 흡착기 (2) 를 윈드실드의 상단에 각각 위치시켜서 실런트가 건조되는 동안 윈드실드를 제자리에 고정한다.

라이트 및 자동 윈드실드 와이퍼

- 다음을 장착한다 (MR 469 리페어 매뉴얼, 85A, 와이퍼 및 워셔, 와이퍼 및 워셔 : 구성부품 리스트 및 위치 참조):
  - 레인 / 라이트 센서용 신품 접착 베이스,
  - 레인 / 라이트 센서.

- 탈거의 역순으로 장착한다.
- 실링 테스트를 수행한다.

윈도우
리어 쿼터 패널 윈도우 : 탈거 – 장착

54A

J87

참고 :
리어 쿼터 패널 윈도우 씰은 리어 쿼터 패널 윈도우에 맞게 주형된다. 씰이 변형된 경우, 항상 리어 쿼터 패널 윈도우를 교환한다.

탈거

I – 탈거 준비 작업

- 다음을 탈거한다 (71A, 인테리어 트림, 내부 바디 사이드 트림 어셈블리 : 분해도 참조)
  - 리어 이너 실 어퍼 트림,
  - 리어 파셜 셀프 사이드 트림,
  - 리어 쿼터 패널 트림.
- 마스킹 테이프로 리어 쿼터 패널 윈도우 주변 부위를 보호한다.

II – 관련 부품 탈거 작업

- 실런트 비드를 절단한다
- 리어 쿼터 패널 윈도우를 탈거한다.

장착

I – 관련 부품 장착 작업

- 리어 쿼터 패널 윈도우를 접착한다
- 간극 및 단차를 맞춘다.
- 탈거의 역순으로 장착한다.

윈도우
리어 글라스 : 탈거 - 장착

54A

J87

탈거

I - 탈거 준비 작업

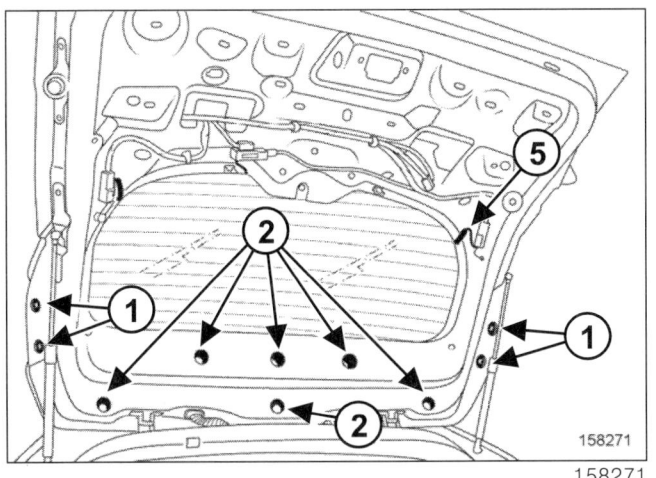

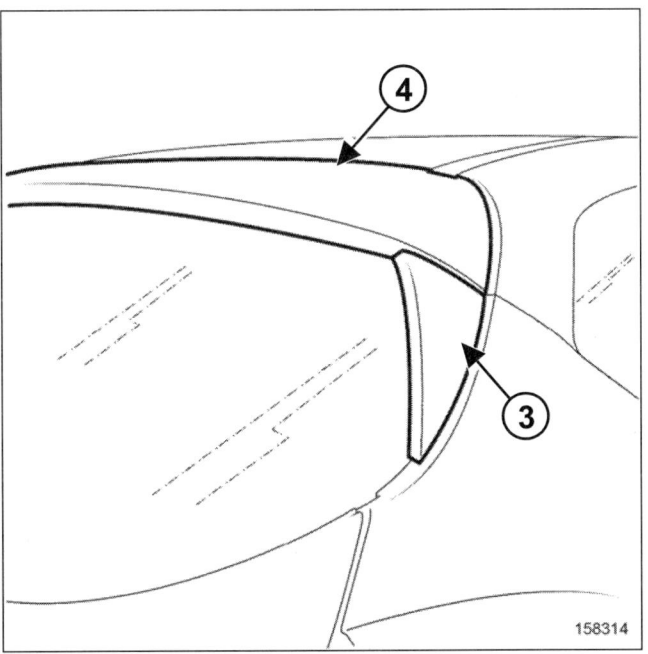

- 다음을 탈거한다 :
  - 테일게이트 피니셔 (73A, 사이드 도어 이외 트림, 테일 게이트 피니셔 : 탈거 - 장착 참조),
  - 리어 글라스 와이퍼 암 (MR 469 리페어 매뉴얼, 85A, 와이퍼 및 워셔, 와이퍼 및 워셔 : 구성부품 리스트 및 위치 참조),
  - 리어 글라스 와이퍼 모터 (MR 469 리페어 매뉴얼, 85A, 와이퍼 및 워셔, 와이퍼 및 워셔 : 구성부품 리스트 및 위치 참조),
  - 리어 글라스 사이드 트림 스크류 (1),
  - 리어 글라스 사이드 트림 (3),
  - 리어 오프닝 스포일러 스크류 (2).
  - 리어 오프닝 스포일러 (4).
- 다음을 분리한다 :
  - 리어 글라스 열선 커넥터 (5),
  - 안테나 앰프 커넥터.

II - 관련 부품 탈거 작업

- 마스킹 테이프를 사용하여 리어 글라스의 가장자리를 보호한다.
- 실런트 비드를 절단한다
- 리어 글라스를 탈거한다 (이 작업은 두 사람이 작업한다).

장착

I - 장착 준비 작업

- 상시 교체 부품 : 리어 글라스 조정 심.

II - 관련 부품 장착 작업

- 리어 윈도우를 접착한다.

> 참고 :
> 이 작업은 두 사람이 작업한다.

- 간극 및 단차를 맞춘다.

III - 최종 작업

- 탈거의 역순으로 장착한다.
- 기능 테스트를 수행한다.

54A-4

외장 보호 트림
프론트 범퍼 어셈블리 : 분해도

55A

J87

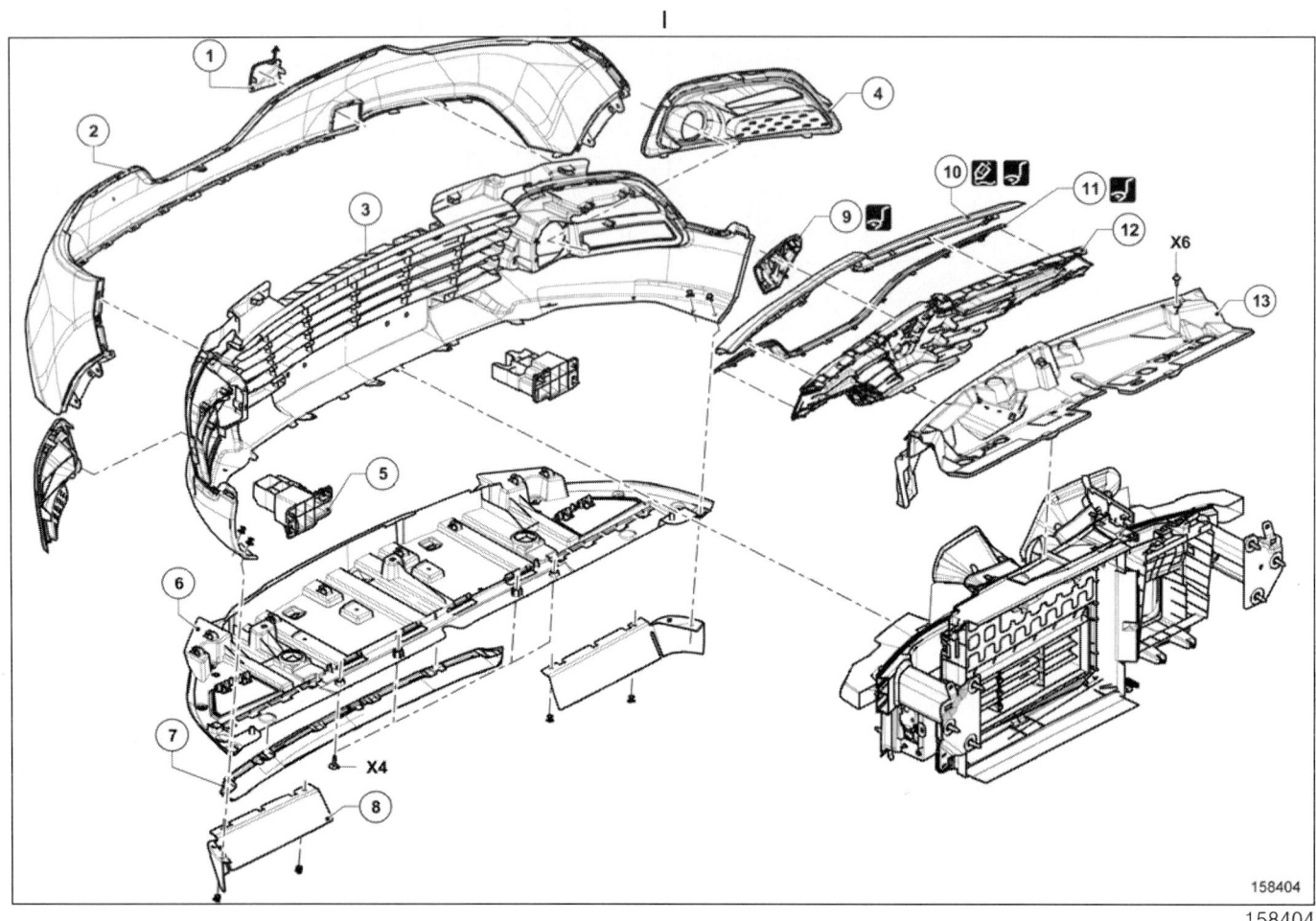

(MR 469 리페어 매뉴얼 , 01D, 기계적인 소개 , 그림 설명 : 설명 참조)

명시되지 않은 규정 토크로 조이는 경우 규정 토크 표를 참조한다 (MR 469 리페어 매뉴얼 , 01D, 기계적인 소개 , 규정 토크 : 일반 정보 참조).

표시	설명	정보
(1)	견인 고리 플랩	
(2)	프론트 범퍼	(55A, 외장 보호 트림 , 프론트 범퍼 : 탈거 – 장착 참조)
(3)	프론트 범퍼 로어 그릴	(55A, 외장 보호 트림 , 프론트 범퍼 : 분해 – 재조립 참조)
(4)	보조 헤드램프 트림	(55A, 외장 보호 트림 , 프론트 범퍼 : 분해 – 재조립 참조)
(5)	프론트 범퍼 쇽업소버	
(6)	프론트 범퍼 로어 디퓨져	(55A, 외장 보호 트림 , 프론트 범퍼 : 분해 – 재조립 참조)
(7)	에어로다이나믹 센터 구성부품	(55A, 외장 보호 트림 , 프론트 범퍼 : 분해 – 재조립 참조)
(8)	에어로다이나믹 사이드 구성부품	(55A, 외장 보호 트림 , 프론트 범퍼 : 분해 – 재조립 참조)
(9)	프론트 엠블렘	(55A, 외장 보호 트림 , 프론트 범퍼 : 분해 – 재조립 참조)
(10)	프론트 범퍼 어퍼 트림	(55A, 외장 보호 트림 , 프론트 범퍼 : 분해 – 재조립 참조)
(11)	프론트 범퍼 센터 트림	(55A, 외장 보호 트림 , 프론트 범퍼 : 분해 – 재조립 참조)

외장 보호 트림
프론트 범퍼 어셈블리 : 분해도

55A

J87		
표시	설명	정보
(12)	프론트 범퍼 에어 인렛 그릴	(55A, 외장 보호 트림 , 프론트 범퍼 : 분해 – 재조립 참조)
(13)	프론트 범퍼 에어 인렛 그릴 스티프너	(55A, 외장 보호 트림 , 프론트 범퍼 : 분해 – 재조립 참조)

외장 보호 트림
리어 범퍼 어셈블리 : 분해도

55A

J87

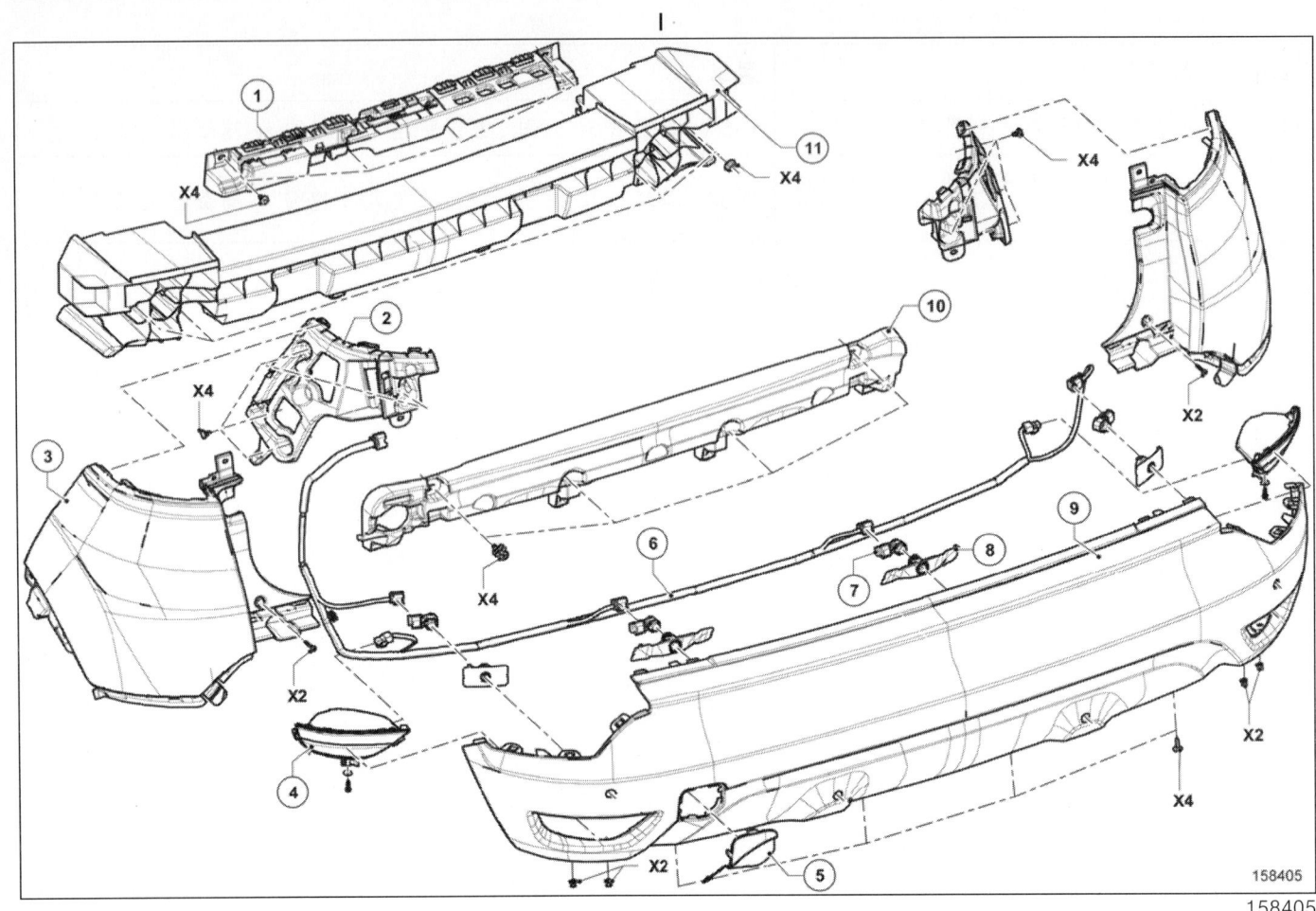

(MR 469 리페어 매뉴얼 , 01D, 기계적인 소개 , 그림 설명 : 설명 참조)

명시되지 않은 규정 토크로 조이는 경우 규정 토크 표를 참조한다 (MR 469 리페어 매뉴얼 , 01D, 기계적인 소개 , 규정 토크 : 일반 정보 참조).

표시	설명	정보
(1)	리어 범퍼 업소버	
(2)	리어 범퍼 마운팅	
(3)	리어 범퍼	(55A, 외장 보호 트림 , 리어 범퍼 : 탈거 – 장착 참조)
(4)	리플렉터	
(5)	견인 고리 플랩	
(6)	리어 범퍼 와이어링	
(7)	파킹 에이드 센서	(MR 469 리페어 매뉴얼 , 87F, 파킹 에이드 시스템 , 파킹 에이드 센서 : 구성부품 리스트 및 위치 참조)
(8)	파킹 에이드 센서 서포트	
(9)	리어 엔드 패널	(55A, 외장 보호 트림 , 리어 범퍼 : 탈거 – 장착 참조)
(10)	리어 범퍼 업소버	(55A, 외장 보호 트림 , 리어 범퍼 : 분해 – 재조립 참조)
(11)	리어 임팩트 업소버 유닛	

외장 보호 트림
외부 바디 프론트 트림 어셈블리 : 분해도

55A

J87

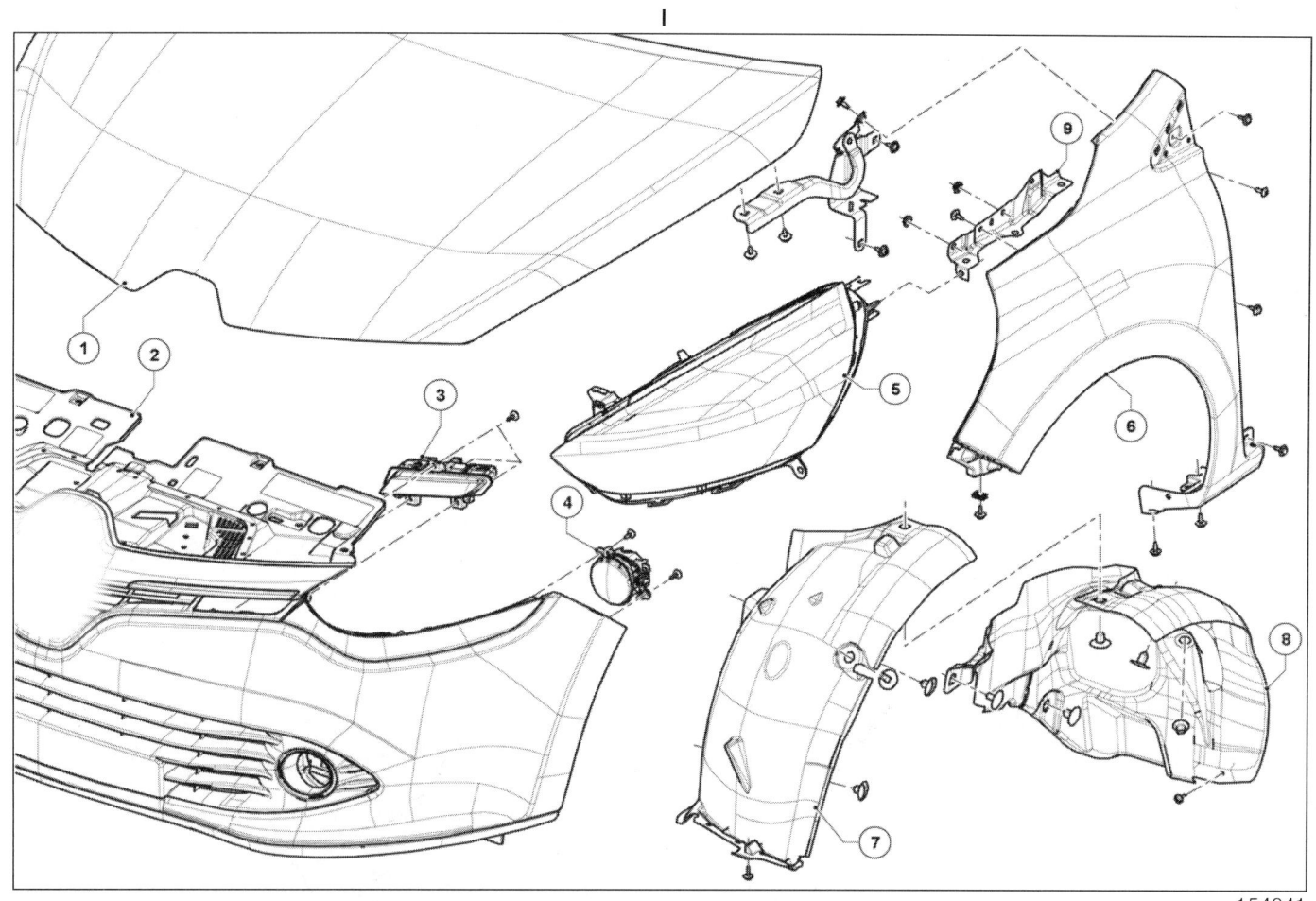

154941

(MR 469 리페어 매뉴얼, 01D, 기계적인 소개, 그림 설명 : 설명 참조)

명시되지 않은 규정 토크로 조이는 경우 규정 토크 표를 참조한다 (MR 469 리페어 매뉴얼, 01D, 기계적인 소개, 규정 토크 : 일반 정보 참조).

표시	설명	정보
(1)	후드	(48A, 사이드 도어 이외 패널, 후드 : 탈거 – 장착 참조)
(2)	프론트 범퍼 어셈블리	(55A, 외장 보호 트림, 프론트 범퍼 어셈블리 : 분해도 참조)
(3)	데이타임 런닝 램프	(MR 469 리페어 매뉴얼, 80B, 프론트 라이팅 시스템, 프론트 라이팅 시스템 어셈블리 : 분해도 참조)
(4)	포그 램프	(MR 469 리페어 매뉴얼, 80B, 프론트 라이팅 시스템, 프론트 라이팅 시스템 어셈블리 : 분해도 참조)
(5)	헤드 램프	(MR 469 리페어 매뉴얼, 80B, 프론트 라이팅 시스템, 프론트 라이팅 시스템 어셈블리 : 분해도 참조)
(6)	프론트 펜더	(42A, 프론트 어퍼 스트럭쳐, 프론트 펜더 : 탈거 – 장착 참조)
(7)	프론트 휠 아치 라이너, 프론트 섹션	
(8)	프론트 휠 아치 라이너, 리어 섹션	
(9)	프론트 펜더 어퍼 마운팅 서포트	(42A, 프론트 어퍼 스트럭쳐, 프론트 펜더 어퍼 마운팅 서포트 : 교환 참조)

외장 보호 트림
프론트 범퍼 : 탈거 – 장착

55A

J87

위치 및 사양 (규정 토크 , 항상 교환해야 하는 부품 등)(55A, 외장 보호 트림 , 프론트 범퍼 어셈블리 : 분해도 참조).

탈거

I – 탈거 준비 작업

- 차량을 2 주식 리프트에 위치시킨다 (02A, 리프팅 , 차량 : 견인 및 리프팅 참조).

- 다음을 탈거한다 :
  - 프론트 휠 (MR 469 리페어 매뉴얼 , 31A, 프론트 액슬 어셈블리 , 프론트 허브 캐리어 어셈블리 : 분해도 참조),
  - 프론트 펜더 익스텐더 (56A, 외장 장착 부품 , 외부 바디 사이드 트림 어셈블리 : 분해도 참조).

- 프론트 펜더 프로텍터의 프론트 섹션을 탈거한다 (55A, 외장 보호 트림 , 외부 바디 프론트 트림 어셈블리 : 분해도 참조).

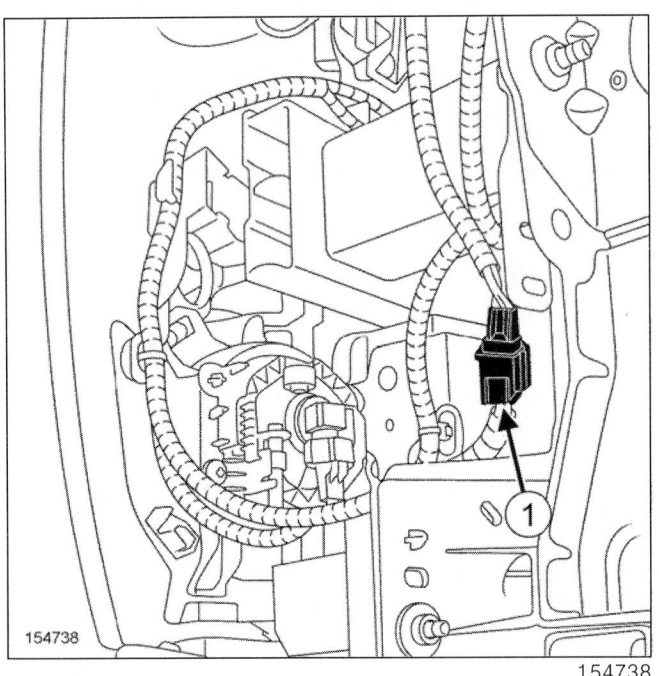

- 프론트 범퍼 와이어링 커넥터 (1) 를 탈거한다 .
- 프론트 범퍼 와이어링 커넥터를 분리한다 .

II – 관련 부품 탈거 작업

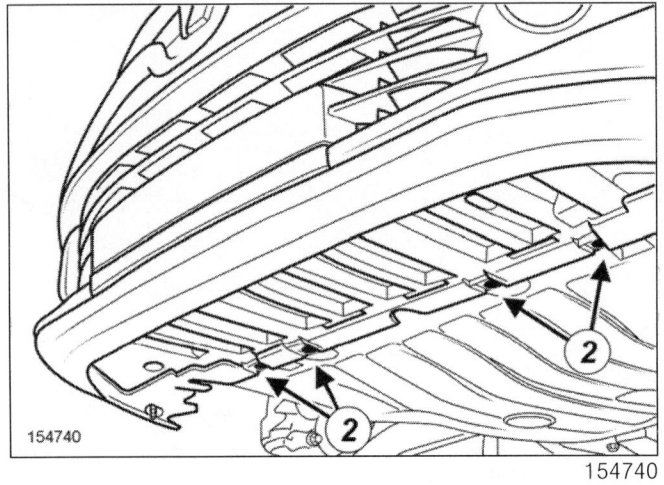

- 프론트 범퍼 로어 디퓨져 볼트 (2) 를 탈거한다 .

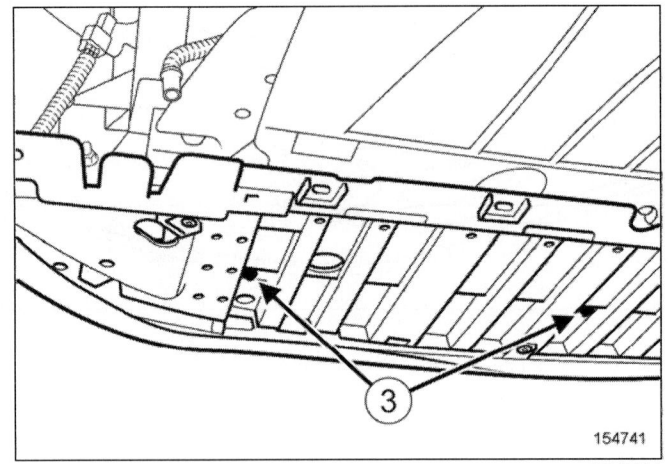

- 프론트 범퍼 로어 디퓨져 볼트 (3) 를 탈거한다 .

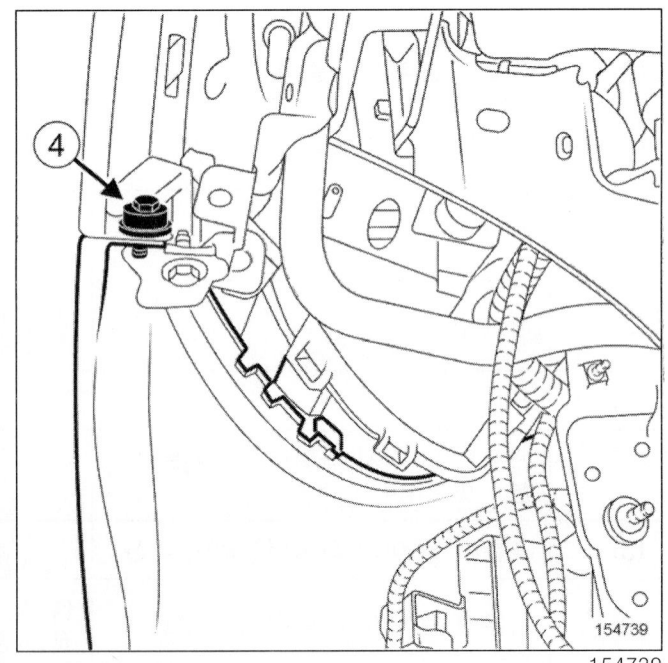

외장 보호 트림
프론트 범퍼 : 탈거 - 장착

55A

J87

❏ 프론트 범퍼 (4) 에서 사이드 볼트를 탈거한다.

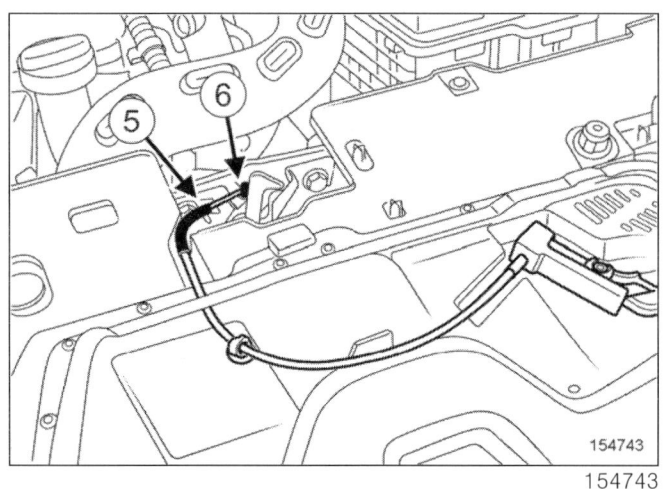

❏ 도어록 (5) 에서 후드 오프닝 케이블 록킹 플레이트를 탈거한다.

❏ 후드 오프닝 케이블 스톱 (6) 을 탈거한다.

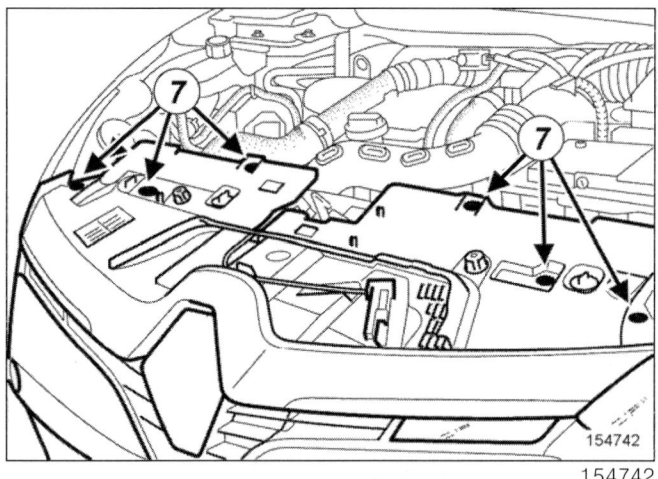

❏ 프론트 범퍼 어퍼 볼트 (7) 를 탈거한다.

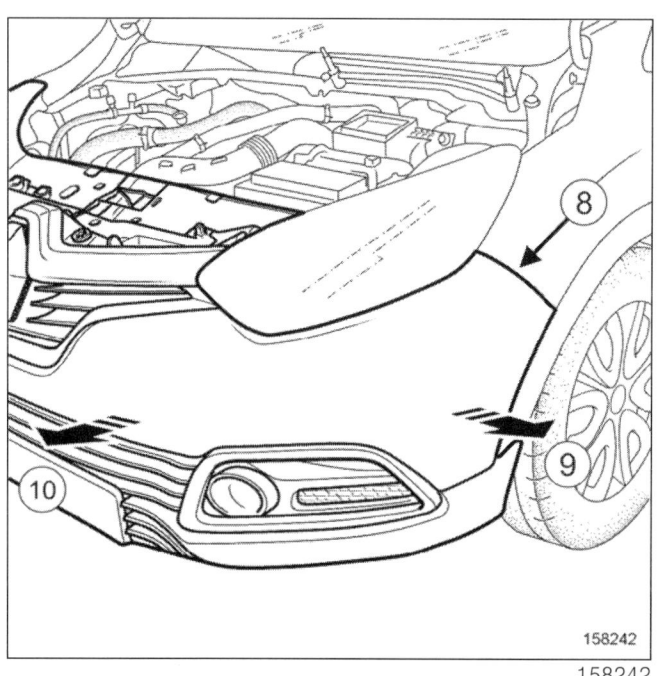

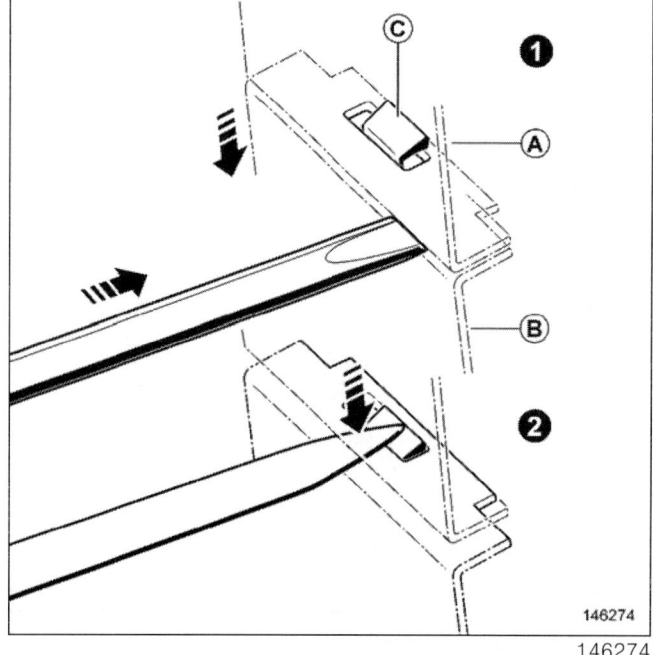

❏ (8) 의 러그를 눌러 프론트 범퍼 (9) 를 탈거한다.

❏ 프론트 범퍼의 어퍼 섹션을 약간 들어 올린다.

❏ 화살표 방향 (10) 에 따라 프론트 범퍼를 탈거한다.

❏ 프론트 범퍼를 탈거한다 (이 작업은 두 사람이 작업 한다).

장착

I - 관련 부품 장착 작업

❏ 탈거의 역순으로 장착한다.

❏ 기능 테스트를 수행한다.

외장 보호 트림
프론트 범퍼 : 분해 – 재조립

J87

위치 및 사양 (규정 토크 , 항상 교환해야 하는 부품 등)(55A, 외장 보호 트림 , 프론트 범퍼 어셈블리 : 분해도 참조).

분해

I – 분해 준비 작업

❏ 차량을 2 주식 리프트에 위치시킨다 (02A, 리프팅 , 차량 : 견인 및 리프팅 참조).

❏ 다음을 탈거한다 :
- 프론트 휠 (MR 469 리페어 매뉴얼 , 31A, 프론트 액슬 어셈블리 , 프론트 허브 캐리어 어셈블리 : 분해도 참조),
- 프론트 펜더 익스텐더 (56A, 외장 장착 부품 , 외부 바디 사이드 트림 어셈블리 : 분해도 참조),
- 프론트 펜더 프로텍터의 프론트 섹션 (55A, 외장 보호 트림 , 외부 바디 프론트 트림 어셈블리 : 분해도 참조),
- 프론트 범퍼 (55A, 외장 보호 트림 , 프론트 범퍼 어셈블리 : 분해도 참조).

II – 관련 부품 분해 작업

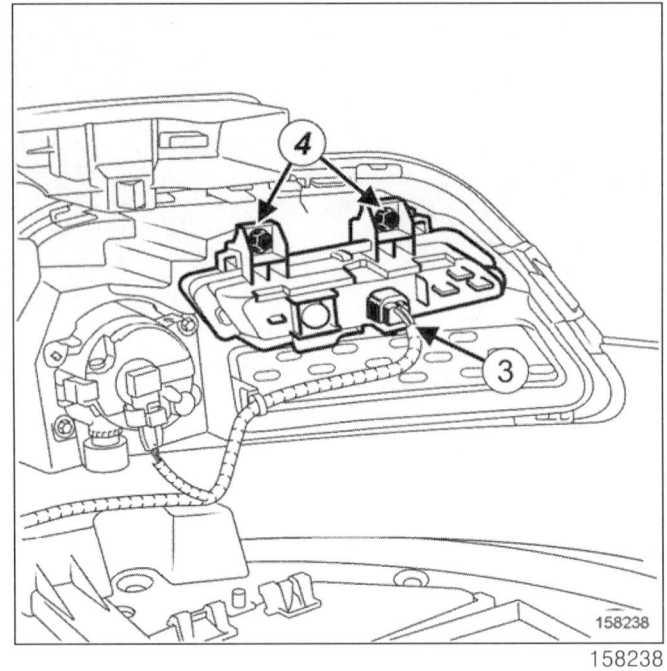

❏ 주간 주행등 커넥터 (3) 를 분리한다 .
❏ 다음을 탈거한다 :
- 주간 주행등 스크류 (4),
- 주간 주행등 .

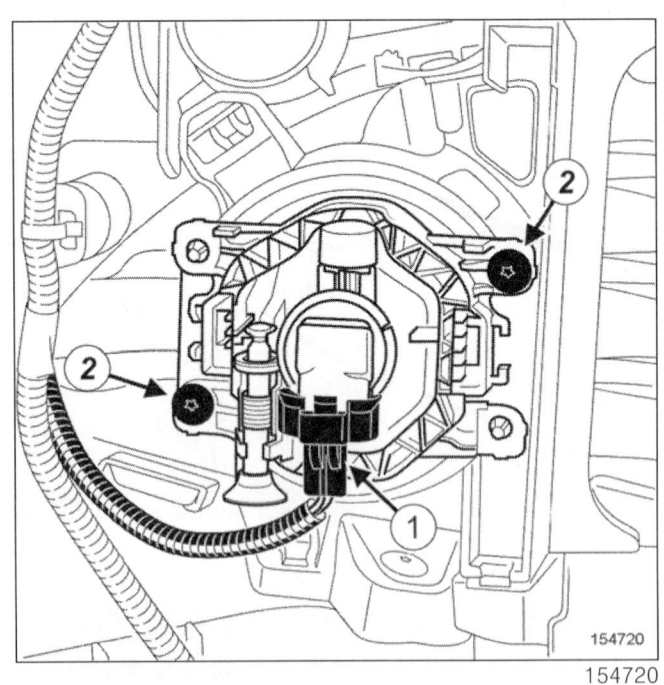

❏ 안개등 커넥터 (1) 를 분리한다 .
❏ 다음을 탈거한다 :
- 안개등 스크류 (2),
- 안개등 .

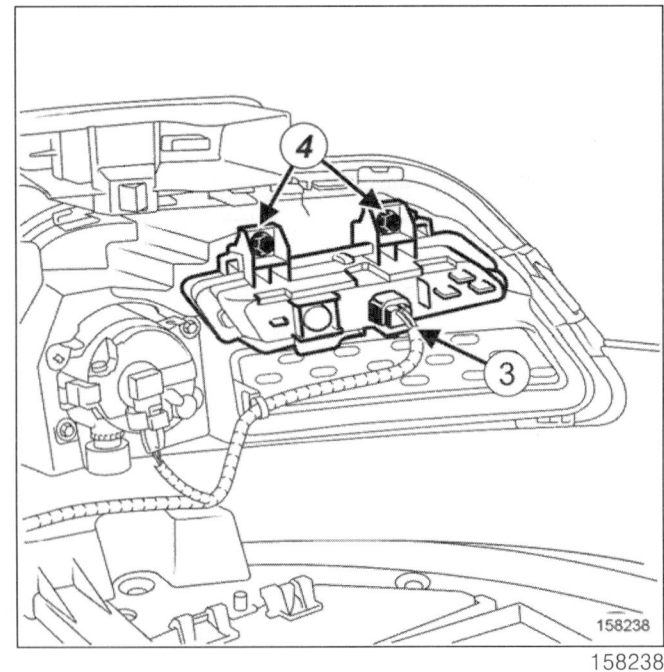

❏ (5) 에서 프론트 범퍼 와이어링을 탈거한다 .

55A-7

외장 보호 트림
프론트 범퍼 : 분해 – 재조립

55A

J87

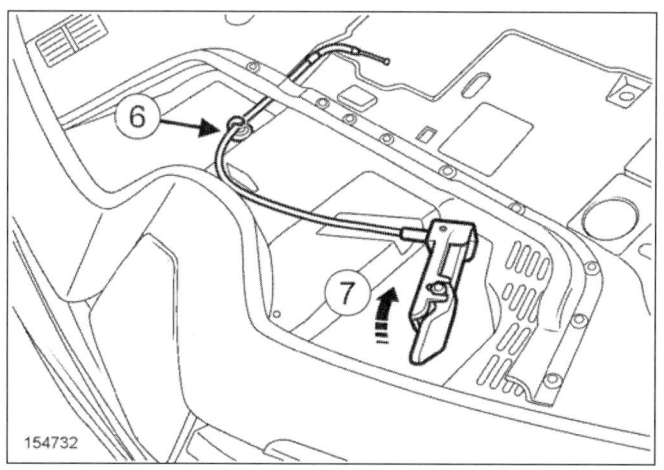

❏ 다음을 탈거한다 :

- 후드 릴리즈 컨트롤 (7),
- (6) 에서 후드 오프닝 케이블.

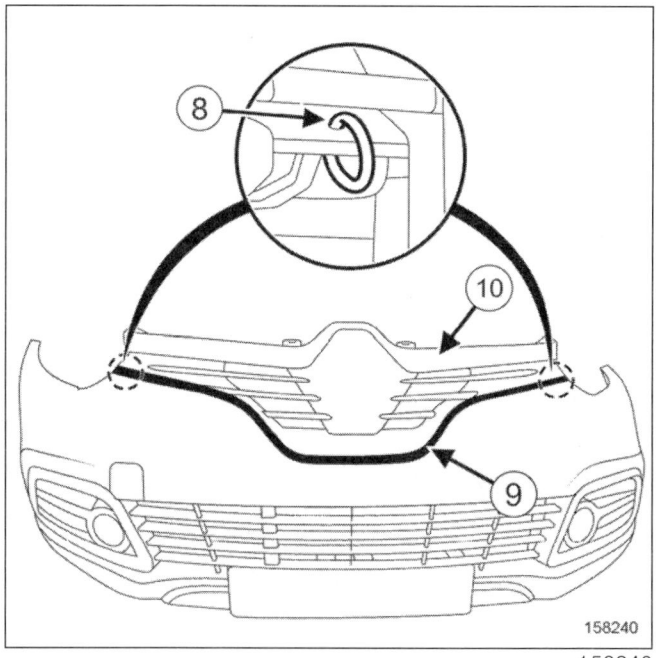

❏ 프론트 범퍼 에어 인렛 그릴 (8) 의 클립을 절단한다.

❏ 다음을 탈거한다 :

- 프론트 범퍼 에어 인렛 그릴 스티프너,
- 프론트 범퍼 에어 인렛 그릴,
- 프론트 범퍼 센터 트림 (9),
- 프론트 범퍼 어퍼 트림 (10).

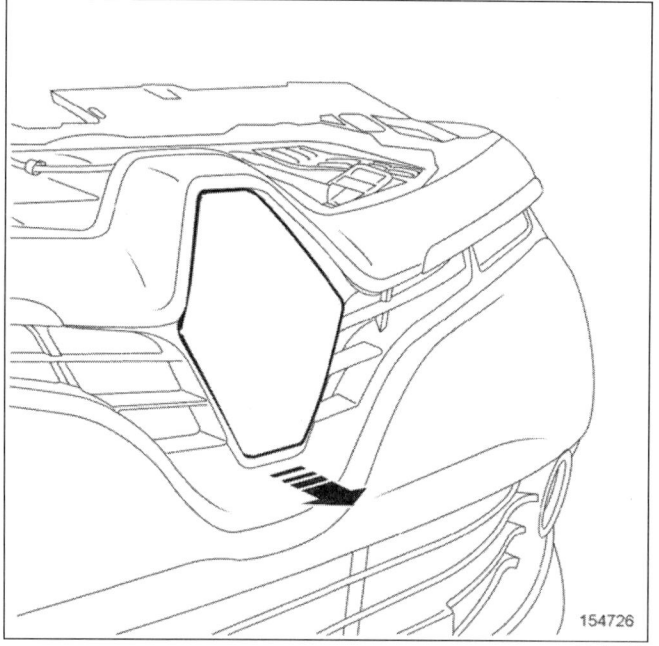

❏ 화살표 방향에 따라 프론트 엠블렘을 탈거한다.

❏ 프론트 범퍼 로어 디퓨져에서 리벳을 탈거한다 (55A, 외장 보호 트림, 프론트 범퍼 어셈블리 : 분해도 참조).

❏ 프론트 범퍼 로어 디퓨져를 탈거한다 (55A, 외장 보호 트림, 프론트 범퍼 어셈블리 : 분해도 참조).

❏ 프론트 범퍼 로어 디퓨져에서 에어로다이나믹 사이드 구성부품을 탈거한다 (55A, 외장 보호 트림, 프론트 범퍼 어셈블리 : 분해도 참조).

❏ 다음을 탈거한다 (55A, 외장 보호 트림, 프론트 범퍼 어셈블리 : 분해도 참조) :

- 프론트 범퍼 로어 그릴의 리벳,
- 프론트 범퍼의 프론트 범퍼 로어 그릴.

❏ 프론트 범퍼 로어 그릴에서 보조 헤드램프 트림을 탈거한다 (55A, 외장 보호 트림, 프론트 범퍼 어셈블리 : 분해도 참조).

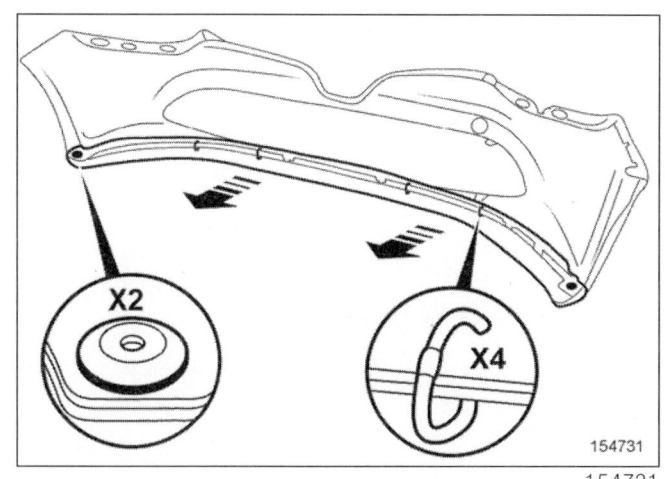

55A-8

외장 보호 트림
프론트 범퍼 : 분해 – 재조립

55A

J87

- 에어로다이나믹 센터 구성부품의 클립을 절단한다.
- 에어로다이나믹 센터 구성부품에서 리벳을 탈거한다.
- 프론트 범퍼 로어 그릴에서 에어로다이나믹 센터 구성부품을 탈거한다 (55A, 외장 보호 트림, 프론트 범퍼 어셈블리 : 분해도 참조).

재조립

I – 재조립 준비 작업
- 상시 교체 부품 : 프론트 범퍼 리벳을 사용한다.
- 상시 교체 부품 : 프론트 범퍼 클립을 사용한다.

II – 관련 부품 재조립 작업
- 탈거의 역순으로 장착한다.

외장 보호 트림
리어 범퍼 : 탈거 – 장착

55A

J87

위치 및 사양 (규정 토크 , 항상 교환해야 하는 부품 등)(55A, 외장 보호 트림 , 리어 범퍼 어셈블리 : 분해도 참조).

탈거

I – 탈거 준비 작업

- 차량을 2 주식 리프트에 위치시킨다 (02A, 리프팅 , 차량 : 견인 및 리프팅 참조).
- 리어 휠을 탈거한다 (33A, 리어 액슬 어셈블리 , 리어 허브 캐리어 어셈블리 : 분해도 참조).

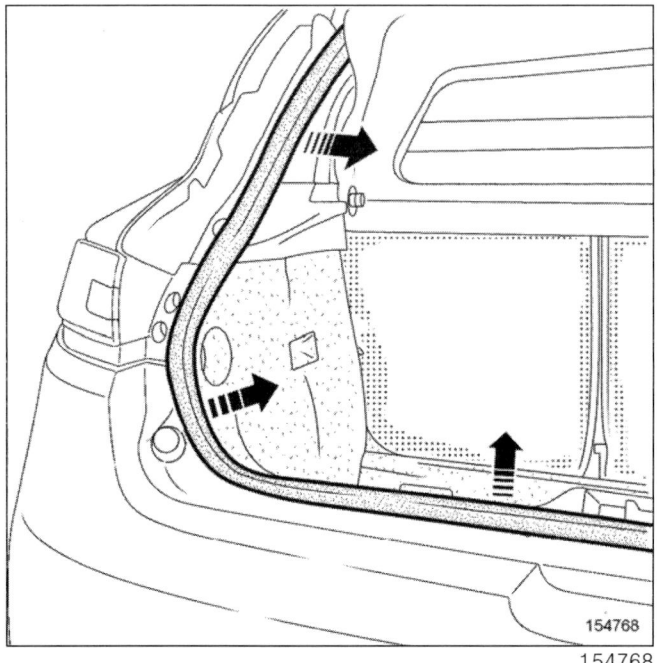

- 트렁크 웨더스트립을 한쪽으로 이동시킨다 .
- 리어 펜더 램프를 탈거한다 (MR 469 리페어 매뉴얼 , 81A, 리어 라이팅 시스템 , 리어 라이팅 시스템 어셈블리 : 분해도 참조).

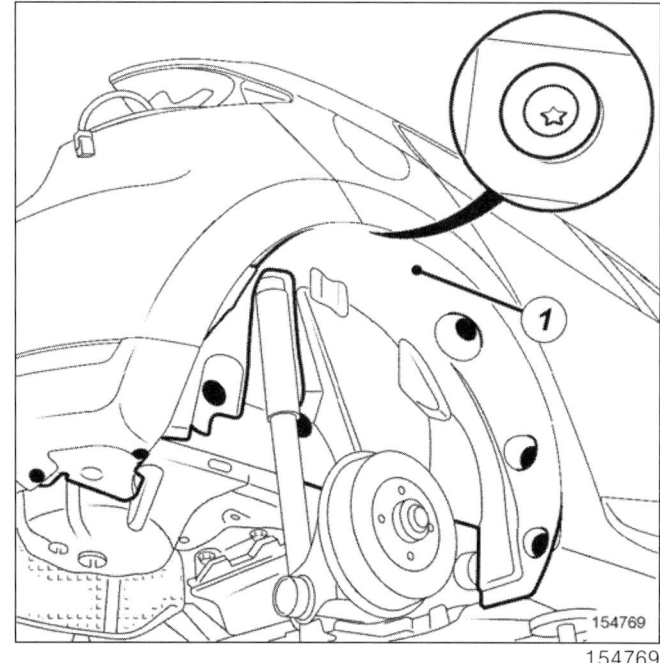

- 리어 펜더 프로텍터 (1) 를 탈거한다 .
- 리어 펜더 익스텐더를 탈거한다 (56A, 외장 장착 부품 , 외부 바디 사이드 트림 어셈블리 : 분해도 참조).

II – 관련 부품 탈거 작업

- 리어 범퍼 스크류를 탈거한다 (55A, 외장 보호 트림 , 리어 범퍼 어셈블리 : 분해도 참조).
- 리어 범퍼의 클립을 탈거한다 .
- 리어 범퍼를 부분적으로 탈거한다 (이 작업은 두 사람이 작업한다).
- 리어 범퍼 와이어링 커넥터를 분리한다 (55A, 외장 보호 트림 , 리어 범퍼 어셈블리 : 분해도 참조).
- 리어 범퍼를 탈거한다 (55A, 외장 보호 트림 , 리어 범퍼 어셈블리 : 분해도 참조) (이 작업은 두 사람이 작업한다).

장착

I – 관련 부품 장착 작업

- 탈거의 역순으로 장착한다 .
- 기능 테스트를 수행한다 .

외장 보호 트림
리어 범퍼 : 분해 – 재조립

55A

J87

위치 및 사양 (규정 토크 , 항상 교환해야 하는 부품 등)(55A, 외장 보호 트림 , 리어 범퍼 어셈블리 : 분해도 참조).

분해

I – 분해 준비 작업

❏ 차량을 2 주식 리프트에 위치시킨다 (02A, 리프팅 , 차량 : 견인 및 리프팅 참조).

❏ 다음을 탈거한다 :
  - 리어 휠 (MR 469 리페어 매뉴얼 , 33A, 리어 액슬 어셈블리 , 리어 허브 캐리어 어셈블리 : 분해도 참조),
  - 리어 펜더 프로텍터 ,
  - 리어 펜더 램프 (MR 469 리페어 매뉴얼 , 81A, 리어 라이팅 시스템 , 리어 라이팅 시스템 어셈블리 : 분해도 참조),
  - 리어 펜더 익스텐더 (56A, 외장 장착 부품 , 외부 바디 사이드 트림 어셈블리 : 분해도 참조),
  - 리어 범퍼 (55A, 외장 보호 트림 , 리어 범퍼 : 탈거 – 장착 참조).

II – 관련 부품 분해 작업

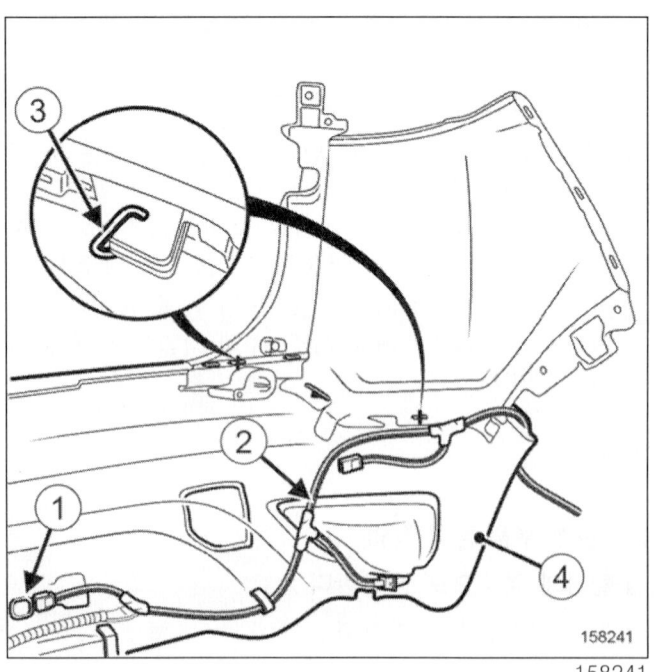

❏ 다음을 분리한다 :
  - 파킹 에이드 센서 커넥터 (1),
  - 안개등 ,
  - 후진등 .

❏ 다음을 탈거한다 (55A, 외장 보호 트림 , 리어 범퍼 어셈블리 : 분해도 참조):
  - 리어 범퍼 와이어링 (2).
  - 파킹 에이드 센서 (1),
  - 안개등 ,
  - 후진등 .

❏ 각 사이드에서 고정 클립 (3) 을 절단한다 .

❏ 리어 범퍼 엔드 패널 (4) 을 탈거한다 (55A, 외장 보호 트림 , 리어 범퍼 어셈블리 : 분해도 참조).

재조립

I – 재조립 준비 작업

❏ 상시 교체 부품 : 리어 범퍼 리벳 .

II – 관련 부품 재조립 작업

❏ 탈거의 역순으로 장착한다 .

외장 보호 트림
루프 레일 : 탈거 – 장착

55A

J87

위치 및 사양 (규정 토크 , 항상 교환해야 하는 부품 등)(56A, 외장 장착 부품 , 외부 바디 사이드 트림 어셈블리 : 분해도 참조).

탈거

I – 관련 부품 탈거 작업

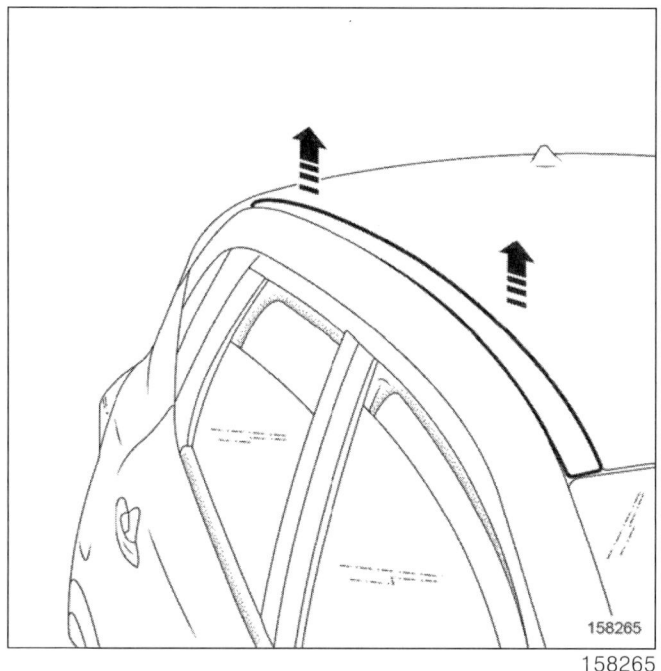

- 화살표 방향에 따라 루프 레일을 조심스럽게 탈거한다 .

장착

I – 장착 준비 작업

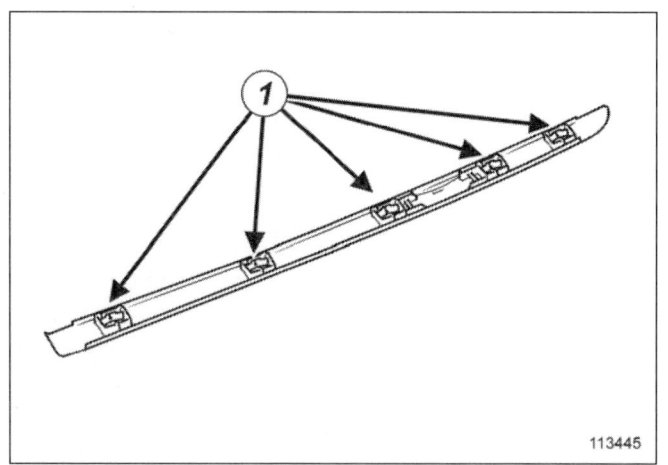

- 클립 (1) 의 상태를 점검하고 필요한 경우 교환한다 .

II – 관련 부품 장착 작업

- 전체 루프 몰딩을 장착한다 .

외장 보호 트림
장식 스트립 : 사전 주의사항

55A

J87

작업 환경 권장사항

장식 스트립은 다음 조건에 따라 장착해야 한다 :

> 참고 :
> 도장 작업을 수행한 경우, 장식 스트립은 도장한 지 48 시간이 지난 후 장착해야 한다.

- 온도는 15℃ 에서 30℃ 범위 이내,
- 손상을 막기 위해 차량과 장식 스트립은 6 시간에서 12 시간 정도 작업장에 보관한 후 사용해야 한다,
- 장식 스트립과 서포트 사이의 온도 차가 10℃ 를 넘지 않도록 한다,
- 장착 작업은 공기 흐름과 먼지가 없는 (준비 구역 혹은 도장실 내의) 장소에서 수행해야 한다,
- 장식 스트립을 여러 부위에 장착해야 하는 경우, 장착 순서등의 자세한 사항은 설치 지침을 참조한다,
- 장식 스트립을 장착한다,
- 장식 스트립의 크기에 따라 장착 작업에 두 사람이 필요할 수 있다 (예를 들어, 루프 패널 장식 스트립인 경우).

> 참고 :
> 작업 완료 후 48 시간이 지나기 전까지는 세차를 하지 않는다.

외장 보호 트림
프론트 엔드 패널 에어 인렛 컨트롤 밸브 어셈블리 : 분해도

55A

J87

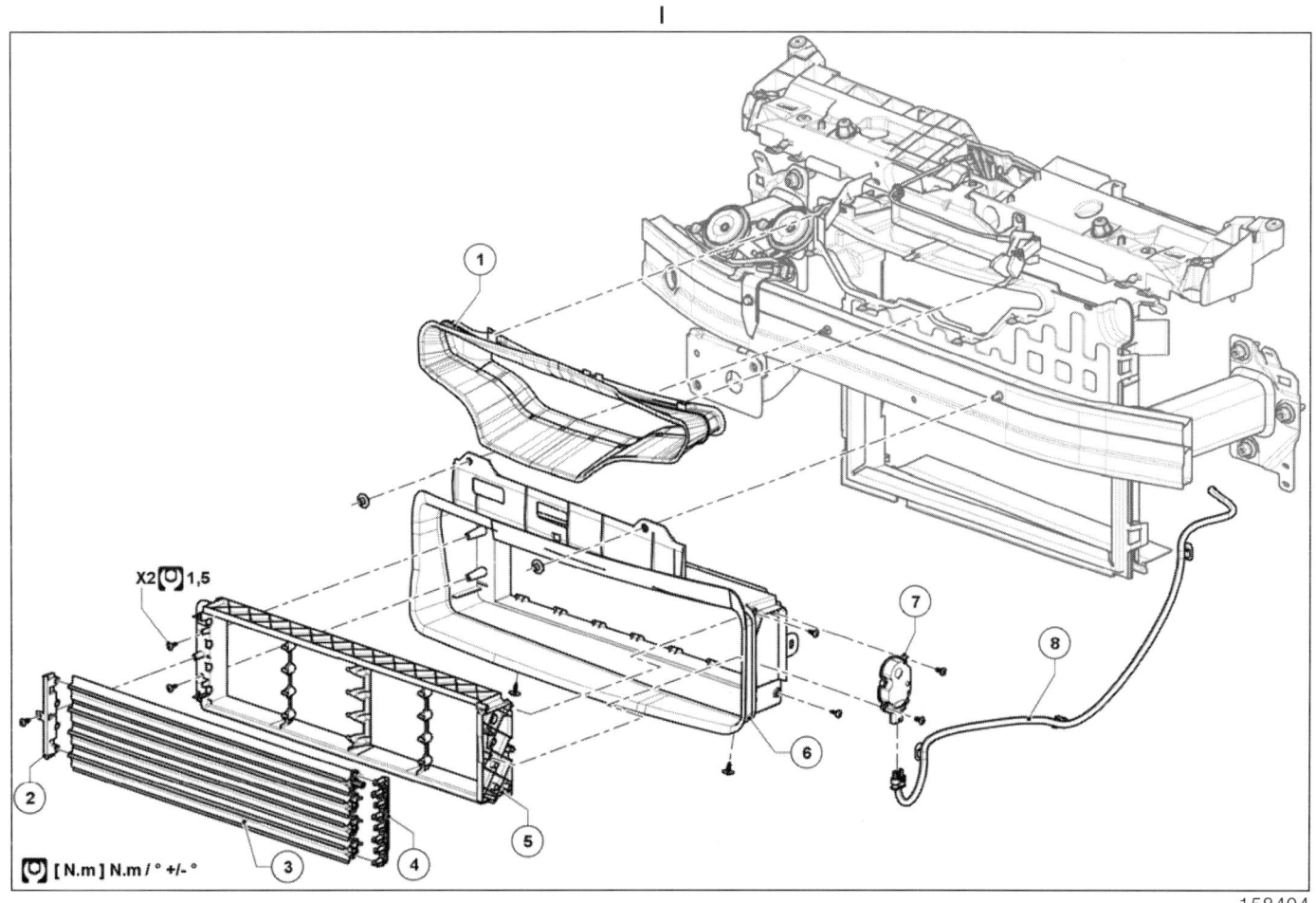

(MR 469 리페어 매뉴얼 , 01D, 기계적인 소개 , 그림 설명 : 설명 참조)

명시되지 않은 규정 토크로 조이는 경우 규정 토크 표를 참조한다 (MR 469 리페어 매뉴얼 , 01D, 기계적인 소개 , 규정 토크 : 일반 정보 참조).

표시	설명	정보
(1)	어퍼 에어 라디에이터 가이드	
(2)	플랩 브라켓	
(3)	플랩 키트	
(4)	플랩의 커플링 파트	
(5)	플랩 프레임	
(6)	로어 에어 라디에이터 가이드	
(7)	제어식 플랩 액추에이터	
(8)	제어식 플랩 액추에이터 와이어링	

외장 액세서리
외부 바디 사이드 트림 어셈블리 : 분해도

56A

J87

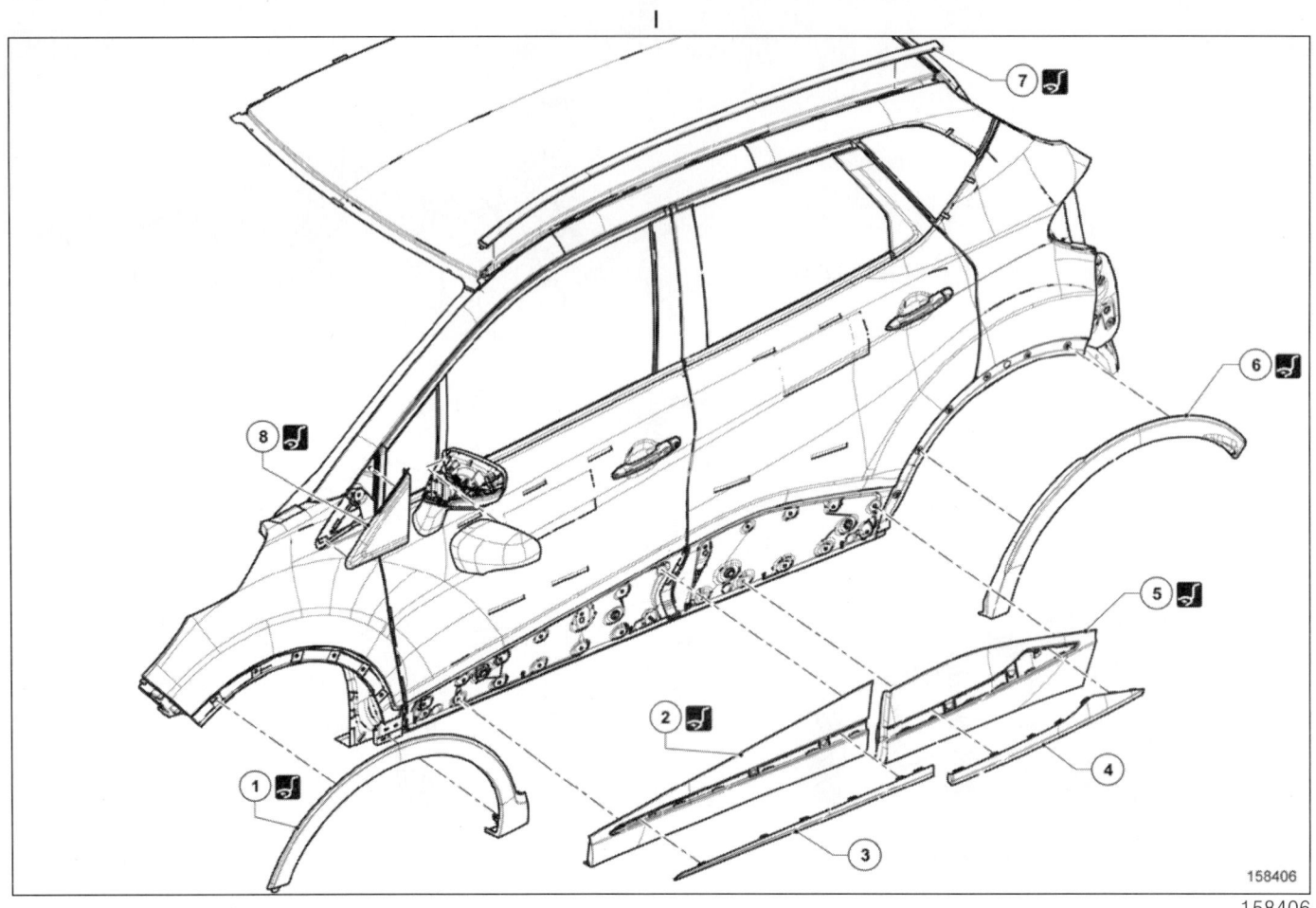

(MR 469 리페어 매뉴얼, 01D, 기계적인 소개, 그림 설명 : 설명 참조)

명시되지 않은 규정 토크로 조이는 경우 규정 토크 표를 참조한다 (MR 469 리페어 매뉴얼, 01D, 기계적인 소개, 규정 토크 : 일반 정보 참조).

표시	설명	정보
(1)	프론트 펜더 익스텐더	
(2)	프론트 사이드 도어 몰딩	
(3)	프론트 사이드 도어 몰딩의 트림	
(4)	리어 사이드 도어 몰딩의 트림	
(5)	리어 사이드 도어 몰딩	
(6)	리어 펜더 익스텐더	
(7)	루프 레일	(55A, 외장 보호 트림, 루프 레일 : 탈거 – 장착 참조)
(8)	프론트 펜더 어퍼 트림	

외장 액세서리
도어 미러 : 탈거 - 장착

56A

J87

탈거

I - 탈거 준비 작업

- 프론트 사이드 도어 트림을 탈거한다 (72A, 사이드 도어 트림, 프론트 사이드 도어 트림 : 탈거 - 장착 참조).

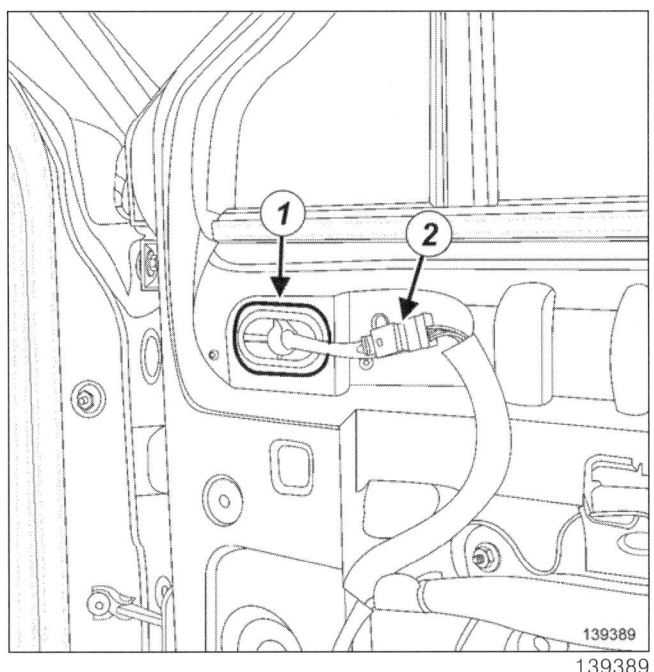

- 블랭킹 커버 (1) 를 탈거한다.
- 도어 미러 커넥터 (2) 를 분리한다.

II - 관련 부품 탈거 작업

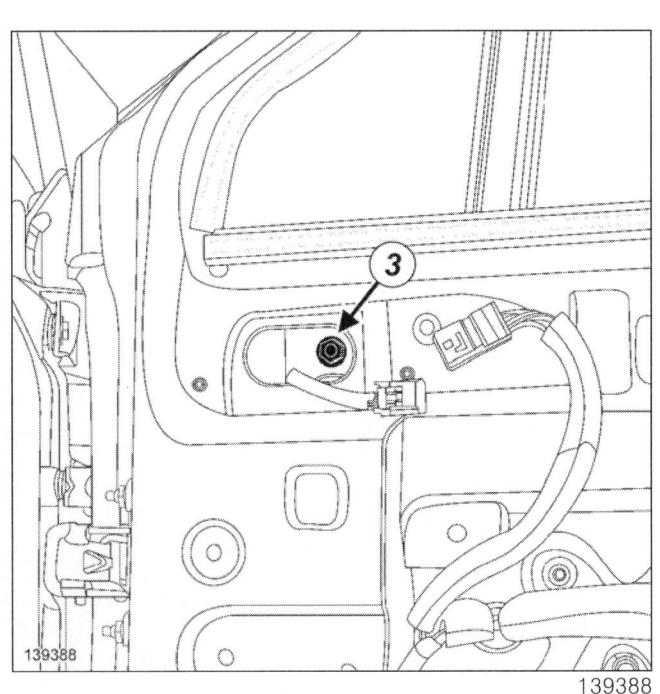

- 다음을 탈거한다 :
  - 도어 미러 너트 (3),
  - 도어 미러.
- 블랭킹 커버 (1) 를 탈거한다.
- 도어 미러 커넥터 (2) 를 분리한다.

교환 작업

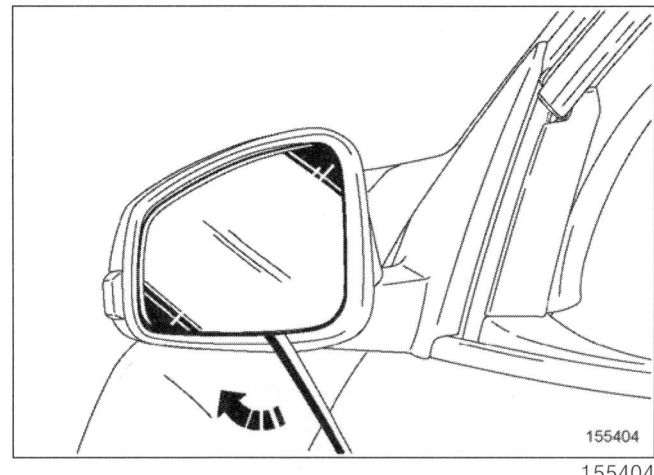

- 마스킹 테이프로 도어 미러의 가장자리를 보호한다.
- 도어 미러 글라스를 탈거한다.
- 커넥터를 분리한다.

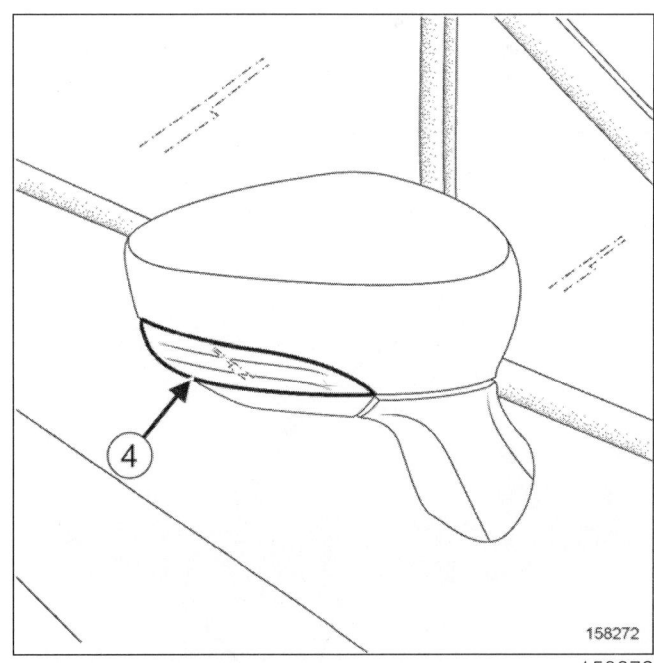

- 사이드 방향지시등 (4) 을 탈거한다.

외장 액세서리
도어 미러 : 탈거 – 장착

56A

J87

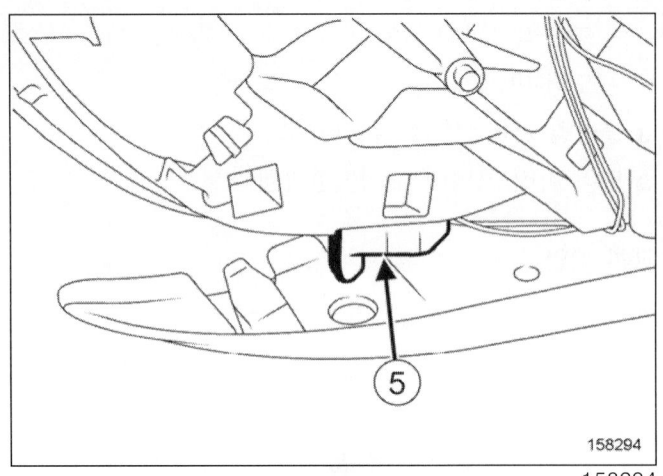

❏ 외기 온도 센서 (5) 를 탈거한다.

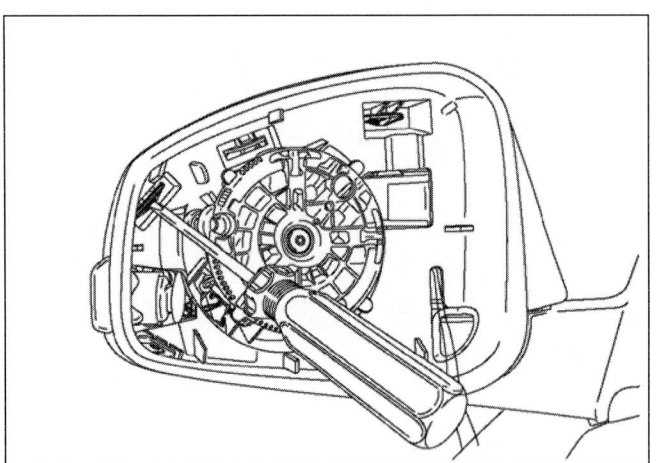

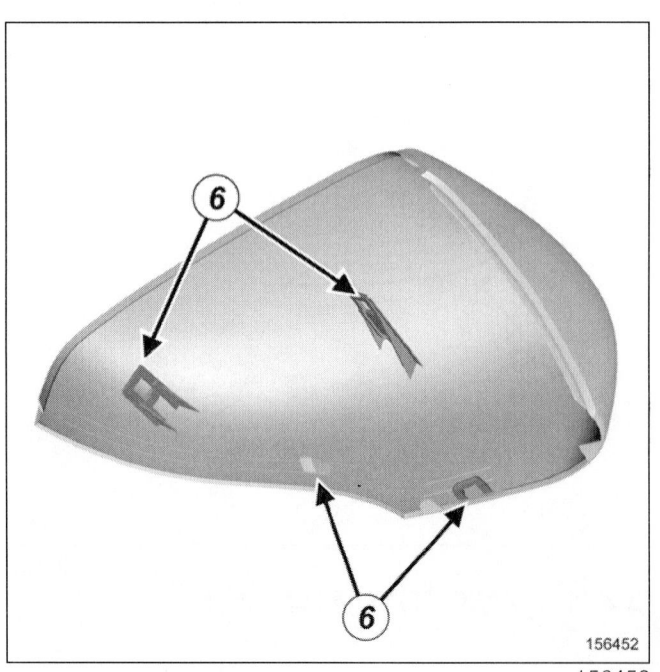

❏ (6) 에서 도어 미러 케이싱을 탈거한다.

❏ 도어 미러 케이싱을 탈거한다.

장착

I – 관련 부품 장착 작업

❏ 탈거의 역순으로 장착한다.

II – 최종 작업

❏ 기능 테스트를 수행한다.

외장 액세서리
카울 탑 커버 : 탈거 - 장착

56A

J87

탈거

I - 탈거 준비 작업

- 윈드실드 와이퍼 암을 탈거한다 (MR 469 리페어 매뉴얼, 85A, 와이퍼 및 워셔, 와이퍼 및 워셔 : 구성 부품 리스트 및 위치 참조).

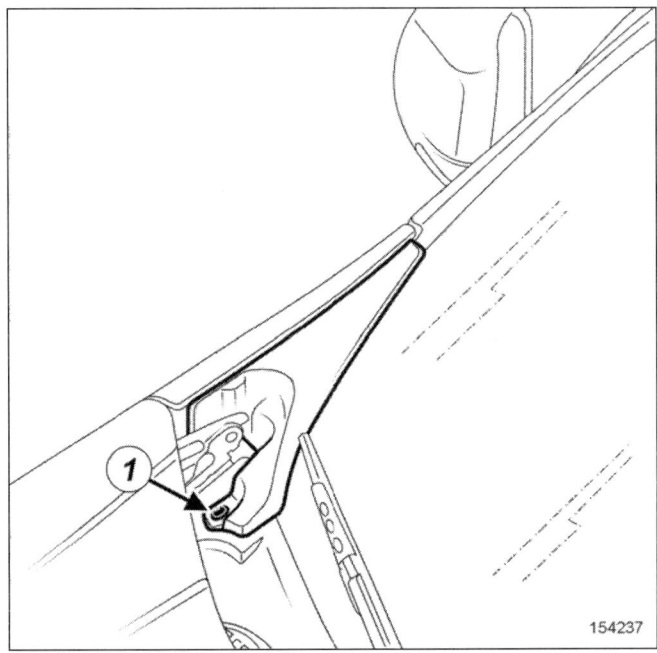

- 윈드실드 로어 사이드 트림 스크류 (1) 를 탈거한다.

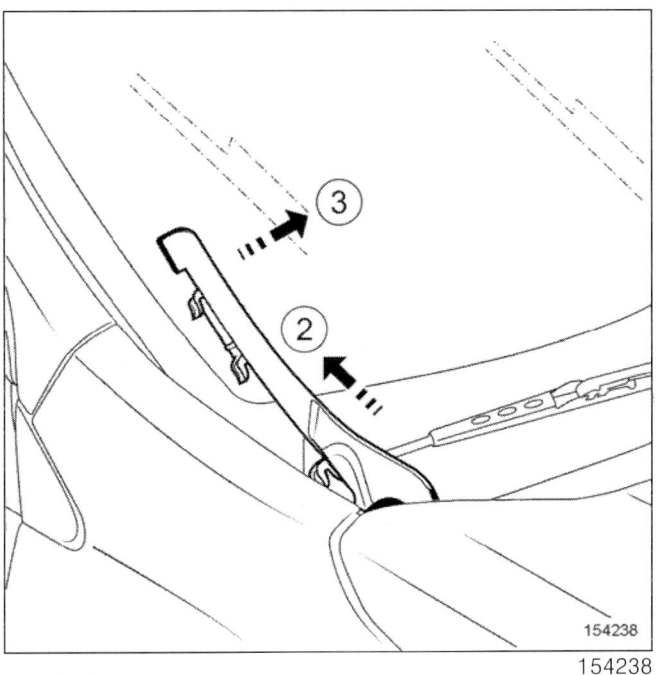

- 윈드실드 로어 사이드 트림을 (2) 에서 밀고 (3) 에서 당겨서 탈거한다.

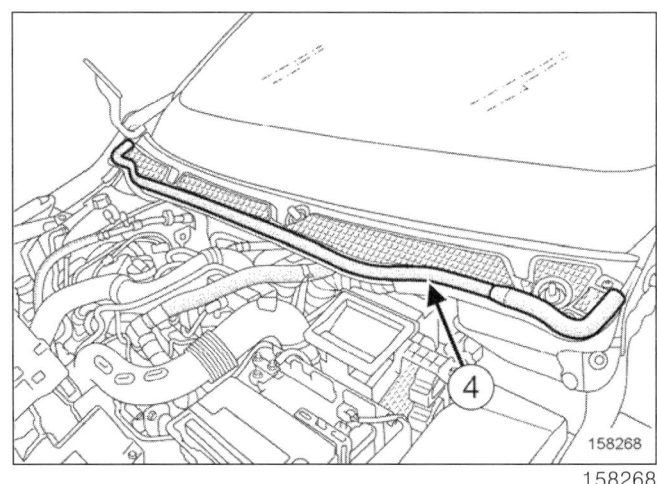

- 엔진룸 씰 (4) 을 탈거한다.

II - 관련 부품 탈거 작업

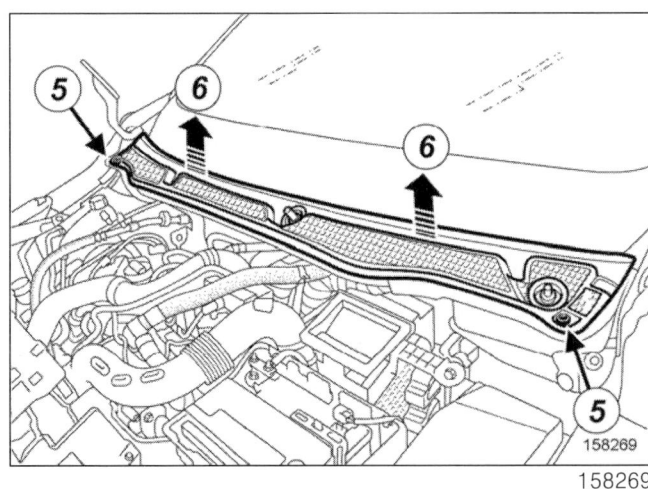

- 각 사이드에서 카울 탑 커버 스크류 (5) 를 탈거한다.
- 카울 탑 커버의 클립을 탈거한다.
- 화살표 방향 (6) 에 따라 카울 탑 커버를 탈거한다.

장착

I - 장착 준비 작업

-

> 참고 :
> 윈드실드와 카울 탑 커버가 청결한지 점검한 후 장착한다.

II - 관련 부품 장착 작업

- 탈거의 역순으로 장착한다.

내장 장착 부품
인스트루먼트 패널 어셈블리 : 분해도

57A

J87

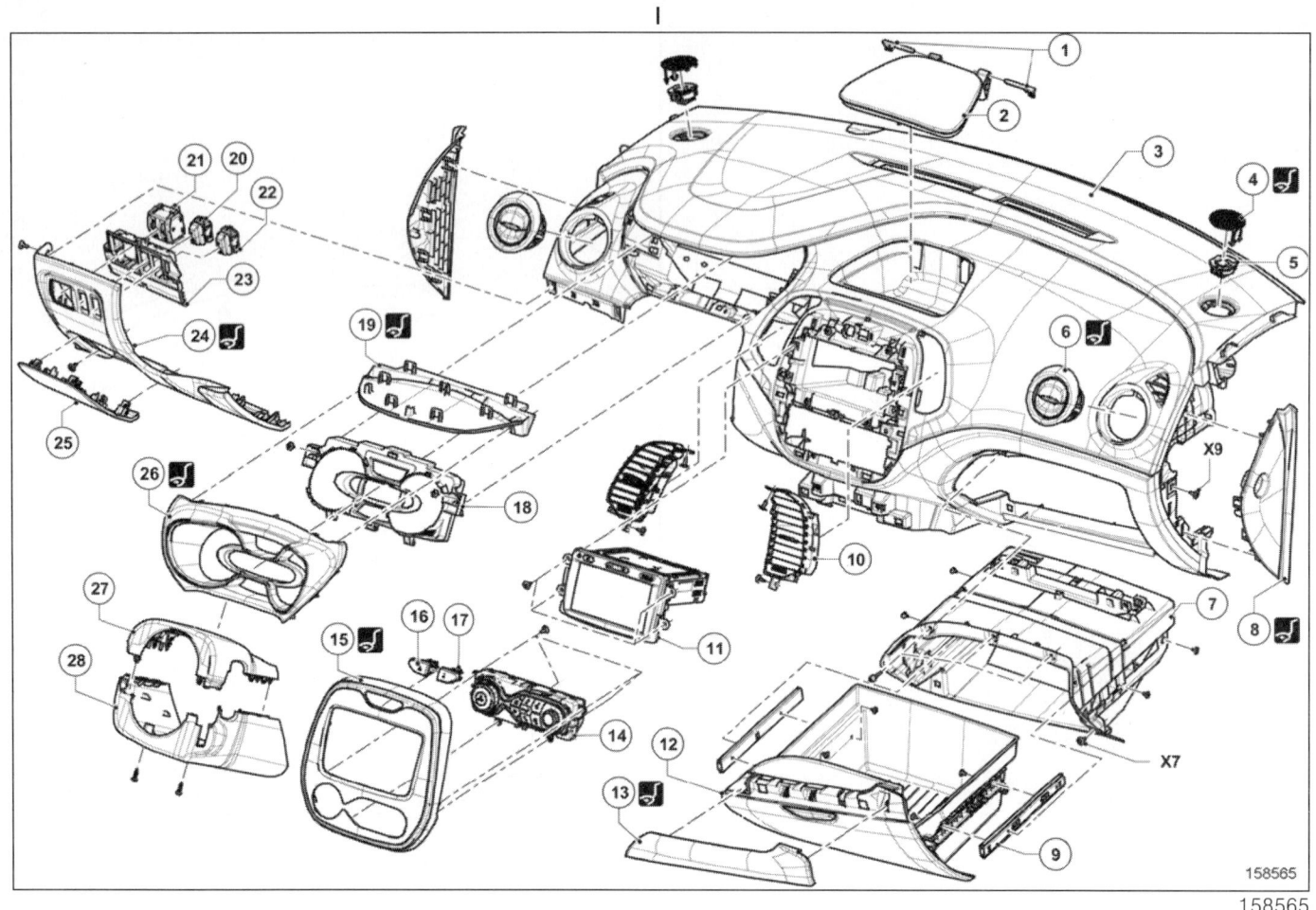

(MR 469 리페어 매뉴얼 , 01D, 기계적인 소개 , 그림 설명 : 설명 참조)

명시되지 않은 규정 토크로 조이는 경우 규정 토크 표를 참조한다 (MR 469 리페어 매뉴얼 , 01D, 기계적인 소개 , 규정 토크 : 일반 정보 참조).

표시	설명	정보
(1)	인스트루먼트 패널 스토리지 컴파트먼트 힌지	(57A, 내장 장착 부품 , 인스트루먼트 패널 : 분해 – 재조립 참조)
(2)	인스트루먼트 패널 스토리지 컴파트먼트 커버	(57A, 내장 장착 부품 , 인스트루먼트 패널 : 분해 – 재조립 참조)
(3)	인스트루먼트 패널	(57A, 내장 장착 부품 , 인스트루먼트 패널 : 탈거 – 장착 참조)
(4)	트위터 그릴	
(5)	트위터	
(6)	인스트루먼트 패널 사이드 에어 벤트	(57A, 내장 장착 부품 , 인스트루먼트 패널 사이드 에어 벤트 : 탈거 – 장착 참조)
(7)	글로브 박스 트레이	(57A, 내장 장착 부품 , 글로브 박스 : 탈거 – 장착 참조)
(8)	우측 인스트루먼트 패널 사이드 패널	
(9)	글로브 박스 러너	

내장 장착 부품
인스트루먼트 패널 어셈블리 : 분해도

57A

J87

표시	설명	정보
(10)	인스트루먼트 패널 센터 에어 벤트	
(11)	라디오 유닛	(MR 469 리페어 매뉴얼 , 86A, 라디오 , 라디오 : 구성부품 리스트 및 위치 참조)
(12)	글로브 박스	(57A, 내장 장착 부품 , 글로브 박스 : 탈거 – 장착 참조)
(13)	트림	
(14)	에어컨 컨트롤 패널	(MR 469 리페어 매뉴얼 , 61A, 히팅 시스템 , 실내 히팅 & 환기 시스템 어셈블리 : 분해도 참조)
(15)	인스트루먼트 패널 센터 프론트 패널 트림	(57A, 내장 장착 부품 , 센터 프론트 패널 : 탈거 – 장착 참조)
(16)	스위치	(MR 469 리페어 매뉴얼 , 84A, 스위치 장치 , 도어 록 및 비상등 스위치 : 탈거 – 장착 참조)
(17)	스위치	(MR 469 리페어 매뉴얼 , 84A, 스위치 장치 , 도어 록 및 비상등 스위치 : 탈거 – 장착 참조)
(18)	컴비네이션 미터	(MR 469 리페어 매뉴얼 , 83A, 컴비네이션 미터 , 컴비네이션 미터 : 탈거 – 장착 참조)
(19)	컴비네이션 미터 바이저 트림	
(20)	스위치	(MR 469 리페어 매뉴얼 , 84A, 스위치 장치 , 실내 스위치 : 구성 부품 리스트 및 위치 참조)
(21)	스위치	(MR 469 리페어 매뉴얼 , 84A, 스위치 장치 , 실내 스위치 : 구성 부품 리스트 및 위치 참조)
(22)	스위치	(MR 469 리페어 매뉴얼 , 84A, 스위치 장치 , 실내 스위치 : 구성 부품 리스트 및 위치 참조)
(23)	스위치 플레이트	
(24)	인스트루먼트 패널 로어 트림	
(25)	퓨즈 플랩	
(26)	컴비네이션 미터 트림	
(27)	스티어링 휠 아래 쉘	
(28)	스티어링 휠 아래 쉘	

내장 장착 부품
인스트루먼트 패널 : 탈거 – 장착

57A

J87

규정 토크	
인스트루먼트 패널 크로스 멤버의 조수석 프론트 에어백 볼트	12 N.m

위치 및 사양 (규정 토크 , 항상 교환해야 하는 부품 등) (57A, 내장 장착 부품 , 인스트루먼트 패널 어셈블리 : 분해도 참조).

탈거

I – 탈거 준비 작업

❑ 배터리 단자를 분리한다 (MR 469 리페어 매뉴얼 , 80A, 배터리 , 배터리 : 탈거 – 장착 참조).

❑ 다음을 탈거한다 :
- 프론트 도어 웨더스트립 (71A, 인테리어 트림 , 내부 바디 사이드 트림 어셈블리 : 분해도 참조),
- 프론트 필러 가니쉬 (71A, 인테리어 트림 , 내부 바디 사이드 트림 어셈블리 : 분해도 참조),
- 우측 인스트루먼트 패널 사이드 패널 (57A, 내장 장착 부품 , 인스트루먼트 패널 어셈블리 : 분해도 참조),
- 글로브 박스 (57A, 내장 장착 부품 , 인스트루먼트 패널 어셈블리 : 분해도 참조),
- 에어백 인히비터 스위치 (MR 469 리페어 매뉴얼 , 84A, 스위치 장치 , 실내 스위치 : 구성부품 리스트 및 위치 참조),
- 센터 콘솔 (57A, 내장 장착 부품 , 센터 콘솔 : 탈거 – 장착 참조),
- 카드 리더 (MR 469 리페어 매뉴얼 , 82A, 이모빌라이저 시스템 , 이모빌라이저 시스템 : 구성부품 리스트 및 위치 참조),

도어 오프닝 시스템

❑ 프론트 스타팅 안테나 커넥터를 분리한다 .

❑ 다음을 탈거한다 :
- 센터 프론트 패널 (57A, 내장 장착 부품 , 인스트루먼트 패널 어셈블리 : 분해도 참조),
- 비상등 및 센터 도어 컨트롤 (MR 469 리페어 매뉴얼 , 84A, 스위치 장치 , 도어 록 및 비상등 스위치 : 탈거 – 장착 참조),
- 에어컨 컨트롤 패널 (57A, 내장 장착 부품 , 인스트루먼트 패널 어셈블리 : 분해도 참조),
- 내비게이션 라디오 시스템 , 라디오 또는 라디오 디스플레이 (MR 469 리페어 매뉴얼 , 83C, 내비게이션 시스템 , 내비게이션 : 구성부품 리스트 및 위치 참조) 및 (MR 469 리페어 매뉴얼 , 86A, 라디오 , 라디오 : 구성부품 리스트 및 위치 참조).

❑ 멀티미디어 네트워크 인터페이스 유닛을 탈거한다 (MR 469 리페어 매뉴얼 , 83C, 내비게이션 시스템 , 내비게이션 : 구성부품 리스트 및 위치 참조) (차량 옵션에 따라 다름).

❑ 다음을 탈거한다 :
- 인스트루먼트 패널 로어 트림 (57A, 내장 장착 부품 , 인스트루먼트 패널 어셈블리 : 분해도 참조),
- 조수석 센터 유닛 (MR 469 리페어 매뉴얼 , 87B, 바디 컨트롤 시스템 , BCM: 탈거 – 장착 참조),
- 운전석 프론트 에어백 (MR 469 리페어 매뉴얼 , 88C, 에어백 및 프리텐셔너 , 운전석 프론트 에어백 : 탈거 – 장착 참조),
- 스티어링 휠 (MR 469 리페어 매뉴얼 , 36A, 스티어링 기어 어셈블리 , 스티어링 어셈블리 : 분해도 참조),
- 스티어링 휠 아래 쉘 (57A, 내장 장착 부품 , 인스트루먼트 패널 어셈블리 : 분해도 참조),
- 스티어링 칼럼 스위치 어셈블리 (MR 469 리페어 매뉴얼 , 84A, 스위치 장치 , 스위치 장치 : 구성부품 리스트 및 위치 참조),
- 좌측 인스트루먼트 패널 사이드 패널 (57A, 내장 장착 부품 , 인스트루먼트 패널 어셈블리 : 분해도 참조),
- 컴비네이션 미터 바이저의 트림 (57A, 내장 장착 부품, 인스트루먼트 패널 어셈블리: 분해도 참조),
- 컴비네이션 미터 트림 (57A, 내장 장착 부품 , 인스트루먼트 패널 어셈블리 : 분해도 참조),
- 컴비네이션 미터 (57A, 내장 장착 부품 , 인스트루먼트 패널 어셈블리 : 분해도 참조),
- 인스트루먼트 패널 어퍼 섹션에서 트위터 (57A, 내장 장착 부품 , 인스트루먼트 패널 어셈블리 : 분해도 참조).

내장 장착 부품
인스트루먼트 패널 : 탈거 – 장착

57A

J87

II - 관련 부품 탈거 작업

대시보드에서 본 모습

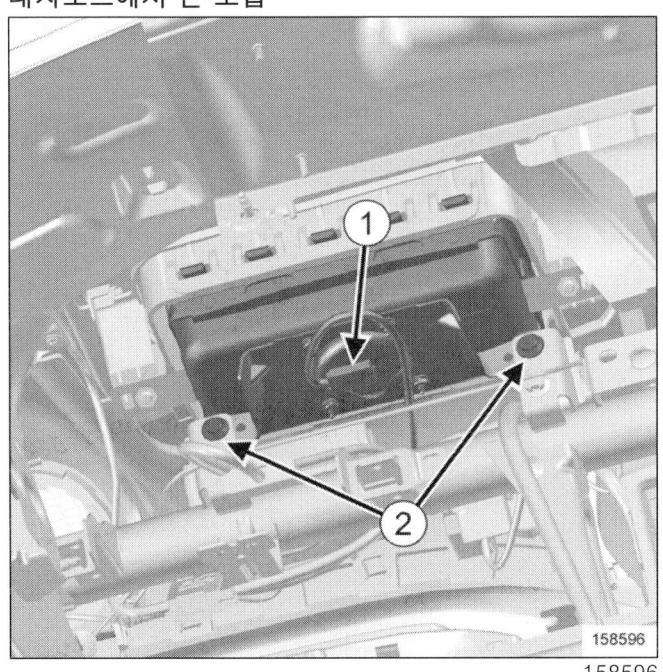

158596

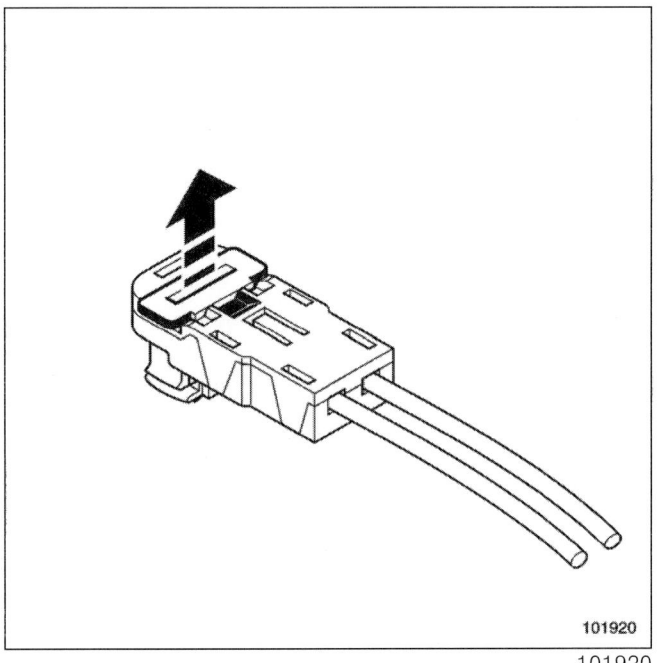

101920

- 안전 장치를 탈거하여 에어백 모듈 커넥터 (1) 를 분리한다.
- 에어백 모듈을 인스트루먼트 패널 크로스 멤버에 장착하는 볼트 (2) 를 탈거한다.

> 참고 :
> 볼트 헤드는 대시보드 쪽에 위치한다.

- 인스트루먼트 패널 스크류를 탈거한다 (57A, 내장 장착 부품, 인스트루먼트 패널 어셈블리 : 분해도 참조).
- 인스트루먼트 패널을 한쪽으로 약간 이동시킨다.

> 주의
> 장착 작업 후 소음 발생, 심각한 마모, 회로 단락 등을 방지하기 위해 와이어링 경로 및 커넥터 연결 방법을 표시한다.

- 인스트루먼트 패널을 탈거한다 (이 작업은 두 사람이 작업한다).

장착

I - 관련 부품 장착 작업

-

> 주의
> 장착 시 와이어링의 손상을 방지하기 위해 원래의 와이어링 경로를 확인한다.

- 탈거 작업 중 표시한 위치에 와이어링을 장착한다.
- 인스트루먼트 패널을 장착한다 (이 작업은 두 사람이 작업한다).

> 주의
> 적절한 전기 접속을 보장하기 위해 커넥터나 주변 구성부품에 배선 부하가 발생하지 않도록 주의한다 :

- 인스트루먼트 패널 스크류를 장착한다 (57A, 내장 장착 부품, 인스트루먼트 패널 어셈블리 : 분해도 참조).
- **인스트루먼트 패널 크로스 멤버의 조수석 프론트 에어백 볼트를 규정 토크 (12N.m) 로 조인다.**
- 조수석 프론트 에어백 커넥터를 연결한다.
- 조수석 프론트 에어백 커넥터를 잠근다.

II - 최종 작업

- 탈거의 역순으로 장착한다.
- 모든 기능 테스트를 수행한다.

내장 장착 부품
인스트루먼트 패널 : 분해 – 재조립

57A

J87

경고

수리 작업 전 시스템 손상의 우려가 있는 모든 위험을 방지하기 위해 안전, 청결 지침 및 작업에 대한 가이드라인을 확인한다 :
- (MR 469 리페어 매뉴얼, 88C, 에어백 및 프리텐셔너, 에어백 및 프리텐셔너: 사전 주의사항 참조),
- (MR 469 리페어 매뉴얼, 01D, 기계적인 소개, 차량 : 사전 주의사항 참조).

경고

점화 구성부품 (에어백 또는 프리텐셔너) 의 오작동을 방지하기 위해 열원 또는 화염 근처에서 관련 부품을 취급하지 않도록 한다.

위치 및 사양 (규정 토크, 항상 교환해야 하는 부품 등) (57A, 내장 장착 부품, 인스트루먼트 패널 어셈블리 : 분해도 참조).

분해

I – 분해 준비 작업

- 배터리 단자를 분리한다 (MR 469 리페어 매뉴얼, 80A, 배터리, 배터리 : 탈거 – 장착 참조).
- 인스트루먼트 패널을 탈거한다 (57A, 내장 장착 부품, 인스트루먼트 패널 : 탈거 – 장착 참조).

II – 관련 부품 분해 작업

도어 오프닝 시스템

- 프론트 스타팅 안테나를 인스트루먼트 패널에서 탈거한다.

- 다음을 탈거한다 :
  - 조수석 프론트 에어백 (MR 469 리페어 매뉴얼, 88C, 에어백 및 프리텐셔너, 조수석 프론트 에어백 : 탈거 – 장착 참조),
  - 인스트루먼트 패널 센터 에어 벤트 (57A, 내장 장착 부품, 인스트루먼트 패널 어셈블리 : 분해도 참조),
  - 인스트루먼트 패널 사이드 에어 벤트 (57A, 내장 장착 부품, 인스트루먼트 패널 사이드 에어 벤트 : 탈거 – 장착 참조),
  - 인스트루먼트 패널 스토리지 컴파트먼트 힌지 (57A, 내장 장착 부품, 인스트루먼트 패널 어셈블리 : 분해도 참조),
  - 인스트루먼트 패널 스토리지 컴파트먼트 커버 (57A, 내장 장착 부품, 인스트루먼트 패널 어셈블리 : 분해도 참조).

재조립

I – 관련 부품 재조립 작업

- 탈거의 역순으로 장착한다.

내장 장착 부품
인스트루먼트 패널 사이드 에어 벤트 : 탈거 – 장착

57A

J87

위치 및 사양 (규정 토크 , 항상 교환해야 하는 부품 등) (57A, 내장 장착 부품 , 인스트루먼트 패널 어셈블리 : 분해도 참조).

탈거

I – 탈거 준비 작업

- 배터리 단자를 분리한다 (MR 469 리페어 매뉴얼 , 80A, 배터리 , 배터리 : 탈거 – 장착 참조).
- 다음을 탈거한다 :
  - 인스트루먼트 패널 (57A, 내장 장착 부품 , 인스트루먼트 패널 어셈블리 : 분해도 참조),
  - 프론트 사이드 에어 덕트 (61A, 히팅 시스템 , 에어 분배 회로 어셈블리 : 분해도 참조).

II – 관련 부품 탈거 작업

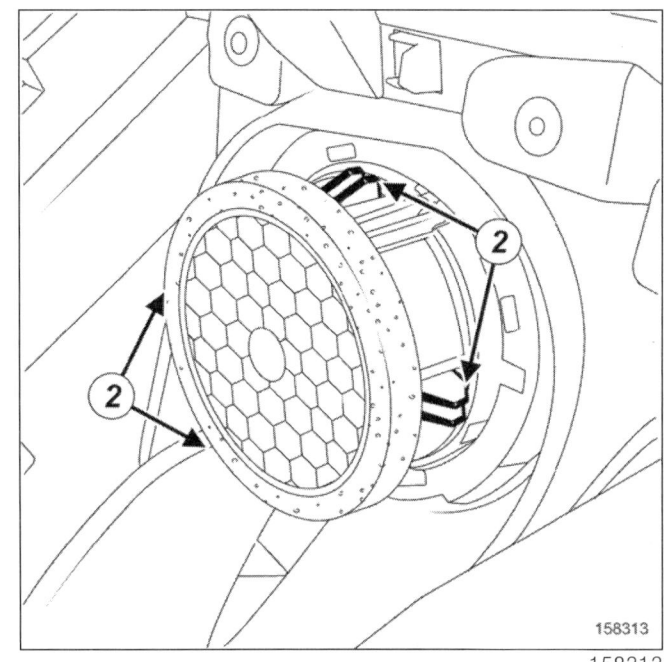

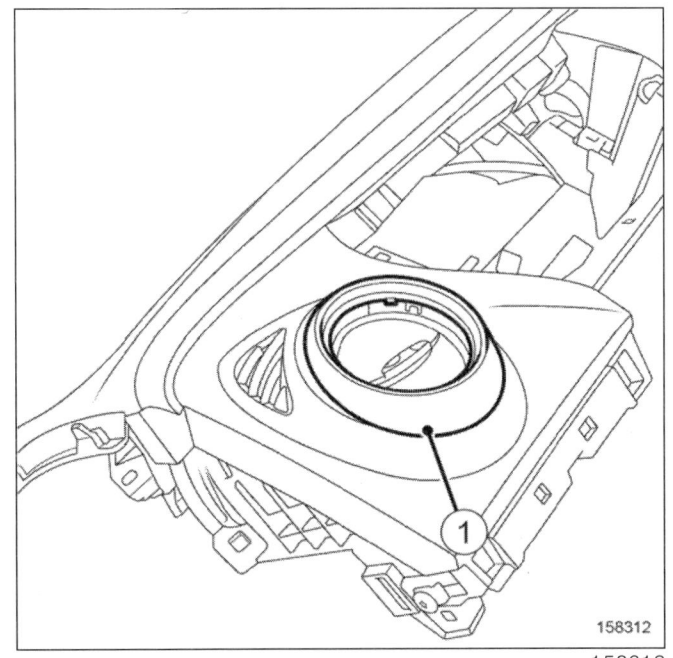

- 인스트루먼트 패널 사이드 에어 벤트 트림 (1) 을 분리한다 .
- 각 사이드 (2) 의 클립을 누르면서 인스트루먼트 패널 사이드 에어 벤트를 탈거한다 .

장착

I – 관련 부품 장착 작업

- 탈거의 역순으로 장착한다 .

내장 장착 부품
센터 프론트 패널 : 탈거 - 장착

57A

J87

위치 및 사양 (규정 토크 , 항상 교환해야 하는 부품 등) (57A, 내장 장착 부품 , 인스트루먼트 패널 어셈블리 : 분해도 참조).

탈거

I - 탈거 준비 작업
- 이그니션 스위치를 OFF 시킨다 .

II - 관련 부품 탈거 작업

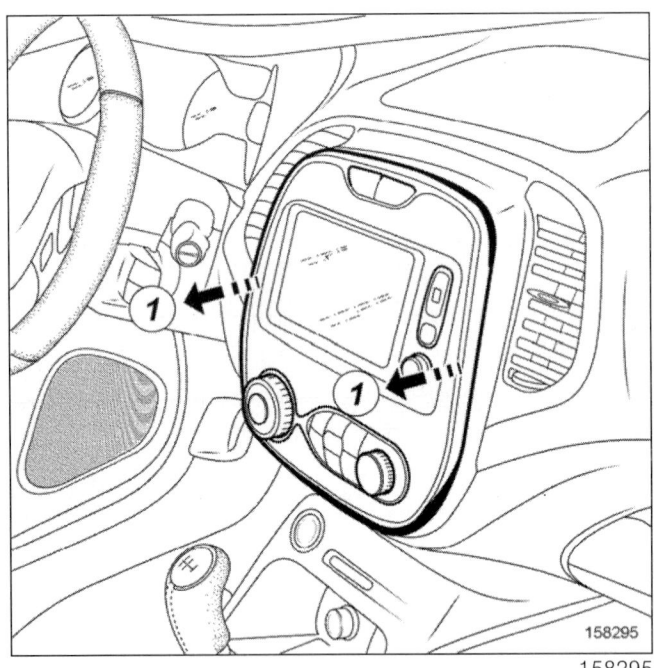

- 화살표 방향 (1) 에 따라 센터 프론트 패널 트림을 탈거한다 .

| 자동 에어컨

- 에어컨 컨트롤 패널 커넥터를 분리한다 .

| 자동 에어컨

교환 작업
- 에어컨 컨트롤 패널 커넥터를 분리한다 .

장착

I - 관련 부품 장착 작업
- 탈거의 역순으로 장착한다 .

내장 장착 부품
글로브 박스 : 탈거 – 장착

57A

J87

위치 및 사양 (규정 토크 , 항상 교환해야 하는 부품 등) (57A, 내장 장착 부품 , 인스트루먼트 패널 어셈블리 : 분해도 참조).

탈거

I – 탈거 준비 작업

❏ 다음을 탈거한다 :
  - 스토리지 컴파트먼트 램프 ,
  - 프론트 사이드 도어 웨더스트립 일부 .

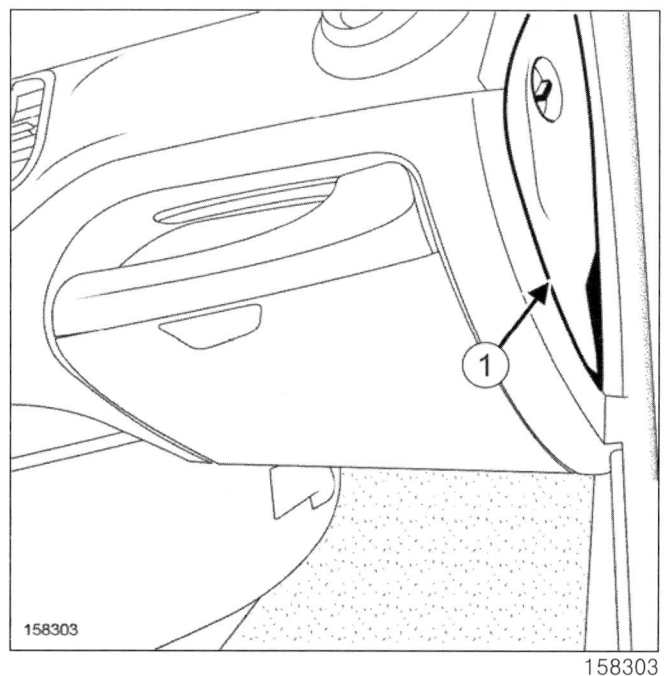

❏ 인스트루먼트 패널 사이드 패널 (1).
❏ 인히비터 스위치를 분리한다 .

II – 관련 부품 탈거 작업

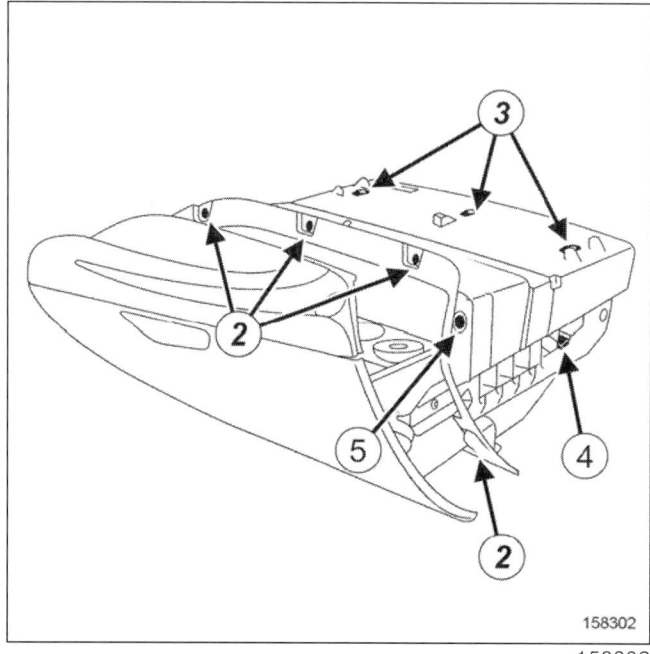

❏ 다음을 탈거한다 (57A, 내장 장착 부품 , 인스트루먼트 패널 어셈블리 : 분해도 참조):
  - 글로브 박스 프론트 스크류 (2),
  - 글로브 박스 리어 스크류 (3),
  - 글로브 박스 사이드 스크류 (4),
  - 사이드 클립 (5),
  - 글로브 박스 .

장착

I – 관련 부품 장착 작업

❏ 탈거의 역순으로 장착한다 .

내장 장착 부품
센터 콘솔 : 탈거 - 장착

57A

J87

탈거

I - 관련 부품 탈거 작업

❏ 이그니션 스위치를 OFF 시킨다 .

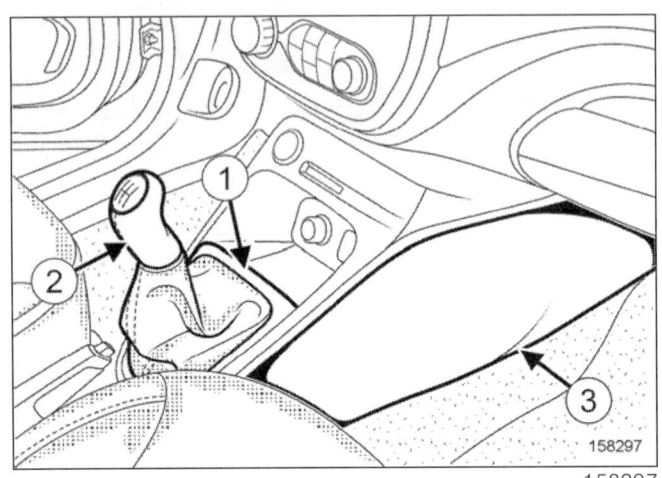

❏ 기어 레버 부트 트림 (1) 을 탈거한다 .
❏ 다음을 탈거한다 :
  - 기어 레버 노브 (2),
  - 기어 레버 부트 .

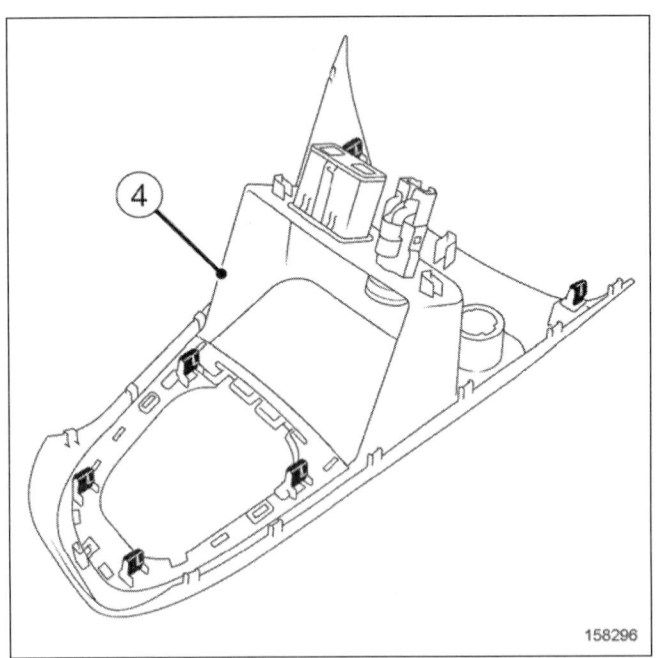

❏ 다음을 탈거한다 :
  - 센터 콘솔 (4) 의 어퍼 섹션 ,
  - 센터 콘솔 (3) 의 사이드 패널 .
❏ 다음의 커넥터를 분리한다 :
  - 외부 입력 소켓 ,
  - 시가 라이터 ,
  - 스타트 버튼 .

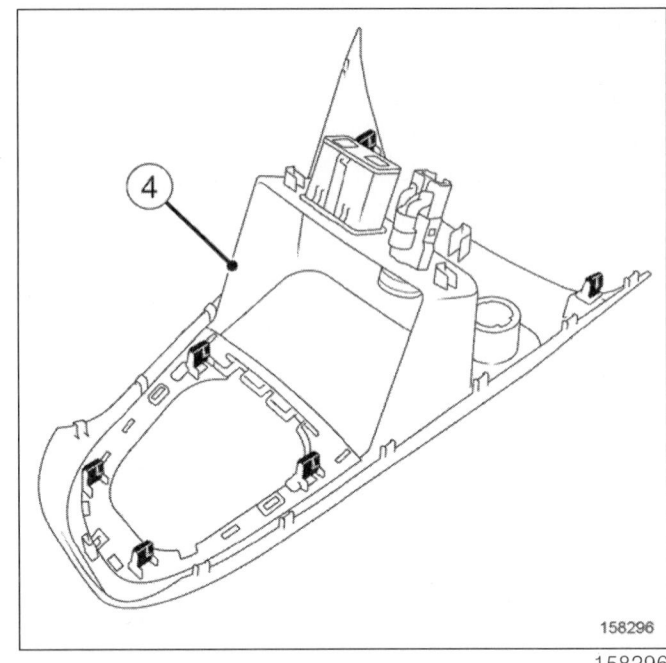

❏ 파킹 브레이크 커버를 탈거한다 .
❏ 각 사이드 (5) 에서 스크류를 탈거한다 .
❏ 센터 콘솔의 로어 섹션을 탈거한다 .
❏ 다음을 분리한다 :
  - "주행 모드" 스위치 ,
  - 크루즈 컨트롤 / 스피드 리미터 스위치 .
❏ 센터 콘솔의 로어 섹션을 탈거한다 .

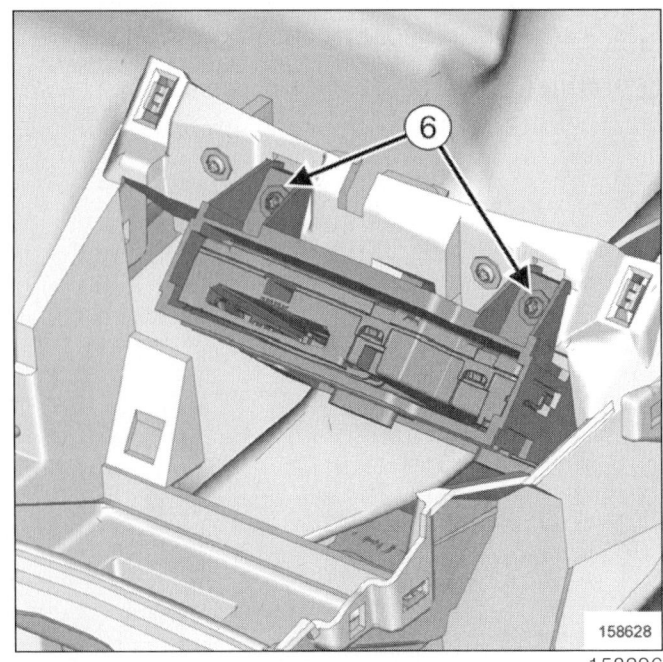

❏ 카드 리더 서포트 볼트 (6) 를 탈거한다 .

내장 장착 부품
센터 콘솔 : 탈거 - 장착

57A

J87

- 카드 리더 커넥터를 분리한다.
- "카드 리더 - 서포트" 어셈블리를 탈거한다.

장착

I - 관련 부품 장착 작업

- 탈거의 역순으로 장착한다.

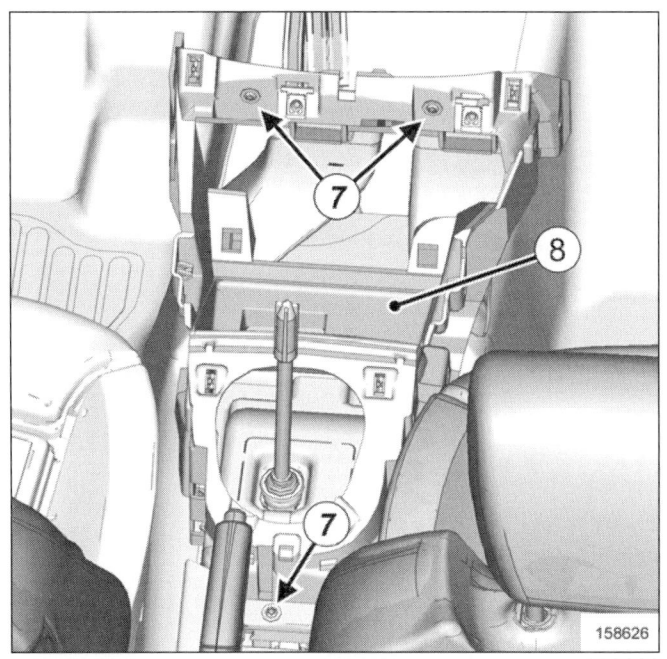

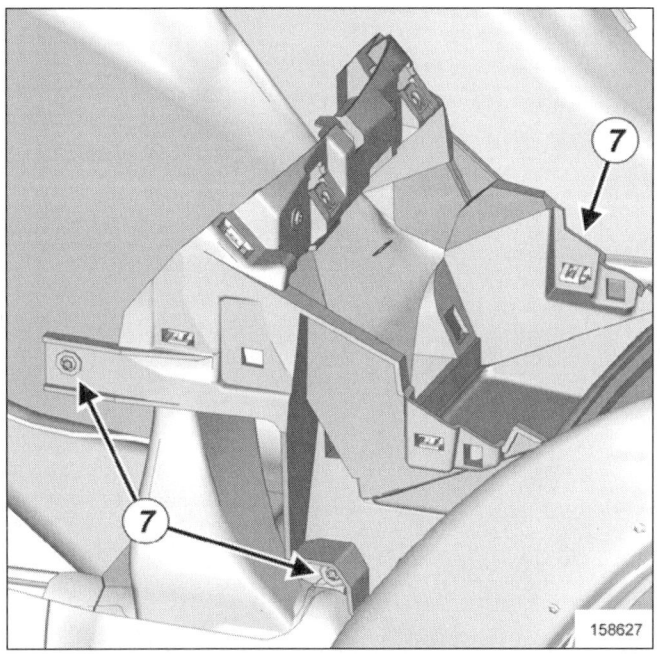

- 다음을 탈거한다 :
  - 센터 콘솔 마운팅 볼트 (7),
  - 센터 콘솔 마운팅 (8).

# 르노삼성자동차

7 내·외장 트림

- **71A** 인테리어 트림
- **72A** 사이드 도어 트림
- **73A** 사이드 도어 이외 트림
- **75A** 프론트 시트 프레임과 러너
- **76A** 리어 시트 프레임과 러너

J87

2013. 12

본 리페어 매뉴얼은 2013년 12월의 양산 차량을 기준으로 작성하였으며, 향후 차량의 설계 변경에 따라 실차와 다른 내용이 있을 수 있으므로, 양해를 구합니다.
주 : 설계 변경에 대한 정보는 www.rsmservice.com 을 참조하여 주시기 바랍니다.
이 문서의 모든 권리는 르노삼성자동차에 있습니다.

ⓒ 르노삼성자동차(주), 2013

J87-Section 7

목차

페이지

71A 인테리어 트림

내부 바디 사이드 트림 어셈블리 : 분해도	71A-1
루프 트림 어셈블리 : 분해도	71A-3
헤드라이닝 : 탈거 – 장착	71A-5

72A 사이드 도어 트림

조수석측 프론트 사이드 도어 어셈블리 : 분해도	72A-1
조수석측 리어 사이드 도어 어셈블리 : 분해도	72A-2
프론트 사이드 도어 트림 : 탈거 – 장착	72A-3
리어 사이드 도어 트림 : 탈거 – 장착	72A-4

73A 사이드 도어 이외 트림

테일 게이트 피니셔 : 탈거 – 장착	73A-1

75A 프론트 시트 프레임과 러너

프론트 시트 어셈블리 : 분해도	75A-1

76A 리어 시트 프레임과 러너

리어 벤치 시트 어셈블리 : 분해도	76A-1

인테리어 트림
내부 바디 사이드 트림 어셈블리 : 분해도

71A

J87

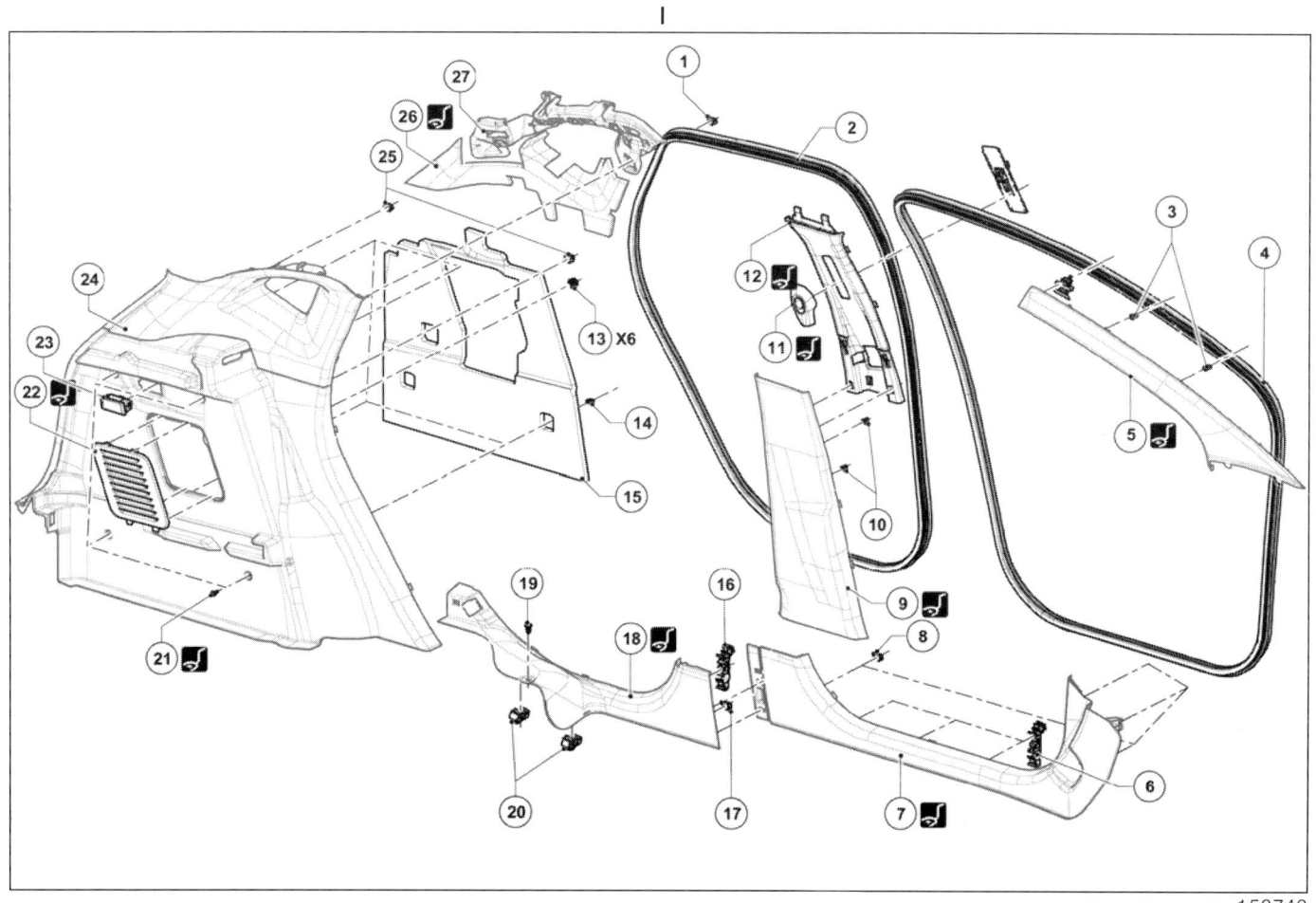

(MR 469 리페어 매뉴얼 , 01D, 기계적인 소개 , 그림 설명 : 설명 참조)

표시	설명	정보
(1)	클립	
(2)	리어 사이드 도어 씰	
(3)	클립	
(4)	프론트 사이드 도어 씰	
(5)	프론트 필러 가니쉬	
(6)	클립	
(7)	프론트 이너 킥킹 플레이트	
(8)	클립	
(9)	센터 필러 로어 가니쉬	
(10)	클립	
(11)	프론트 시트 벨트 리턴 메커니즘의 볼트 커버	

인테리어 트림
내부 바디 사이드 트림 어셈블리 : 분해도

71A

J87		
표시	설명	정보
(12)	센터 필러 어퍼 가니쉬	
(13)	클립	
(14)	클립	
(15)	방음재	
(16)	클립	
(17)	클립	
(18)	리어 이너 킥킹 플레이트	
(19)	클립	
(20)	클립	
(21)	클립	
(22)	플랩	
(23)	트렁크 램프	
(24)	리어 휠 아치 트림	
(25)	클립	
(26)	쿼터 패널 트림	
(27)	쿼터 패널 트림 서포트	

인테리어 트림
루프 트림 어셈블리 : 분해도

71A

J87

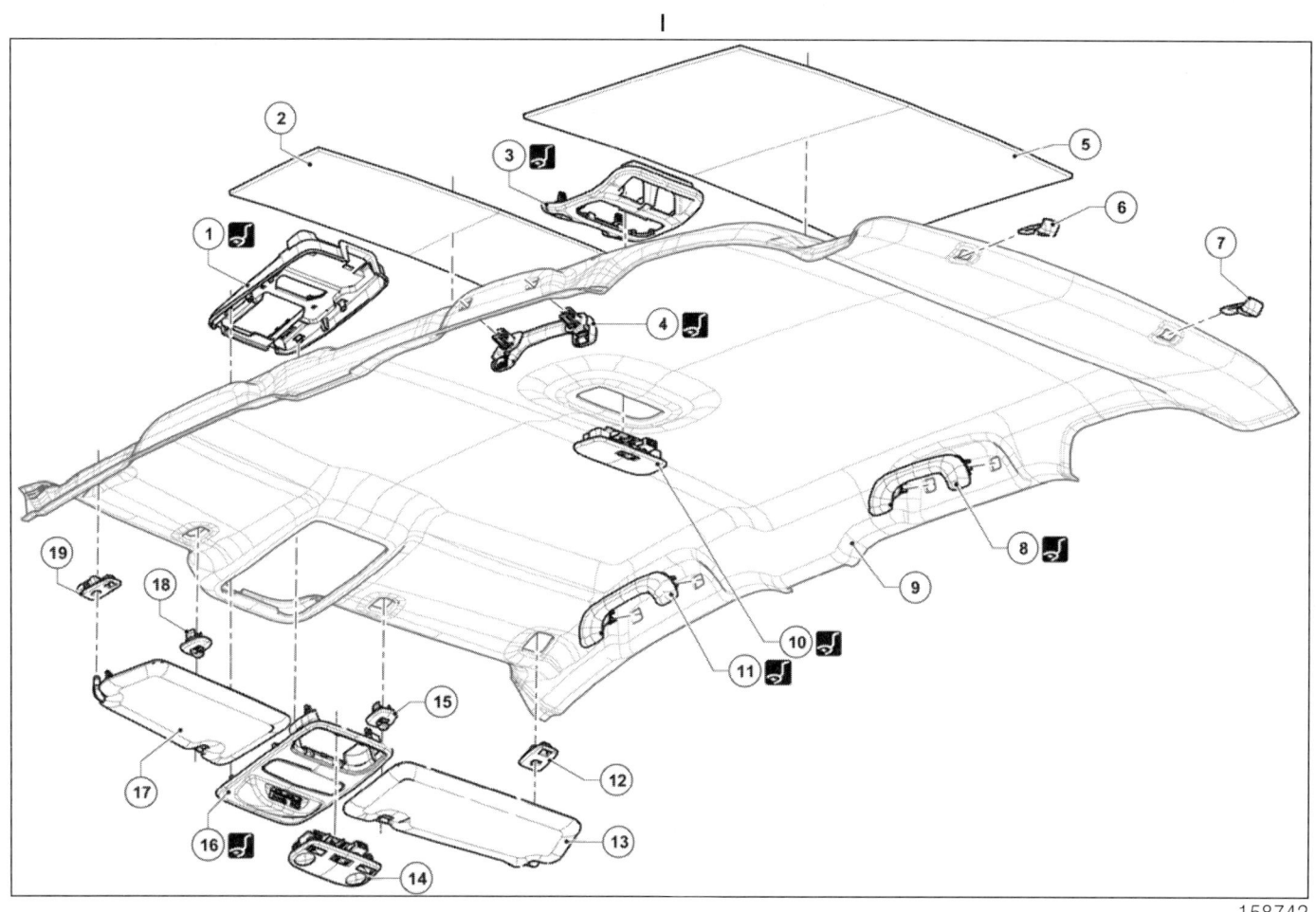

(MR 469 리페어 매뉴얼, 01D, 기계적인 소개, 그림 설명 : 설명 참조)

표시	설명	정보
(1)	맵 램프 서포트	
(2)	루프 방음재	
(3)	리어 크로스멤버 커티시 램프 서포트	
(4)	그립 핸들	
(5)	루프 방음재	
(6)	헤드라이닝 리어 클립	
(7)	헤드라이닝 리어 클립	
(8)	그립 핸들	
(9)	헤드라이닝	(71A, 인테리어 트림, 헤드라이닝 : 탈거 – 장착 참조)
(10)	리어 크로스멤버 커티시 램프	
(11)	그립 핸들	

71A-3

인테리어 트림
루프 트림 어셈블리 : 분해도

71A

J87

표시	설명	정보
(12)	헤드라이닝 프론트 클립	
(13)	선 바이저	
(14)	맵 램프	
(15)	선 바이저 서포트	
(16)	맵 램프 서포트	
(17)	선 바이저	
(18)	선 바이저 서포트	
(19)	헤드라이닝 프론트 서포트	

인테리어 트림
헤드라이닝 : 탈거 – 장착

71A

J87

경고

수리 작업 전 시스템 손상의 우려가 있는 모든 위험을 방지하기 위해 안전, 청결 지침 및 작업에 대한 가이드라인을 확인한다 :

- (MR 469 리페어 매뉴얼, 88C, 에어백 및 프리텐셔너, 에어백 및 프리텐셔너 : 사전 주의사항 참조),
- (MR 469 리페어 매뉴얼, 01D, 기계적인 소개, 차량 : 사전 주의사항 참조).

위치 및 사양 (규정 토크, 항상 교환해야 하는 부품 등) (71A, 인테리어 트림, 루프 트림 어셈블리 : 분해도 참조).

탈거

I - 탈거 준비 작업

❏ 배터리 단자를 분리한다 (MR 469 리페어 매뉴얼, 80A, 배터리, 배터리 : 탈거 – 장착 참조).

❏ 다음을 이동시킨다 :
  - 프론트 도어 웨더스트립,
  - 리어 도어 웨더스트립,
  - 트렁크 웨더스트립.

❏ 센터 필러 로어 가니쉬를 탈거한다 (71A, 인테리어 트림, 내부 바디 사이드 트림 어셈블리 : 분해도 참조).

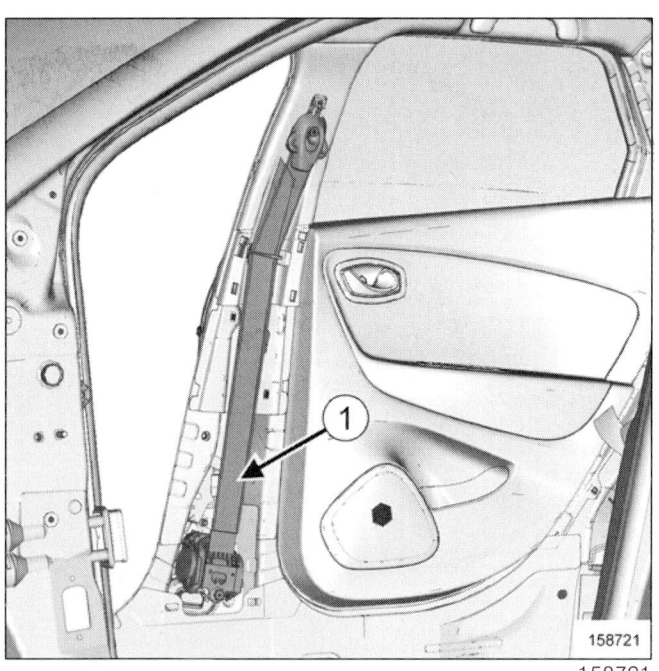

❏ 프론트 시트 벨트 (1) 를 탈거한다.

❏ 센터 필러 어퍼 가니쉬를 탈거한다 (71A, 인테리어 트림, 내부 바디 사이드 트림 어셈블리 : 분해도 참조).

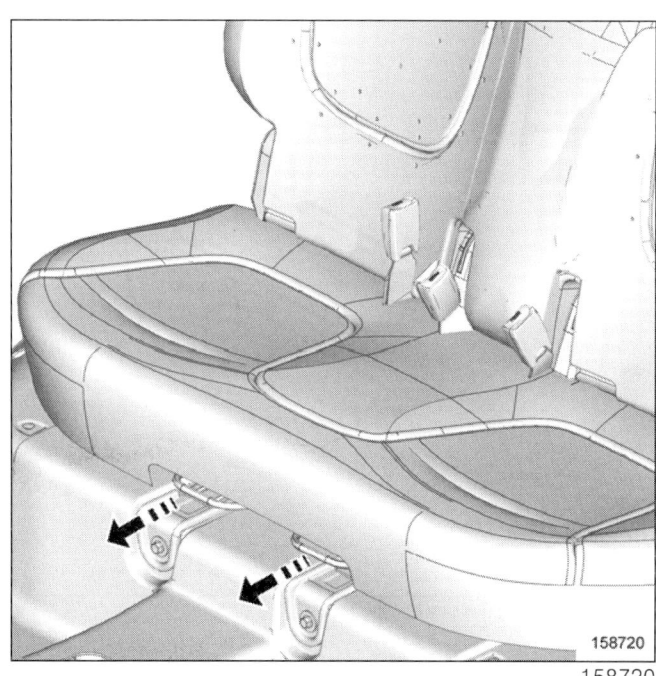

❏ 리어 벤치 어셈블리를 화살표 방향에 따라 앞쪽으로 기울인다.

❏ 다음을 탈거한다 :
  - 러기지 컴파트먼트 플로어 카펫,
  - 트렁크 리어 플레이트.

❏ 다음을 탈거한다 (71A, 인테리어 트림, 내부 바디 사이드 트림 어셈블리 : 분해도 참조):
  - 리어 파셜 셀프 사이드 트림,
  - 리어 쿼터 패널 트림,
  - 프론트 필러 가니쉬.

❏ 다음을 탈거한다 (71A, 인테리어 트림, 루프 트림 어셈블리 : 분해도 참조):
  - 선 바이저,
  - 그립 핸들,
  - 룸 미러,
  - 센터 실내 램프,
  - 프론트 실내 램프.

인테리어 트림
헤드라이닝 : 탈거 – 장착

71A

J87

II – 관련 부품 탈거 작업

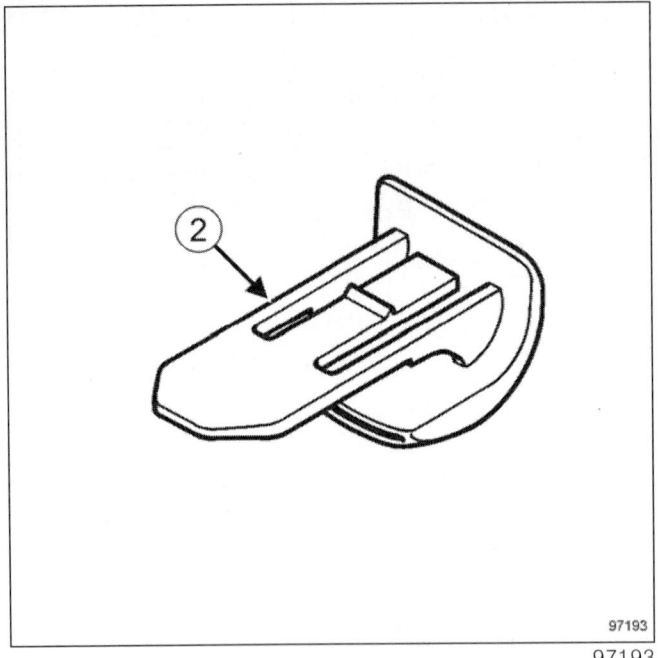

97193

❏ 다음을 탈거한다 (71A, 인테리어 트림 , 루프 트림 어셈블리 : 분해도 참조):

- (소형 일자드라이버를 사용하여 클립 (2) 을 눌러) 리어 클립 ,
- 헤드라이닝을 뒤쪽 방향으로 (이 작업은 두 사람이 작업한다).

장착

I – 관련 부품 장착 작업

❏ 탈거의 역순으로 장착한다 .

사이드 도어 트림
조수석측 프론트 사이드 도어 어셈블리 : 분해도

72A

J87

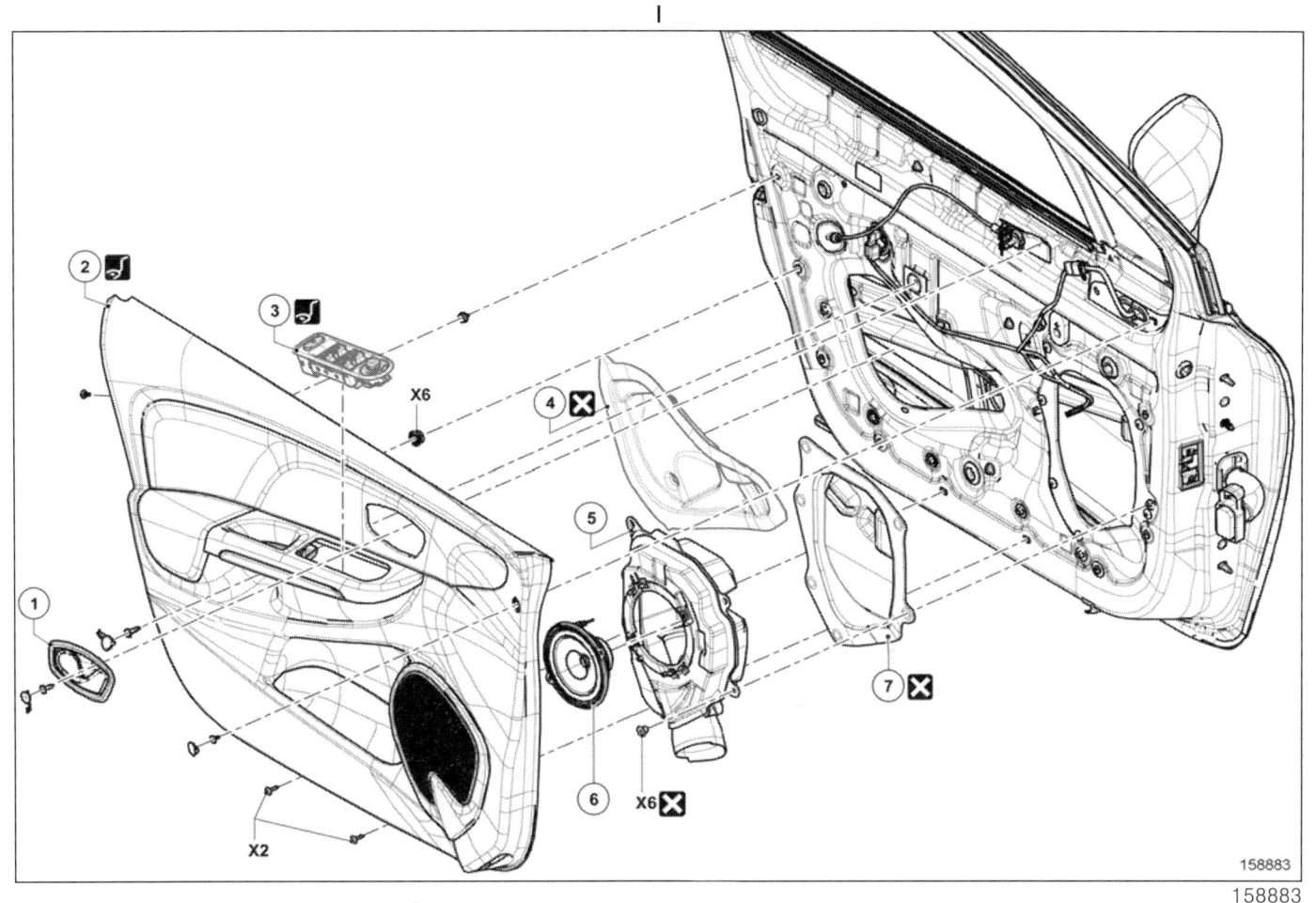

(MR 469 리페어 매뉴얼, 01D, 기계적인 소개, 그림 설명 : 설명 참조)

명시되지 않은 규정 토크로 조이는 경우 규정 토크 표를 참조한다 (MR 469 리페어 매뉴얼, 01D, 기계적인 소개, 규정 토크 : 일반 정보 참조).

표시	설명	정보
(1)	프론트 사이드 도어 인테리어 오프닝 컨트롤	(51A, 사이드 도어 메커니즘, 프론트 사이드 도어의 오프닝 메커니즘 어셈블리 : 분해도 참조)
(2)	프론트 사이드 도어 트림	(72A, 사이드 도어 트림, 프론트 사이드 도어 트림 : 탈거 – 장착 참조)
(3)	윈도우 컨트롤 플레이트	
(4)	도어 실링 필름	
(5)	스피커 박스	
(6)	스피커	
(7)	도어 실링 필름	

72A-1

사이드 도어 트림
조수석측 리어 사이드 도어 어셈블리 : 분해도

72A

J87

(MR 469 리페어 매뉴얼 , 01D, 기계적인 소개 , 그림 설명 : 설명 참조)

명시되지 않은 규정 토크로 조이는 경우 규정 토크 표를 참조한다 (MR 469 리페어 매뉴얼 , 01D, 기계적인 소개 , 규정 토크 : 일반 정보 참조).

표시	설명	정보
(1)	스피커	
(2)	리어 사이드 도어 트림	(72A, 사이드 도어 트림 , 리어 사이드 도어 트림 : 탈거 – 장착 참조)
(3)	윈도우 와인더 핸들	(차량 옵션에 따라 다름)
(4)	윈도우 와인더 크랭크 핸들 록	(차량 옵션에 따라 다름)
(5)	인테리어 핸들	
(6)	사이드 도어 백 부위 트림	
(7)	윈도우 컨트롤 플레이트	
(8)	도어 실링 필름	

사이드 도어 트림
프론트 사이드 도어 트림 : 탈거 - 장착

72A

J87

탈거

I - 관련 부품 탈거 작업

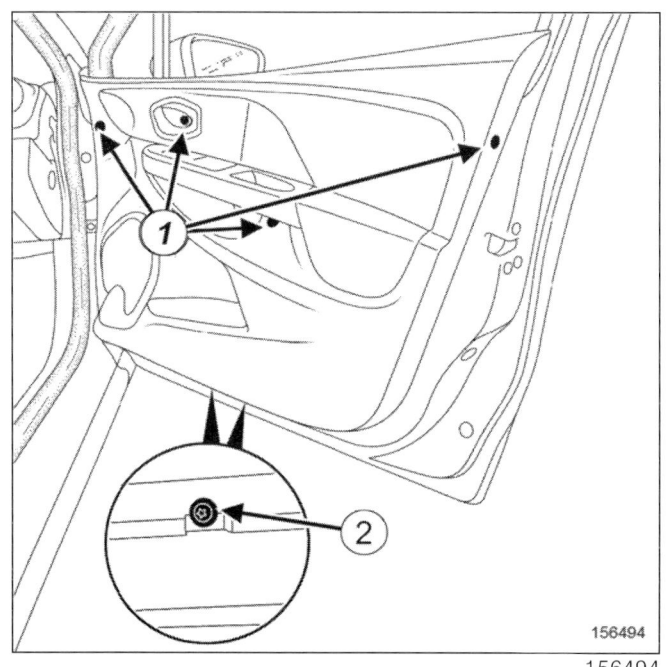

156494

- 블랭킹 커버 (1) 를 탈거한다 .
- 스크류 ((1) 및 (2)) 를 탈거한다 .

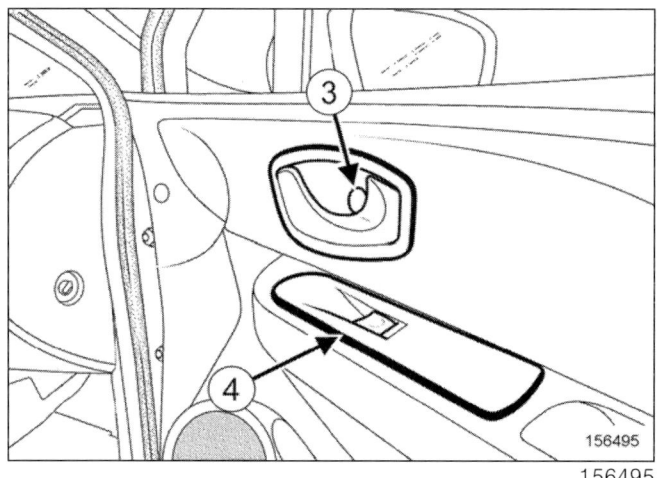

156495

- 다음을 탈거한다 :
  - 프론트 사이드 도어 인테리어 핸들 스크류 (3),
  - 프론트 사이드 도어 오프닝 핸들 .
- 프론트 사이드 도어 트림 (4) 에서 윈도우 스위치 플레이트를 탈거한다 .
- 프론트 전동식 윈도우 스위치 커넥터를 분리한다 .
- 프론트 사이드 도어 피니셔를 탈거한다 .

장착

I - 장착 준비 작업

- 클립의 상태를 점검하고 필요한 경우 교환한다 .

II - 관련 부품 장착 작업

- 탈거의 역순으로 장착한다 .
- 기능 테스트를 수행한다 .

사이드 도어 트림
리어 사이드 도어 트림 : 탈거 – 장착

72A

J87

탈거

I – 관련 부품 탈거 작업

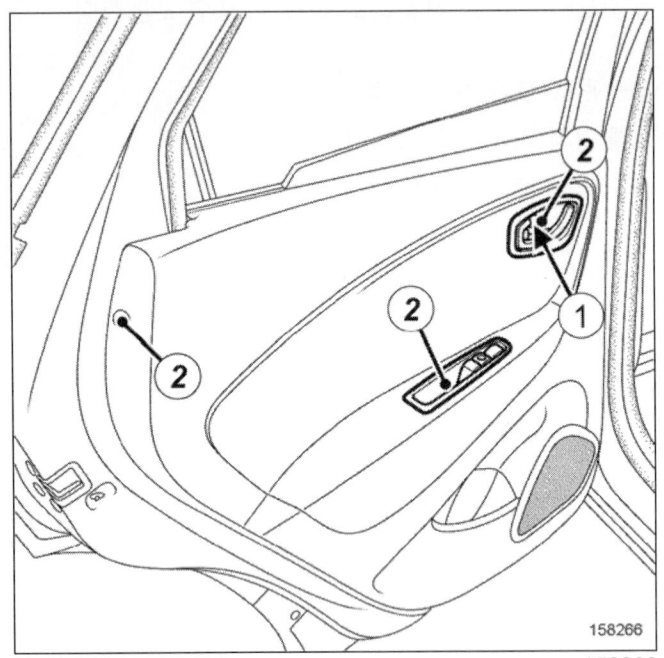

- 블랭킹 커버 (1) 를 탈거한다 .
- 스크류 (2) 를 탈거한다 .

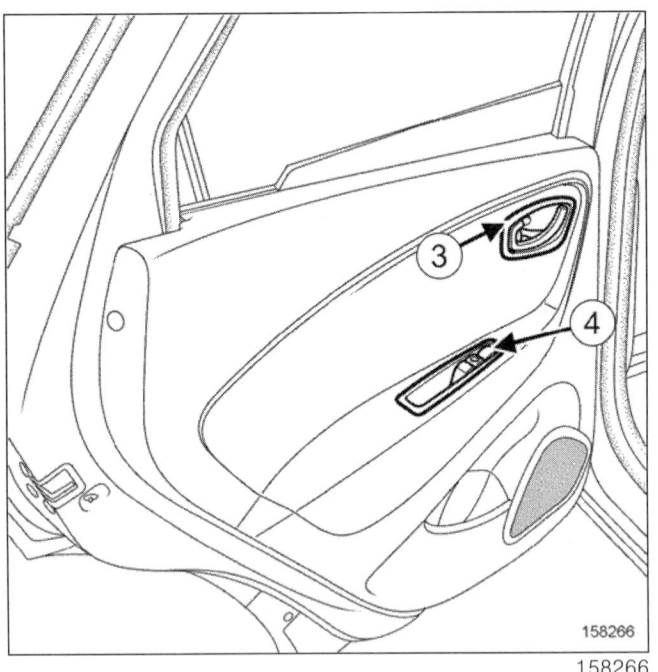

- 리어 사이드 도어 인테리어 핸들 (3) 을 탈거한다 .
- 리어 사이드 도어 인사이드 오프닝 릴리즈 케이블을 탈거한다 .
- 윈도우 스위치 플레이트 (4) 를 탈거한다 (MR 469 리페어 매뉴얼 , 84A, 스위치 장치 , 실내 스위치 : 구성부품 리스트 및 위치 참조).

- 리어 사이드 도어 피니셔를 탈거한다 .

장착

I – 장착 준비 작업
- 클립의 상태를 점검하고 필요한 경우 교환한다 .

II – 관련 부품 장착 작업
- 탈거의 역순으로 장착한다 .
- 기능 테스트를 수행한다 .

사이드 도어 이외 트림
테일 게이트 피니셔 : 탈거 – 장착

73A

J87

탈거

I – 관련 부품 탈거 작업

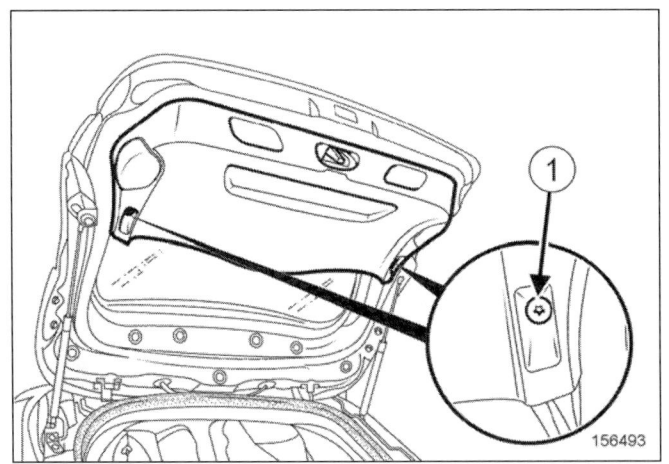

❏ 다음을 탈거한다 :
- 스크류 (1),
- 테일 게이트 피니셔 .

장착

I – 장착 준비 작업
❏ 클립의 상태를 확인하고 , 필요한 경우 교환한다 .

II – 관련 부품 장착 작업
❏ 탈거의 역순으로 장착한다 .

73A-1

프론트 시트 프레임과 러너
프론트 시트 어셈블리 : 분해도

75A

J87

> **경고**
>
> 수리 작업 전 시스템 손상의 우려가 있는 모든 위험을 방지하기 위해 안전, 청결 지침 및 작업에 대한 가이드라인을 확인한다 :
>
> - (MR 469 리페어 매뉴얼, 88C, 에어백 및 프리텐셔너, 에어백 및 프리텐셔너 : 사전 주의사항 참조),
>
> - (MR 469 리페어 매뉴얼, 01D, 기계적인 소개, 차량 : 사전 주의사항 참조).

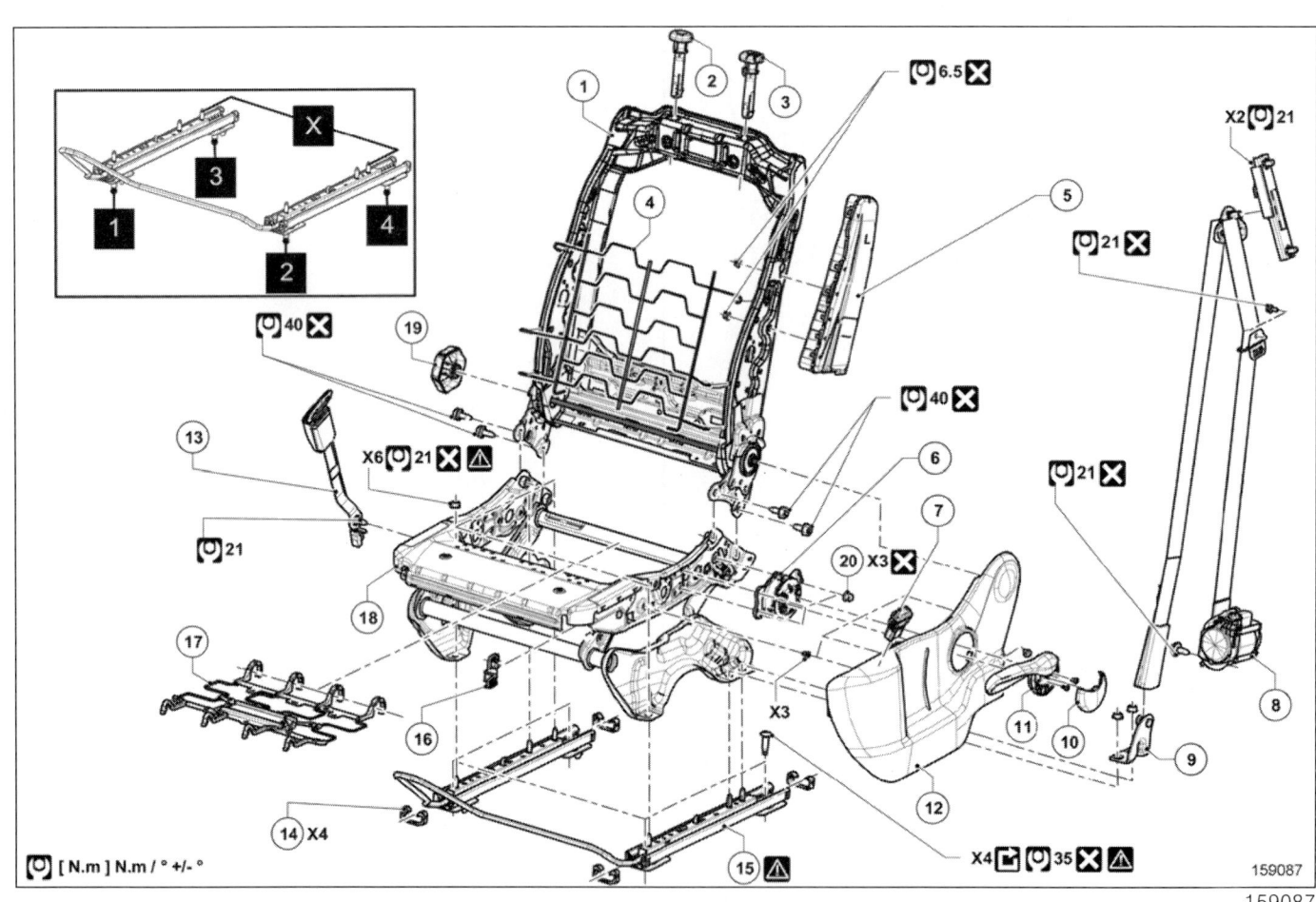

(MR 469 리페어 매뉴얼, 01D, 기계적인 소개, 그림 설명 : 설명 참조)

명시되지 않은 규정 토크로 조이는 경우 규정 토크 표를 참조한다 (MR 469 리페어 매뉴얼, 01D, 기계적인 소개, 규정 토크 : 일반 정보 참조).

표시	설명	정보
(1)	프론트 시트백 프레임	
(2)	프론트 시트 헤드레스트 가이드	
(3)	프론트 시트 헤드레스트 가이드	
(4)	프론트 시트 요추받침 패드	

75A-1

프론트 시트 프레임과 러너
프론트 시트 어셈블리 : 분해도

75A

J87

표시	설명	정보
(5)	프론트 시트 사이드 에어백	(MR 469 리페어 매뉴얼, 88C, 에어백 및 프리텐셔너, 에어백 및 프리텐셔너 : 사전 주의사항 참조) 및 (MR 469 리페어 매뉴얼, 88C, 에어백 및 프리텐셔너, 에어백 및 프리텐셔너 : 전개 참조)
(6)	프론트 시트 높이 조절 메커니즘	
(7)	프론트 시트 열선 패드 스위치	
(8)	프론트 시트 벨트	(MR 469 리페어 매뉴얼, 88C, 에어백 및 프리텐셔너, 에어백 및 프리텐셔너 : 사전 주의사항 참조) 및 (MR 469 리페어 매뉴얼, 88C, 에어백 및 프리텐셔너, 에어백 및 프리텐셔너 : 전개 참조)
(9)	프론트 시트 벨트 버클 브라켓	
(10)	시트 높이 조절 장치의 트림	
(11)	프론트 시트 높이 조절 장치	
(12)	프론트 시트 쿠션 외부 케이싱	
(13)	프론트 시트 벨트 버클	(MR 469 리페어 매뉴얼, 88C, 에어백 및 프리텐셔너, 에어백 및 프리텐셔너 : 사전 주의사항 참조) 및 (MR 469 리페어 매뉴얼, 88C, 에어백 및 프리텐셔너, 에어백 및 프리텐셔너 : 전개 참조)
(14)	1 열 시트 러너 엔드	
(15)	프론트 시트 러너	
(16)	프론트 시트 스페이서	
(17)	프론트 시트 쿠션 패드	
(18)	프론트 시트 쿠션 프레임	
(19)	프론트 시트 백레스트 틸트 컨트롤	
(20)	프론트 시트 높이 조절 메커니즘의 리벳	

프론트 시트 프레임과 러너
프론트 시트 어셈블리 : 분해도

75A

J87

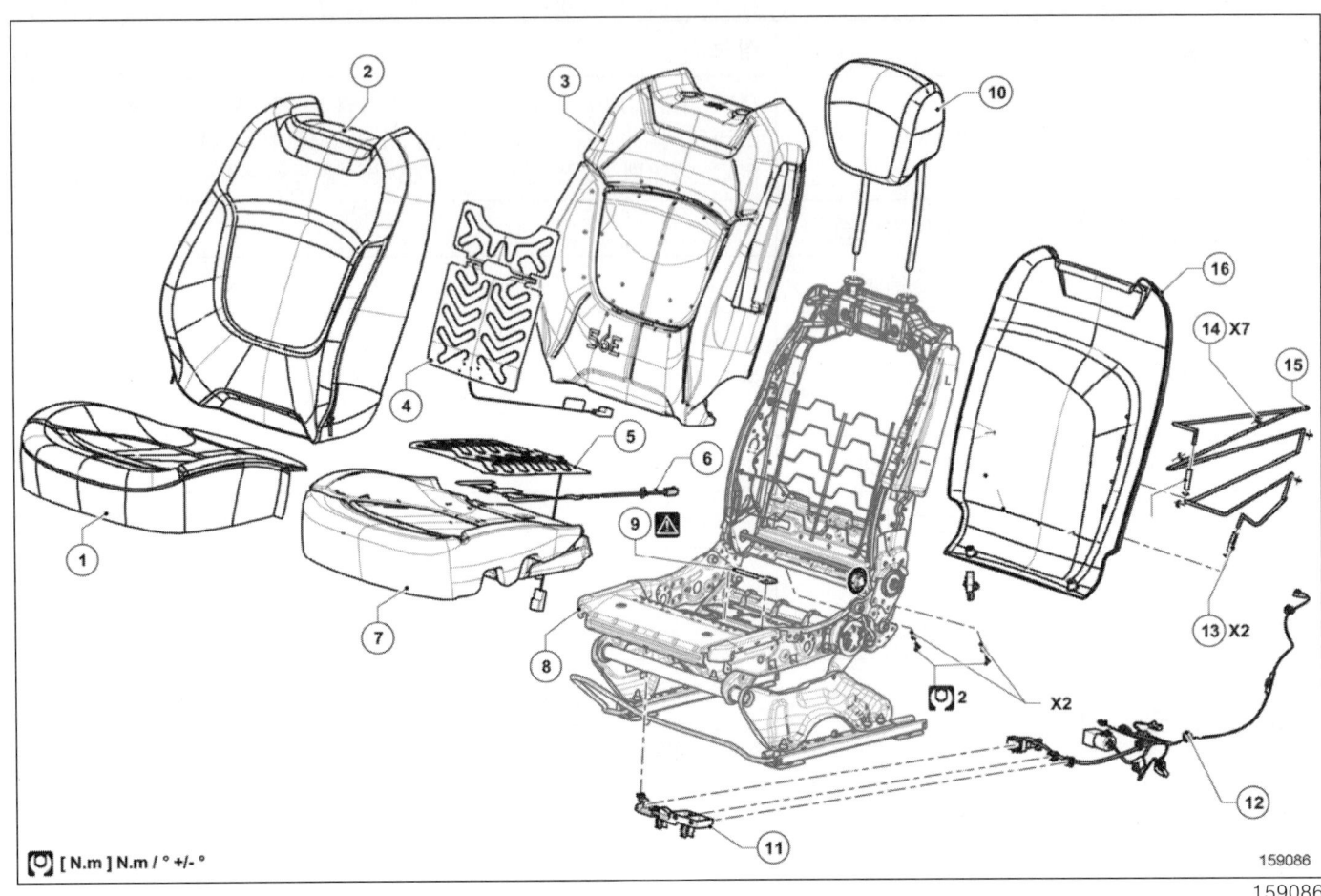

(MR 469 리페어 매뉴얼 , 01D, 기계적인 소개 , 그림 설명 : 설명 참조)

명시되지 않은 규정 토크로 조이는 경우 규정 토크 표를 참조한다 (MR 469 리페어 매뉴얼 , 01D, 기계적인 소개 , 규정 토크 : 일반 정보 참조).

표시	설명	정보
(1)	프론트 시트 쿠션 커버	
(2)	프론트 시트백 커버	
(3)	프론트 시트백 패드	
(4)	프론트 시트백 열선 패드	
(5)	프론트 시트 쿠션 열선 패드	
(6)	조수석 승객 감지 센서	
(7)	프론트 시트 쿠션 패드	
(8)	프론트 시트 프레임	
(9)	프론트 열선 시트 패드 스위치	운전석
(10)	프론트 시트 헤드레스트	
(11)	프론트 시트 전기 와이어링 서포트	

75A-3

프론트 시트 프레임과 러너
프론트 시트 어셈블리 : 분해도

75A

J87

표시	설명	정보
(12)	프론트 시트 전기 와이어링	
(13)	시트백의 스토리지 네트	
(14)	시트백의 스토리지 네트 클립	
(15)	시트백의 스토리지 네트	
(16)	프론트 시트백 리어 케이싱	

리어 시트 프레임과 러너
리어 벤치 시트 어셈블리 : 분해도

76A

J87

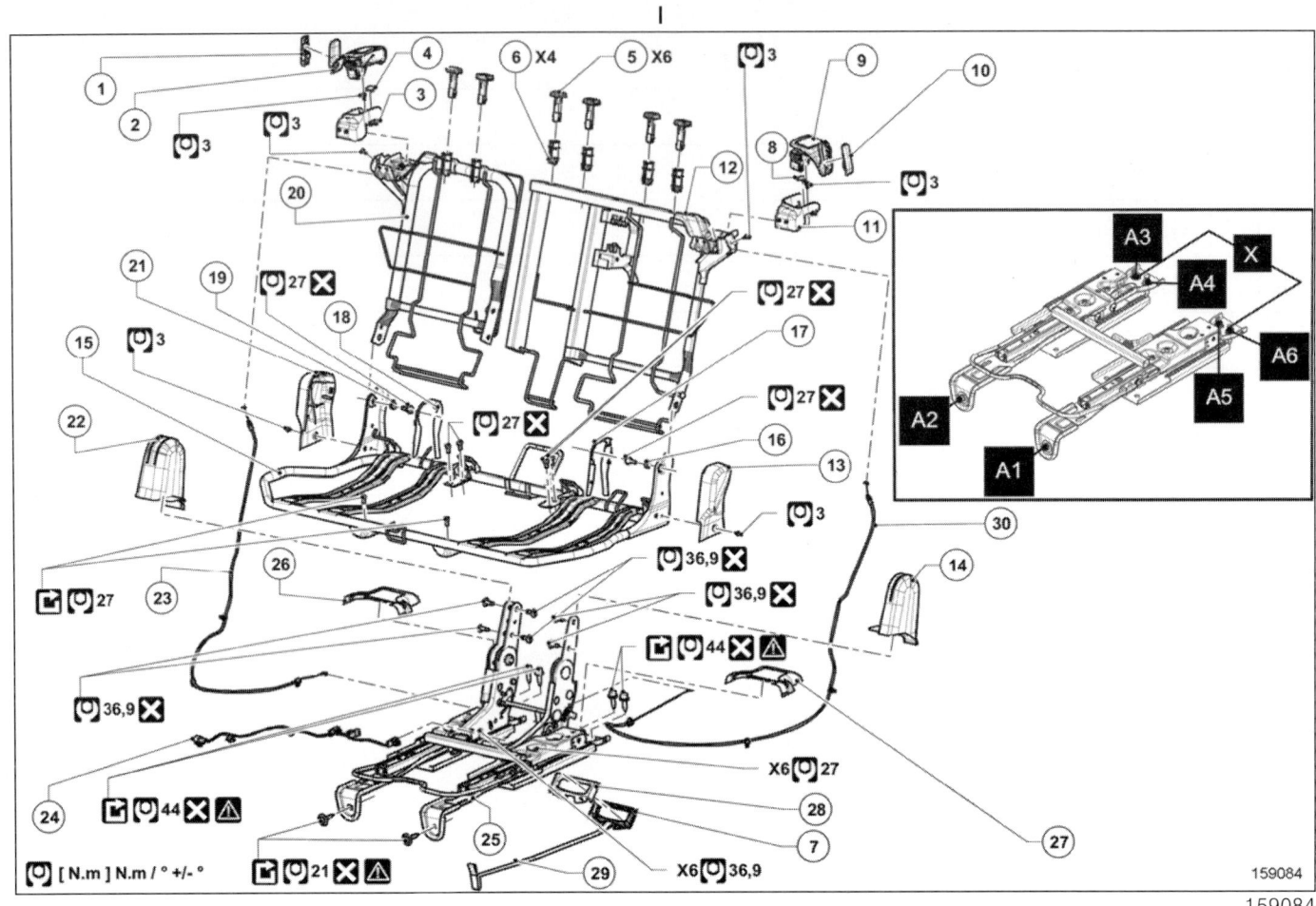

159084

(MR 469 리페어 매뉴얼, 01D, 기계적인 소개, 그림 설명 : 설명 참조)

명시되지 않은 규정 토크로 조이는 경우 규정 토크 표를 참조한다 (MR 469 리페어 매뉴얼, 01D, 기계적인 소개, 규정 토크 : 일반 정보 참조).

표시	설명	정보
(1)	리어 벤치 시트백의 언록킹 컨트롤 블랭킹 커버	
(2)	리어 벤치 시트백의 언록킹 컨트롤	
(3)	리어 벤치 시트백의 언록킹 컨트롤 스페이서	
(4)	리어 벤치 시트백의 언록킹 컨트롤 블랭킹	
(5)	리어 벤치 시트 헤드레스트 가이드	
(6)	리어 벤치 시트 헤드레스트 가이드	
(7)	리어 슬라이드의 핸들 언록 커버	
(8)	리어 벤치 시트백의 언록킹 컨트롤 블랭킹 커버	
(9)	리어 벤치 시트백의 언록킹 컨트롤	

76A-1

리어 시트 프레임과 러너
리어 벤치 시트 어셈블리 : 분해도

76A

J87

표시	설명	정보
(10)	리어 벤치 시트백의 언록킹 컨트롤 블랭킹 커버	
(11)	리어 벤치 시트백의 언록킹 컨트롤 스페이서	
(12)	2/3 리어 벤치 시트백 프레임	
(13)	리어 벤치 시트 쿠션 사이드 케이싱	
(14)	리어 벤치 시트 쿠션 센터 케이싱	
(15)	리어 벤치 시트 쿠션 프레임	
(16)	리어 벤치 시트백 힌지 핀	
(17)	리어 벤치 시트 쿠션 사이드 케이싱	
(18)	리어 벤치 시트 쿠션 사이드 케이싱	
(19)	리어 벤치 시트백 힌지 핀	
(20)	1/3 리어 벤치 시트백 프레임	
(21)	리어 벤치 시트 쿠션 사이드 케이싱	
(22)	리어 벤치 시트 쿠션 센터 케이싱	
(23)	리어 시트 언록 케이블	
(24)	리어 시트 전기 와이어링	
(25)	리어 벤치 시트 러너	
(26)	리어 시트 커버 브라켓	
(27)	리어 시트 커버 브라켓	
(28)	리어 슬라이드의 핸들 언록 커버	
(29)	리어 슬라이드의 릴리즈 스트랩	
(30)	리어 시트 언록 케이블	

리어 시트 프레임과 러너
리어 벤치 시트 어셈블리 : 분해도

76A

J87

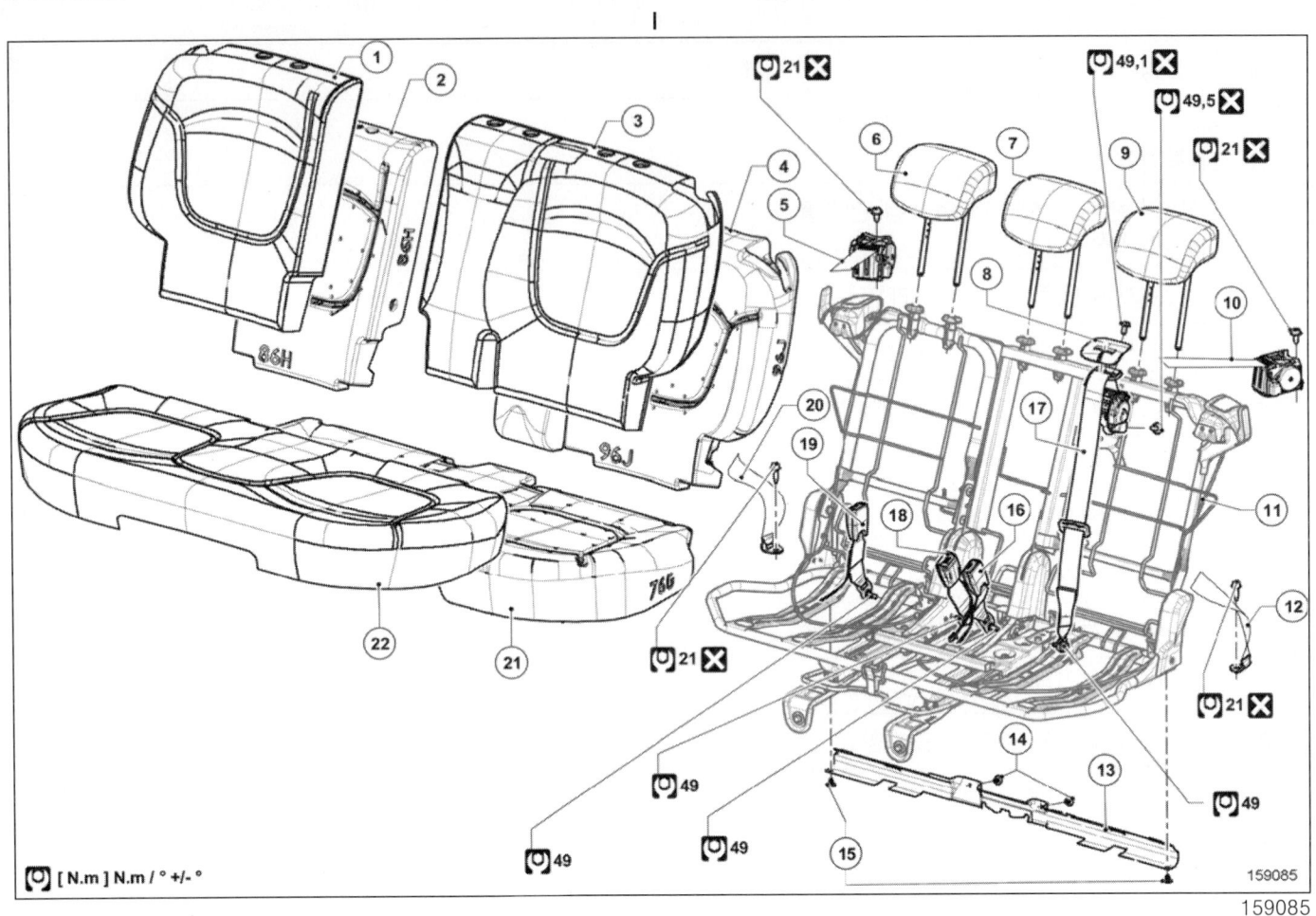

(MR 469 리페어 매뉴얼, 01D, 기계적인 소개, 그림 설명 : 설명 참조)

명시되지 않은 규정 토크로 조이는 경우 규정 토크 표를 참조한다 (MR 469 리페어 매뉴얼, 01D, 기계적인 소개, 규정 토크 : 일반 정보 참조).

표시	설명	정보
(1)	1/3 리어 벤치 시트백 커버	
(2)	1/3 리어 벤치 시트백 패드	
(3)	2/3 리어 시트백 커버	
(4)	2/3 리어 시트백 패드	
(5)	리어 벤치 시트 벨트	
(6)	리어 벤치 시트 헤드레스트	
(7)	리어 벤치 시트 센터 헤드레스트	
(8)	리어 벨트 가이드	
(9)	리어 벤치 시트 헤드레스트	
(10)	리어 벤치 시트 벨트	
(11)	리어 벤치 시트 프레임	

리어 시트 프레임과 러너
리어 벤치 시트 어셈블리 : 분해도

76A

J87

표시	설명	정보
(12)	리어 벤치 시트 벨트	
(13)	리어 벤치 시트 쿠션 커버	
(14)	시트 커버 클립	
(15)	시트 커버 클립	
(16)	리어 벤치 시트 벨트 버클	
(17)	리어 벤치 시트 벨트	
(18)	리어 벤치 시트 벨트 버클	
(19)	리어 벤치 시트 벨트 버클	
(20)	리어 벤치 시트 벨트	
(21)	리어 벤치 시트 쿠션 패드	
(22)	리어 벤치 시트 쿠션 커버	

르노삼성자동차

첨부판 (판금 작업 데이터)

1 재질 변환표 및 고장력 강판 (HSS) 작업 방법 : 일반 설명

2 바디 얼라이먼트 : 일반 설명

4 바디 실링 : 설명

J87

2013. 12

본 리페어 매뉴얼은 2013 년 12 월의 양산 차량을 기준으로 작성하였으며, 향후 차량의 설계 변경에 따라 실차와 다른 내용이 있을 수 있으므로, 양해를 구합니다.
주 : 설계 변경에 대한 정보는 www.rsmservice.com 을 참조하여 주시기 바랍니다.
이 문서의 모든 권리는 르노삼성자동차에 있습니다.

ⓒ 르노삼성자동차 (주), 2013

J87- 첨부판
(판금 작업 데이터)

목차

페이지

첨부판

재질 변환표 및 고장력 강판
(HSS) 작업 방법 : 일반 설명   1-1

바디 얼라이먼트 : 일반 설명   2-1

바디 실링 : 설명   4-1

첨부판
재질 변환표 및 고장력 강판 (HSS) 작업 방법 : 일반 설명

1

J87

1.1. 냉간 압연강

(기준단위 : MPa)

	NES specification					Renault specification			
			기계적 특성				기계적 특성		
	NISSAN	RSM	최소 인장 강도	최소 항복 강도점	최대 항복 강도점	RENAULT	최소 인장 강도	최소 항복 강도점	최대 항복 강도점
냉간 압연 강판						X C	280	160	240
	SP129	SPCG	270	135	255	X E	300	180	230
	SP121	SPCC	270	125	215	X ES	280	160	200
	SP122	SPCD	270	120	195	X SES	270	140	180
	SP123	SPCE	270	110	175				
	SP124	SPCE(E)	260	100	165				
	SP125	SPCT	270	125	215	X E BH	300	180	230
냉간 압연 고장력 강판	SP131-340	APFC340	340	195	295	X E235P	355	235	275
	SP132-340	APFC340X	340	155	245	X E220P	340	220	260
	SP135-340	APFC340T	340	175	275	X E220 BH	340	220	260
	SP131-370	APFC370	370	195	295	X E260P	370	260	310
	SP132-370	APFC370X	370	165	255				
		APFC390X				X E280P SL	385	280	330
		APFC390				X E280D	375	280	330
						X E320D	415	320	380
	SP152-440	APFC440X	440	275	380				
						X E360D	450	360	430
						X E300B	500	300	370
	SP151-590	APFC590	590	420	570				
	SP153-590N	APFC590Y	590	310	410	XE360B	590	360	430
	SP154-590		590	360	465				
	RP153-780	APFC780Y	780	440	560	XE450B	780	450	550
						XE450T	780	450	550
	RP153-980		980	600	750	XE550M	980	550	700
	SP153-1180	APFC1180Y	1180	835	1225				
	SP151-1350H(V)		1350	1000	–	22MnB5	1300	1000	1250

첨부판
재질 변환표 및 고장력 강판 (HSS) 작업 방법 : 일반 설명

J87

1.2. 열간 압연강

| | NES specification |||| Renault specification ||||
| | NISSAN | RSM | 기계적 특성 ||| RENAULT | 기계적 특성 |||
			최소 인장 강도	최소 항복 강도점	최대 항복 강도점		최소 인장 강도	최소 항복 강도점	최대 항복 강도점
열간 압연 강판	SP211	SS330	330	205	–	H ES	320	220	280
	SP212	SS400	400	245	–				
	SP221	SPHC	270	185	305				
	SP222	SPHD	270	175	285	H C	280	170	330
	SP223	SPHE	270	155	255				
열간 압연 고장력 강판	SP231-370	APFH370	370	215	335	H E280M	370	280	340
						H E320D	410	320	385
	SP231-440	APFH440	440	275	390				
						H E320M	450	320	380
						H E360D	445	360	435
	SP251-540	APFH540	540	420	560	H E400M	540	400	485
	SP252-540	APFH540X	540	365	500				
	RP253-590N	APFH590Y	590	330	480				
	RP254-590	APFH590D	590	420	550	H E450M	560	450	530
						H E620M	750	620	720
						H E450T	780	450	600
						H E660M	830	680	830

첨부판
재질 변환표 및 고장력 강판 (HSS) 작업 방법 : 일반 설명

1.3. 냉간 및 열간 압연 코팅강

	NES specification					Renault specification			
	NISSAN	RSM	기계적 특성			RENAULT	기계적 특성		
			최소 인장 강도	최소 항복 강도점	최대 항복 강도점		최소 인장 강도	최소 항복 강도점	최대 항복 강도점
냉간 압연 코팅강						X C	280	160	240
	SP789	SGACG 45/45	270	175	295	X E	300	180	230
	SP781	SGACC 45/45	270	125	215	X ES	280	160	200
	SP782	SGACD 45/45	270	120	195	X SES	270	140	180
	SP783	SGACE 45/45	270	110	175				
	SP784	SGACE(E) 45/45	260	100	175				
	SP785	SGACT 45/45	270	125	215	X E BH	300	180	230
냉간 압연 고장력 강판 코팅강	SP7811-340	SGAC340 45/45	340	205	305	X E235P	355	235	275
	SP782-340	SGAC340X 45/45	340	165	255	X E220P	340	220	260
	SP785-340		340	185	285	X E220 BH	340	220	260
	SP781-390	SGAC390 45/45	390	245	355	X E260P	370	260	310
	SP782-390	SGAC390X 45/45	390	205	305				
						X E260 BH	370	260	310
						X E280P SL	385	280	330
						X E280D	375	280	330
						X E320D	415	320	380
	SP781-440	SGAC440 45/45	440	280	390				
	SP782-440	SGAC440X 45/45	–	–	–				
						X E360D	450	360	430
						X E300B	500	300	370
	RP783-590N	SGAC590Y 45/45	590	310	410	X E360B	590	360	430
	RP783-780		780	440	560	X E450B	780	450	550
						XE450T	780	450	550
	RP783-980		980	600	750	XE550B	980	550	700
열간 압연 코팅강						H ES	320	220	280
	SP791	SGHC 45/45	270	195	315				
	SP792	SGHD 45/45	270	185	295	H C	280	170	330
	SP793	SGHE 45/45	270	165	265				
	SP791-370	SGAH370 45/45	370	225	345	H E280M	370	280	340
						H E320D	410	320	385
	RP791-440	SGAH440 45/45	440	280	390	H E320M	450	320	380
						H E360D	445	360	435
						H E400M	540	400	485
						H E450M	560	450	530
						H E620M	750	620	720
						H E450T	780	450	600
						H E660M	830	680	830
						H E830M	950	830	950
						22MnB5 AlSi	1300	1000	1250

첨부판
재질 변환표 및 고장력 강판 (HSS) 작업 방법 : 일반 설명

J87

1.4. 아웃터 패널용 냉간 압연 및 코팅강

		NES specification				Renault specification			
				기계적 특성				기계적 특성	
	NISSAN	RSM	최소 인장 강도	최소 항복 강도점	최대 항복 강도점	RENAULT	최소 인장 강도	최소 항복 강도점	최대 항복 강도점
냉간 압연 강판	SP121	SPCC	270	125	215	Z ES	280	160	200
	SP122	SPCD	270	120	195	Z SES	270	140	180
	SP123	SPCE	270	110	175				
	SP125	SPCT	270	125	215	Z E BH	300	180	230
						Z E	300	180	230
연강 코팅강	SP781	SGACC 45/45	270	125	215	Z ES	280	160	200
	SP782	SGACD 45/45	270	120	195	Z SES	270	140	180
	SP783	SGACE 45/45	270	110	175				
	SP785	SGACT 45/45	270	125	215	Z E BH	300	180	230
고장력 코팅강						Z E220P	340	220	260
	SP785-340	SGAC340T 45/45	340	185	285	Z E220 BH	340	220	260
						Z E235P	355	235	275

첨부판
재질 변환표 및 고장력 강판 (HSS) 작업 방법 : 일반 설명

고장력 강판 (High Strength Steel) 의 작업 방법

참고 :
고장력 강판 (HSS) 을 수리하고자 할 때 다음의 사항들을 숙지한 후 작업하도록 한다 .

1 - 고려되어야 할 사항

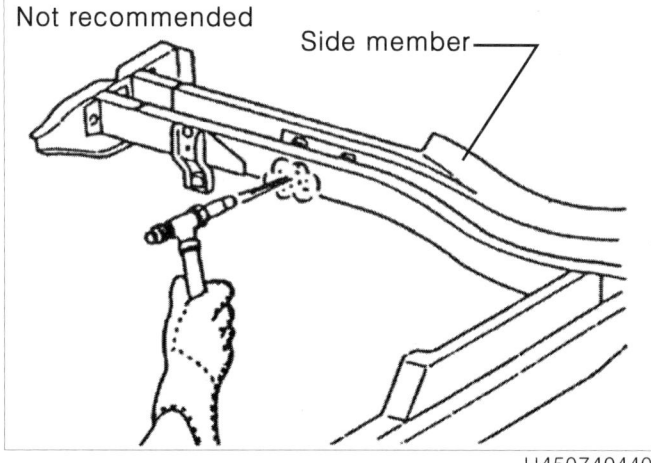

- 열을 가하며 작업하는 리인포스먼트 (예를들어 사이드 멤버류) 의 수리는 부품을 약화시키기 때문에 가능하면 피해야한다 .
불가피하게 열에 의한 수리를 하고자 할 때 고장력 강판 (HSS) 에 550°가 넘는 열을 가하지 않아야 한다 .
온도계를 준비한 뒤 , 열 온도를 다양하게 하여 작업을 한다 (Crayon 타입이나 다른 유사한 타입의 온도계가 적합하다).

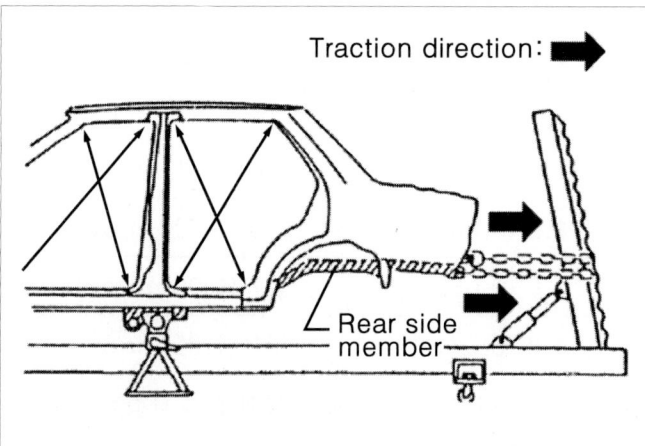

- 고장력 강판 (HSS) 을 펴고자 할 때 주의하여 작업을 하라 .
고장력 강판 (HSS) 은 매우 강하기 때문에 패널을 펴는 것은 인접한 부위의 패널을 변형시킬 수 있다 .

이러한 경우에 측정 포인트의 수를 증가시키고 , 고장력 강판 (HSS) 을 조심스럽게 잡아당긴다 .

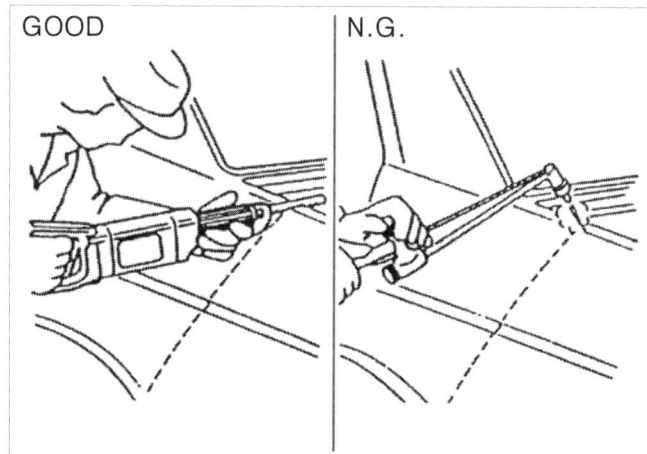

- 고장력 강판 (HSS) 을 커팅할 때 가능하다면 가스 커팅을 피해야 한다 .
대신 열에 의한 주위의 손상을 피하기 위하여 톱을 사용한다 .
만약 가스 커팅이 불가피하다면 최소 50mm 의 여유를 확보한다 .

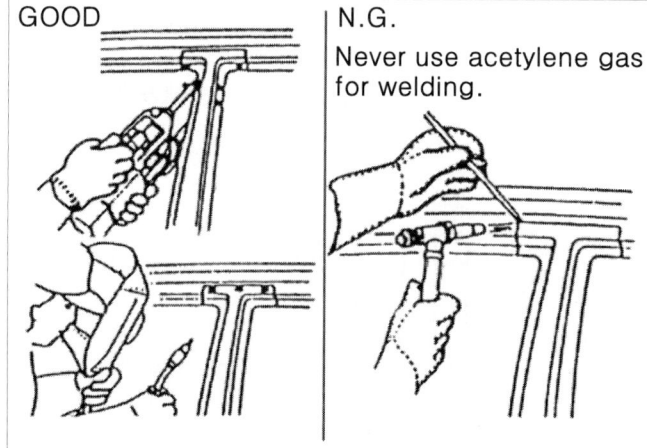

- 고장력 강판 (HSS) 을 용접할 때 , 열에 의한 인접 부위의 손상을 최소화 하려면 가능한 스포트 용접을 한다 .
가스 용접은 용접 강도가 낮기 때문에 만약 스포트 용접이 불가능하다면 MIG 용접을 한다 .

첨부판
재질 변환표 및 고장력 강판 (HSS) 작업 방법 : 일반 설명

J87

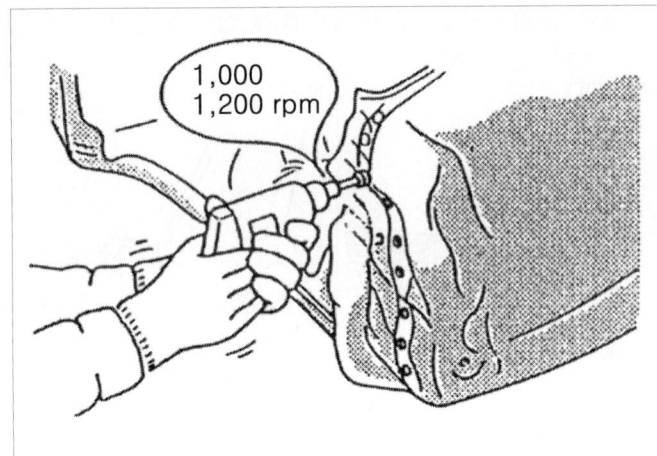

고장력 강판 (HSS) 에서의 스포트 용접은 일반 강판에서의 스포트 용접보다 더 강하다.
따라서 고장력 강판 (HSS) 에서의 스포트 용접을 커팅할 때 작업을 용이하게 하고, 드릴의 내구성을 높이기 위해 낮은 속도의 높은 토크 (1,000~1,200rpm) 의 드릴을 사용한다.

2 - 고장력 강판 (HSS) 스포트 용접시 주의사항

참고 :
이 작업은 일반적인 작업 상태에서 행해져야 한다.

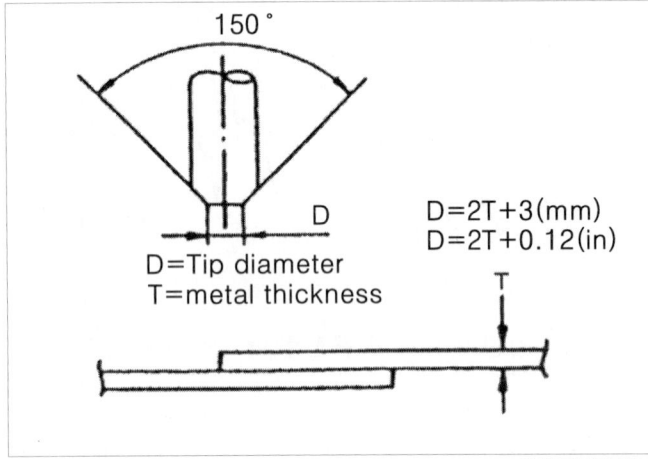

전극봉 끝의 지름은 금속 두께에 따라서 적합한 크기이어야 한다.

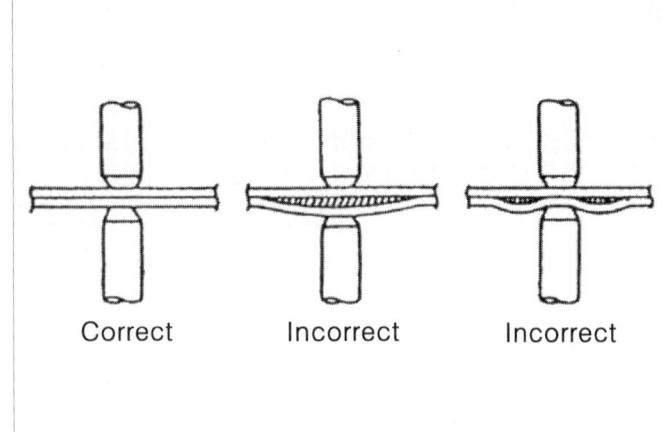

패널 표면은 서로 동일한 평면에 맞추어야 하며 틈이 없어야 한다.

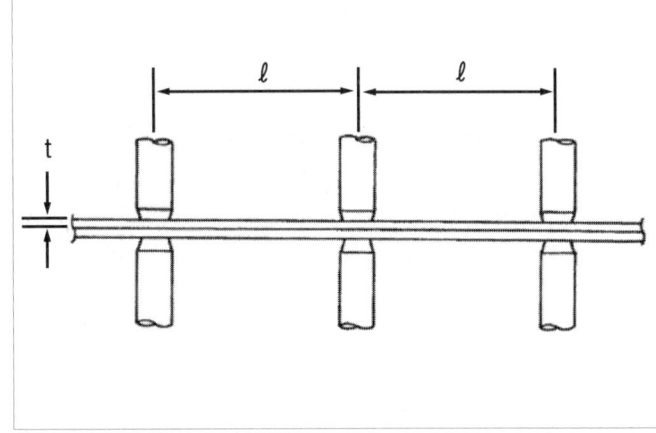

Thickness (t)	Minimum pitch (ℓ)
0.6 (0.024)	10 (0.39) or over
0.8 (0.031)	12 (0.47) or over
1.0 (0.039)	18 (0.71) or over
1.2 (0.047)	20 (0.79) or over
1.6 (0.063)	27 (1.06) or over
1.8 (0.071)	31 (1.22) or over

적합한 용접 피치를 위해 다음의 상세사항을 따라 작업을 하도록 한다.

첨부판
재질 변환표 및 고장력 강판 (HSS) 작업 방법 : 일반 설명

| J87 |

교체 작업

설명

- 본 페이지에서는 사고차량을 수리하는데 많은 경험과 기술을 가지고 있으며, 최신 서비스 도구와 설비를 사용하고 있는 기술자를 위해 기술되었다.

Symbol marks		Description	
●		2-spot welds	
◉		3-spot welds	
■		MIG plug weld	For 3 panels plug weld method
			■ A
			■ B
ᗰ		MIG seam weld / Point weld	

첨부판
재질 변환표 및 고장력 강판 (HSS) 작업 방법 : 일반 설명

J87

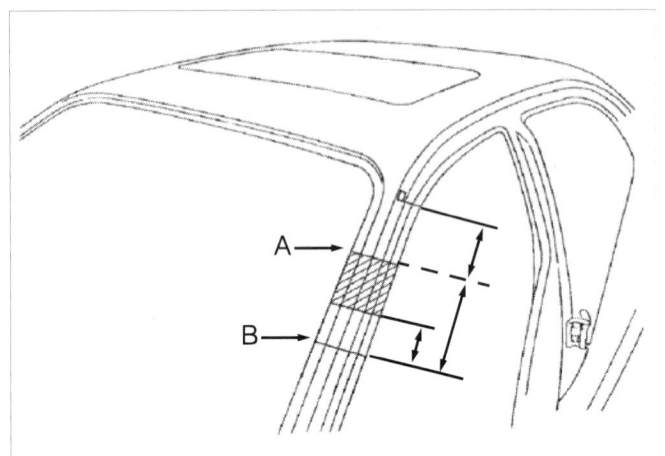

H450740449

❏ 프론트 필러의 맞대기 용접은 그림에서와 같이 보여지는 것처럼 빗금친 부위 내에서 행해져야 한다.

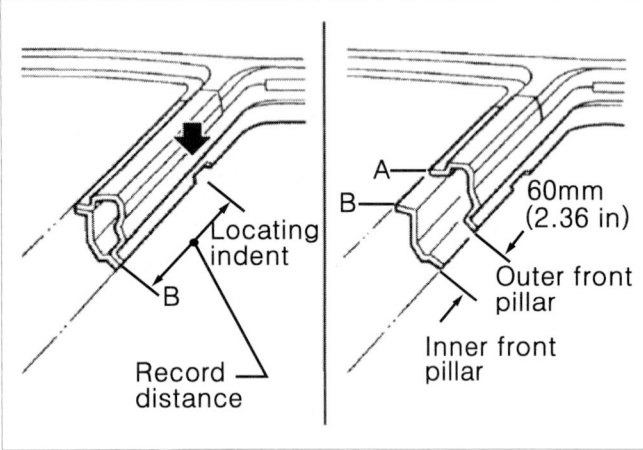

H450740450

❏ 로케이팅 인덴트로부터 커팅 위치와 레코드 위치를 결정하고 서비스 부품을 커팅할 때 이 거리를 사용한다.
이너프론트 필러 커팅 위치에서 60mm 이상 떨어진 곳에서 아웃터 프론트 필러를 커팅한다.

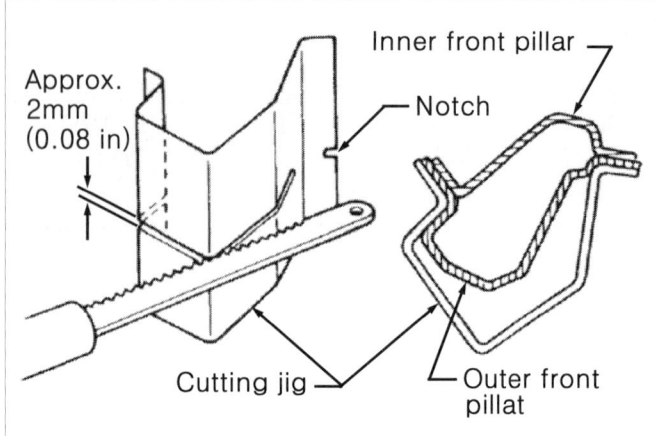

H450740451

❏ 아웃터 필러를 더 쉽게 커팅하기 위해서 커팅 지그를 준비해라.
이것은 조인트 결합 상태에서 서비스 부품을 정확하게 커팅하게 만든다.

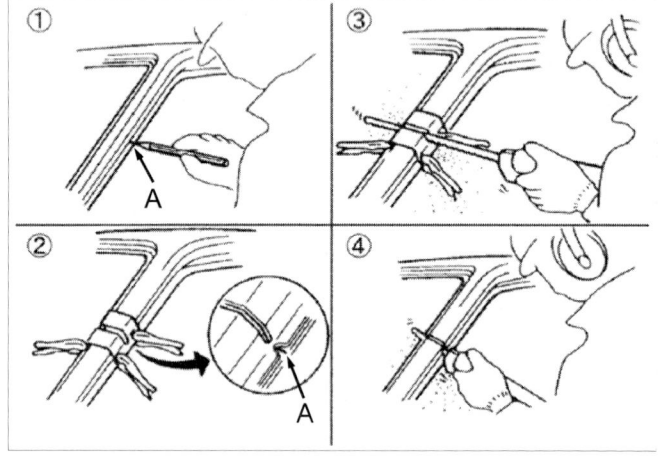

H450740452

❏ 다음은 커팅 지그를 이용하여 커팅 작업을 하는 예이다.

1. 커팅 라인에 마킹을 한다.

   A: 아웃터 필러의 커팅 위치.

2. 지그 위의 노치에 커팅 라인을 정렬한다.

3. 지그의 홈을 따라서 아웃터 필러를 커팅한다.

4. 지그를 제거하고 남아있는 부분을 커팅한다.

5. 같은 방법으로 위치 B 에 있는 이너 필러를 커팅한다.

첨부판
바디 얼라이먼트 : 일반 설명

J87

엔진룸

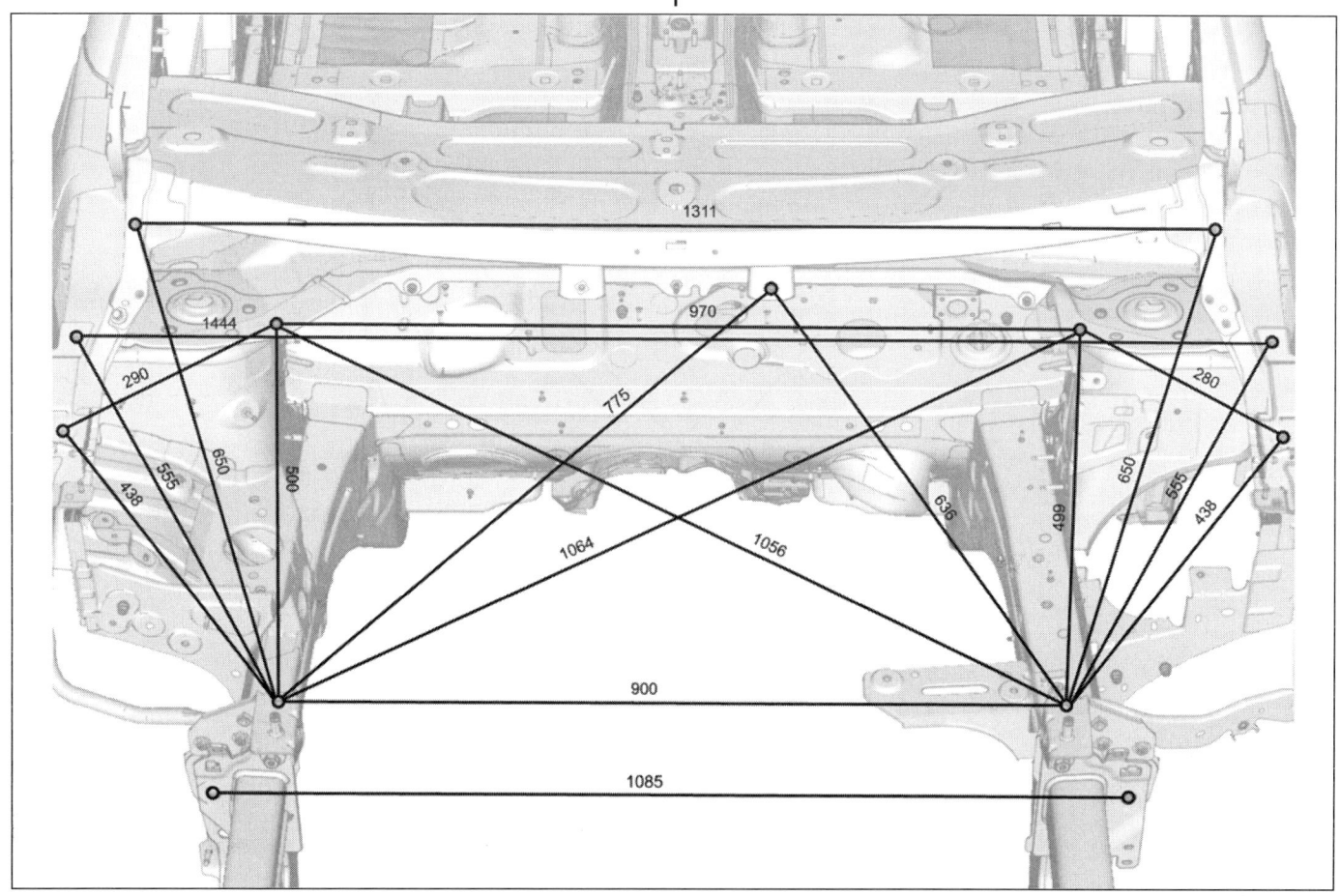

2-1

첨부판
바디 얼라이먼트 : 일반 설명

2

J87

엔진룸 언더

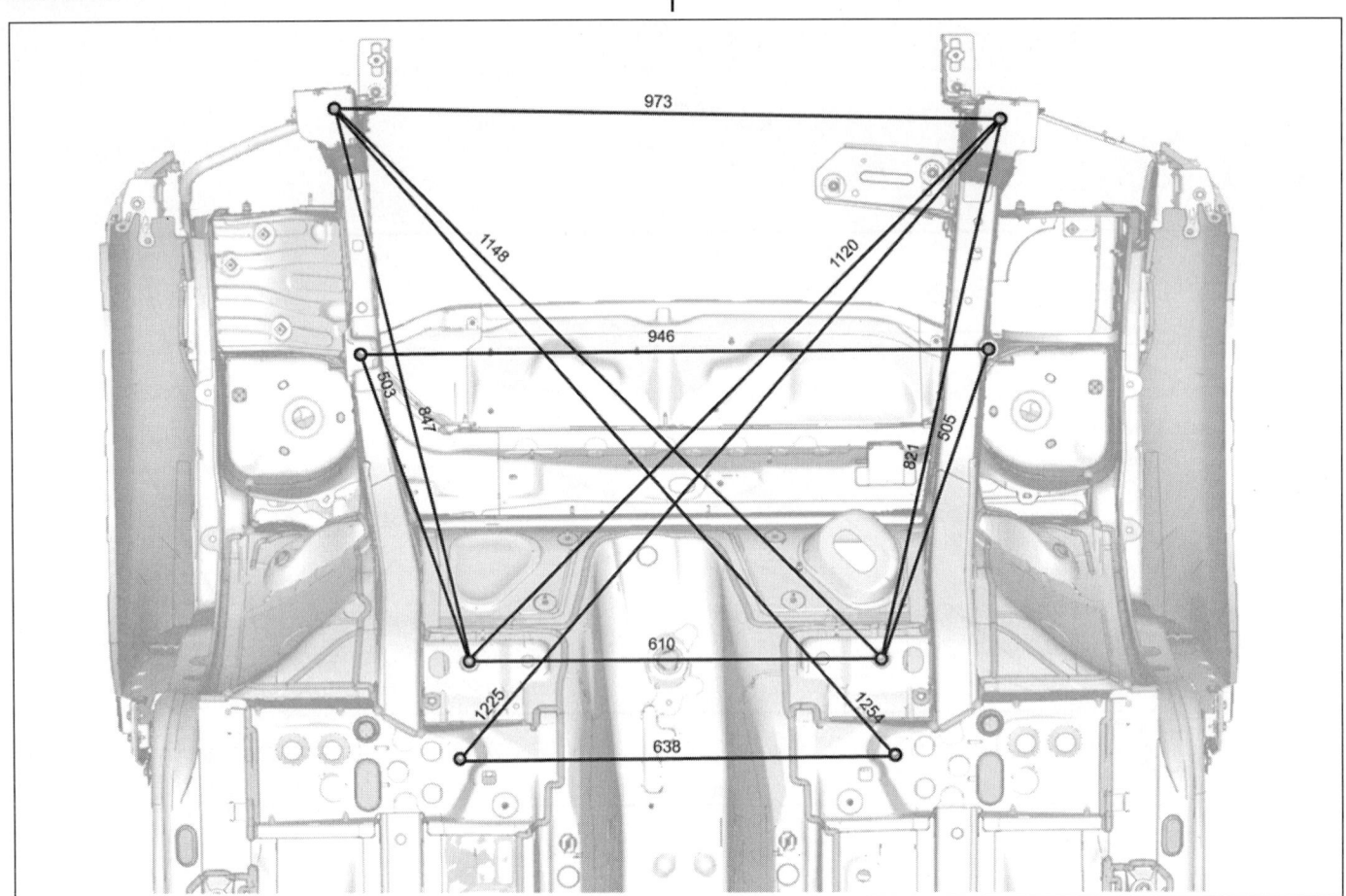

첨부판
바디 얼라이먼트 : 일반 설명

| J87 |

리어 플로어 언더

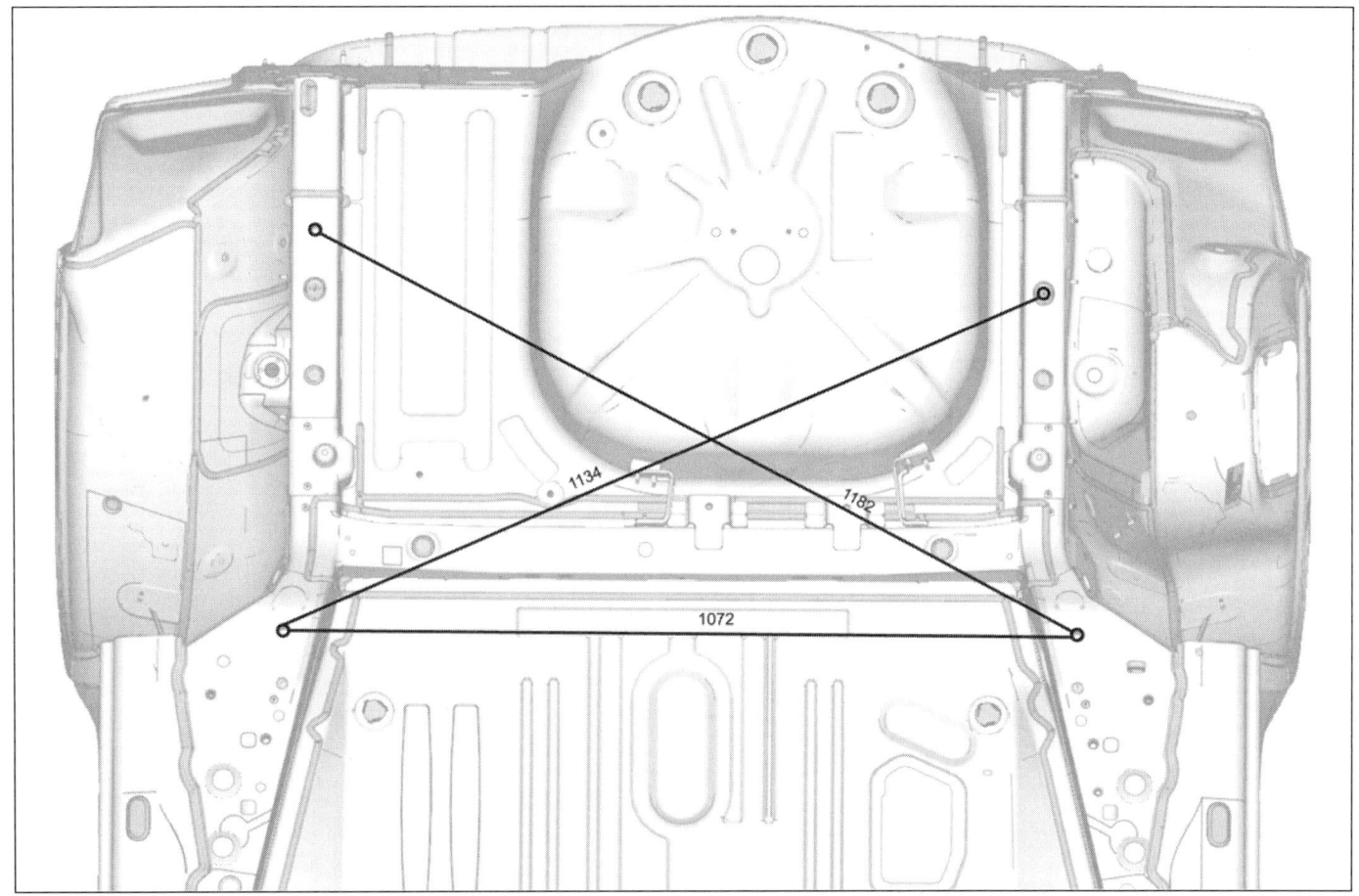

첨부판
바디 얼라이먼트 : 일반 설명

| J87 |

프론트 사이드 바디

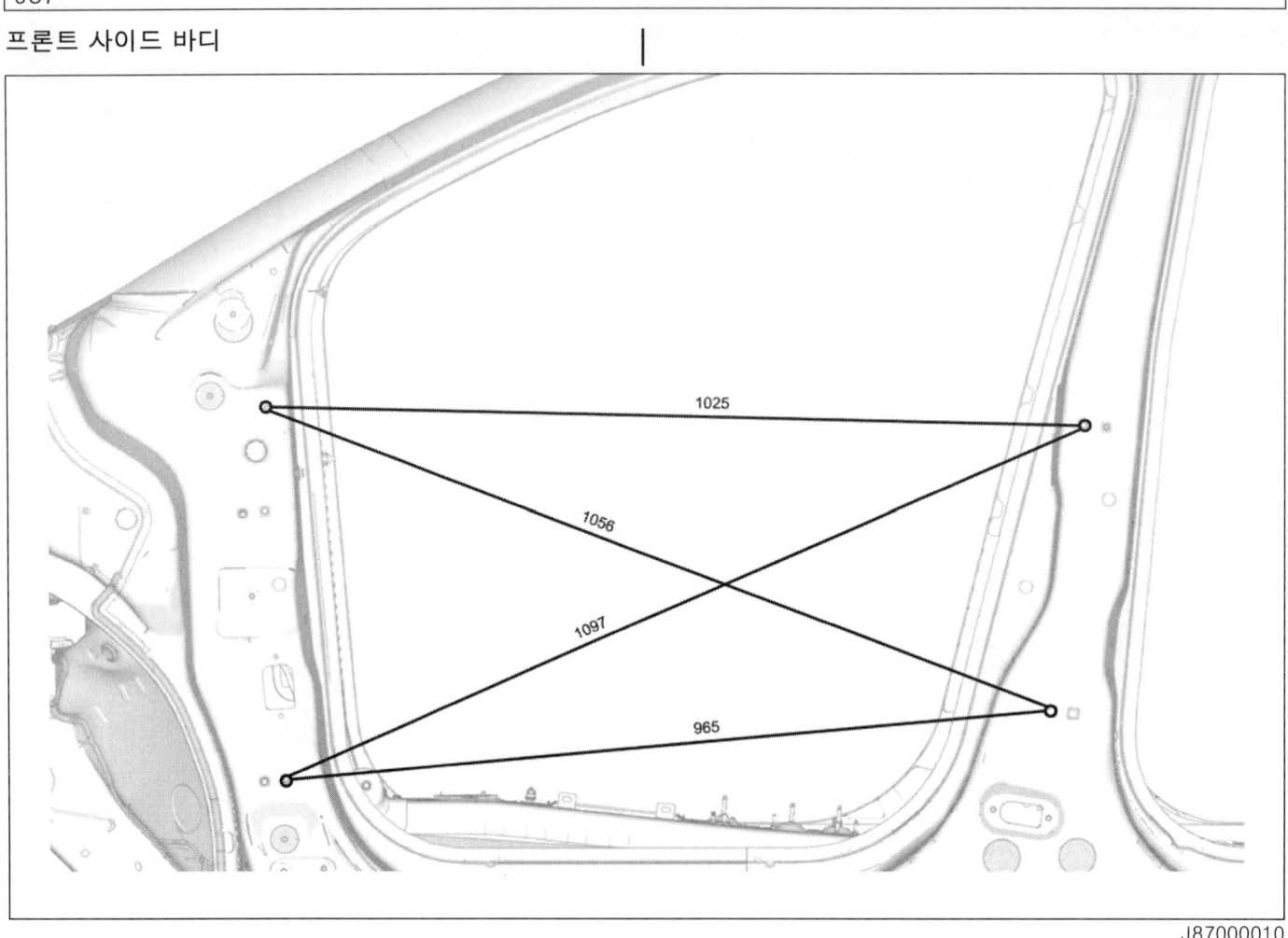

J87000010

첨부판
바디 얼라이먼트 : 일반 설명

J87

리어 사이드 바디

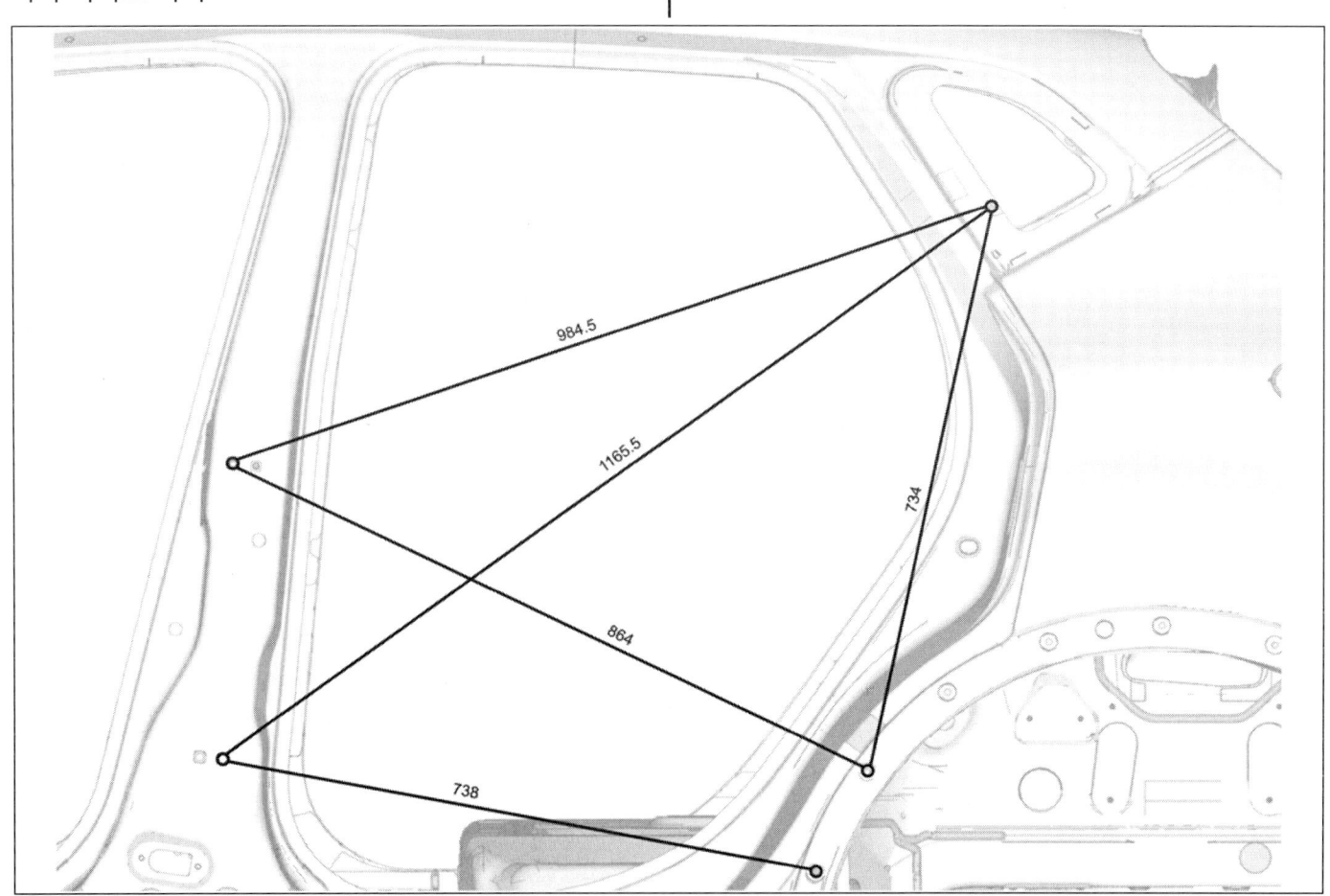

첨부판
바디 얼라이먼트 : 일반 설명

J87

윈드 쉴드

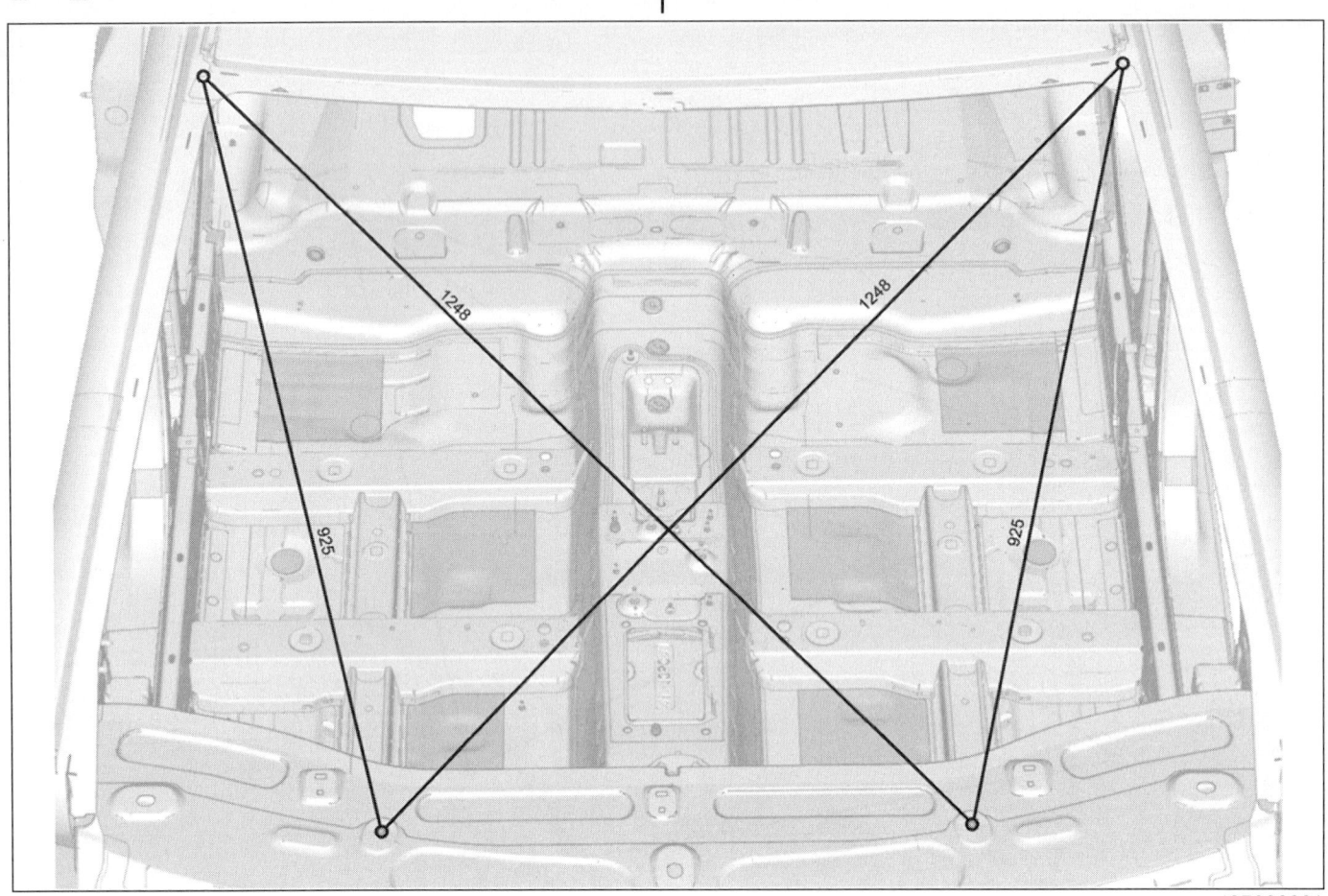

첨부판
바디 얼라이먼트 : 일반 설명

J87

리어 - 1

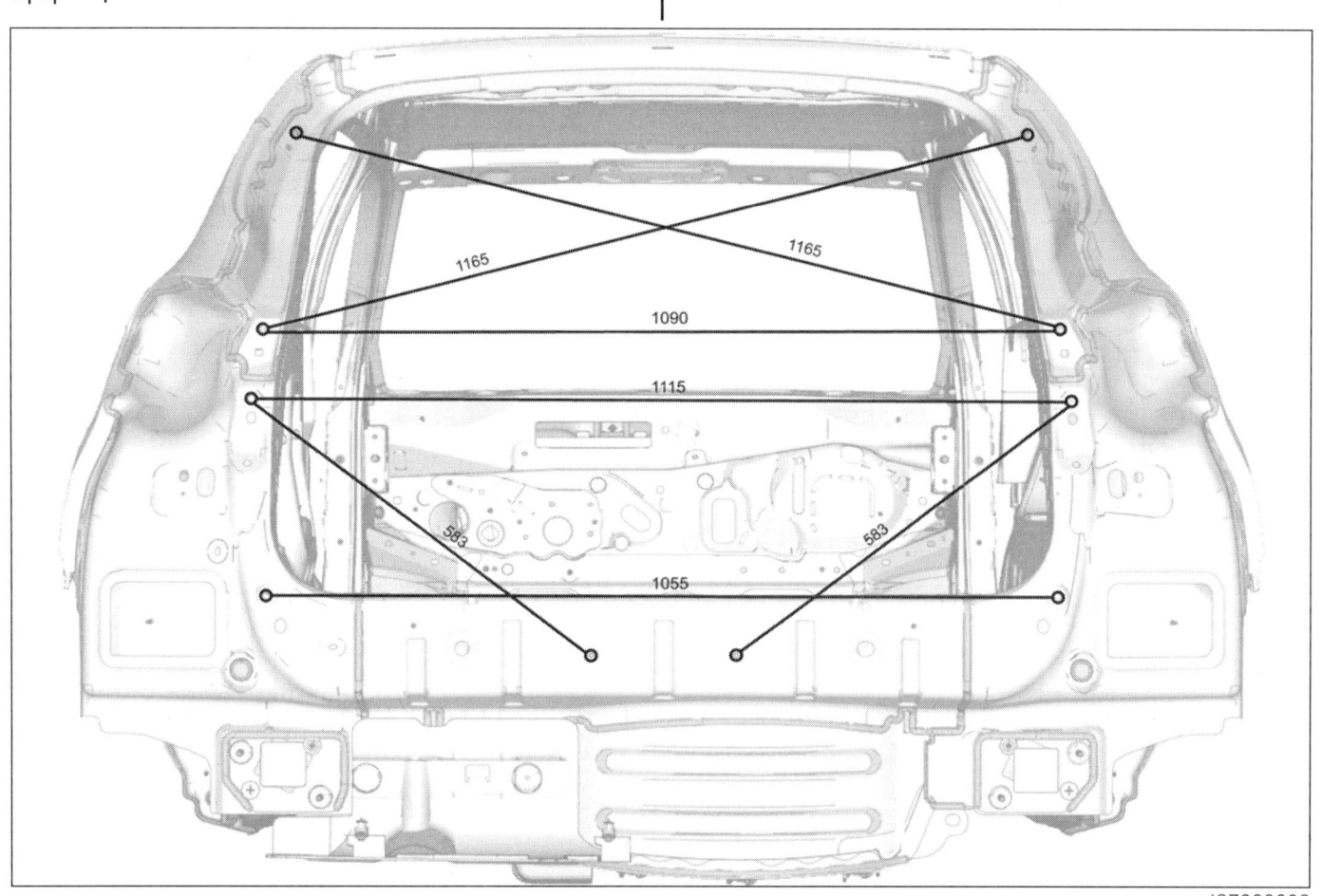

첨부판
바디 얼라이먼트 : 일반 설명

J87

리어 - 2

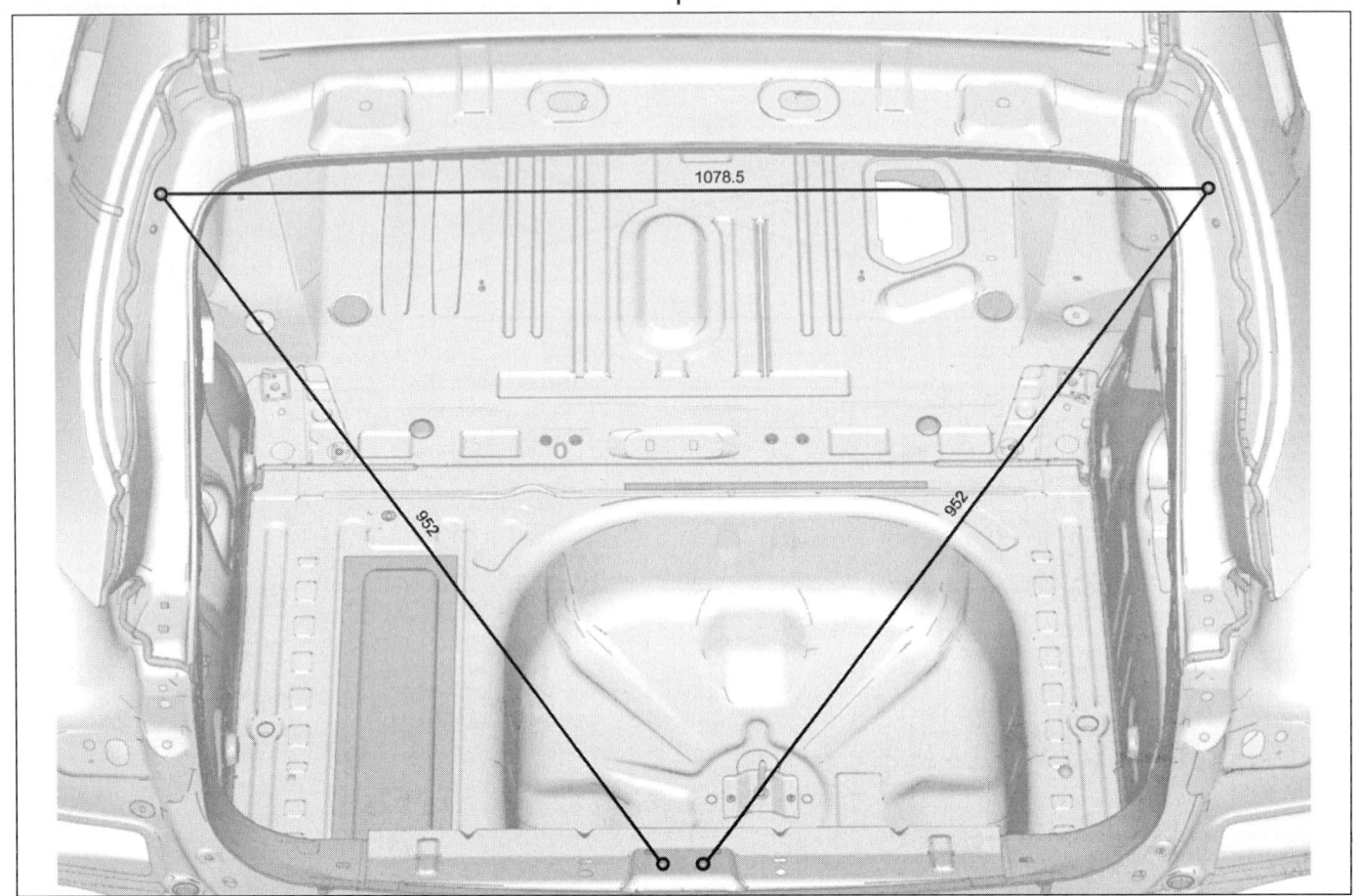

J87000002

첨부판
바디 얼라이먼트 : 일반 설명

J87

내부 - 1

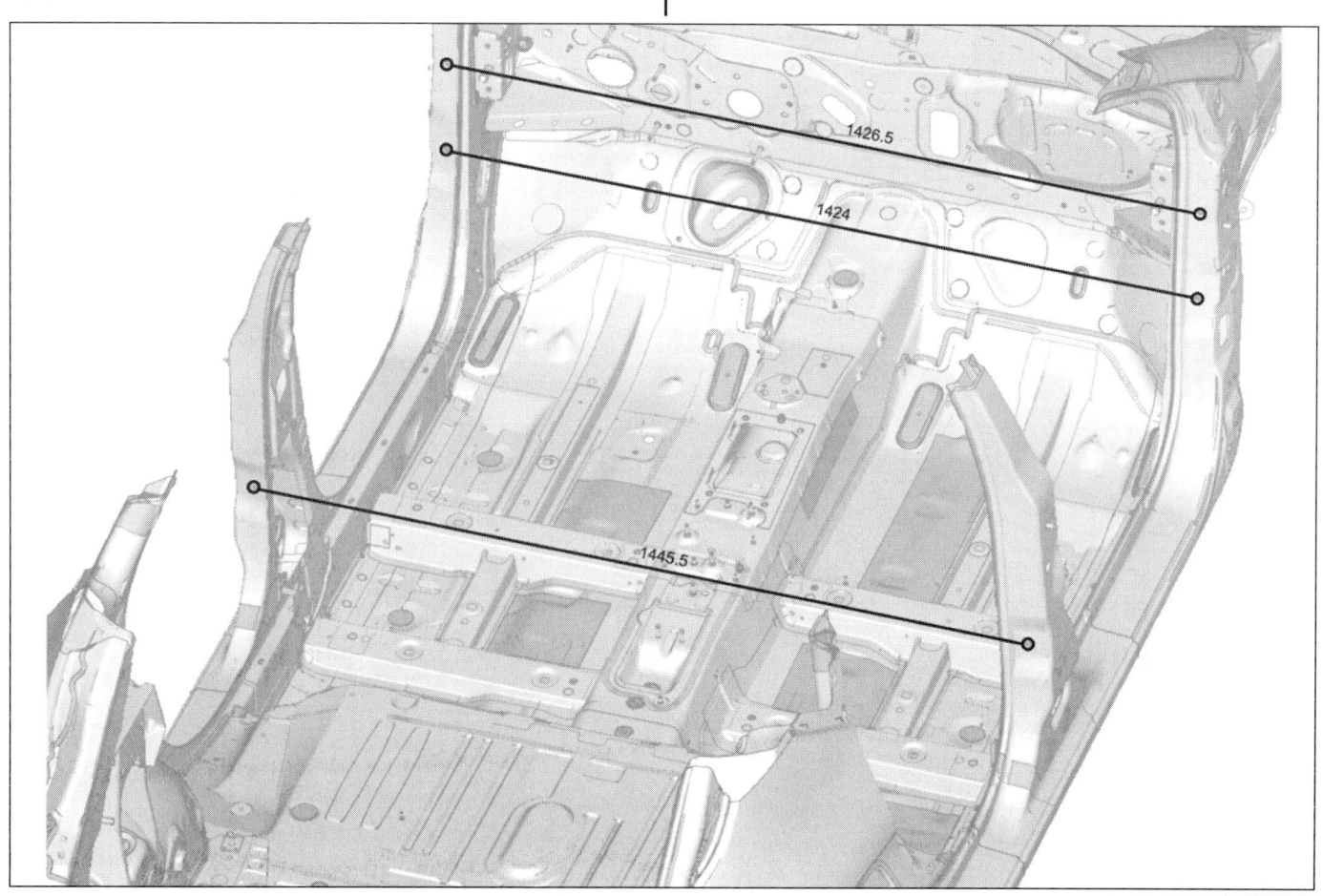

첨부판
바디 얼라이먼트 : 일반 설명

J87

내부 - 2

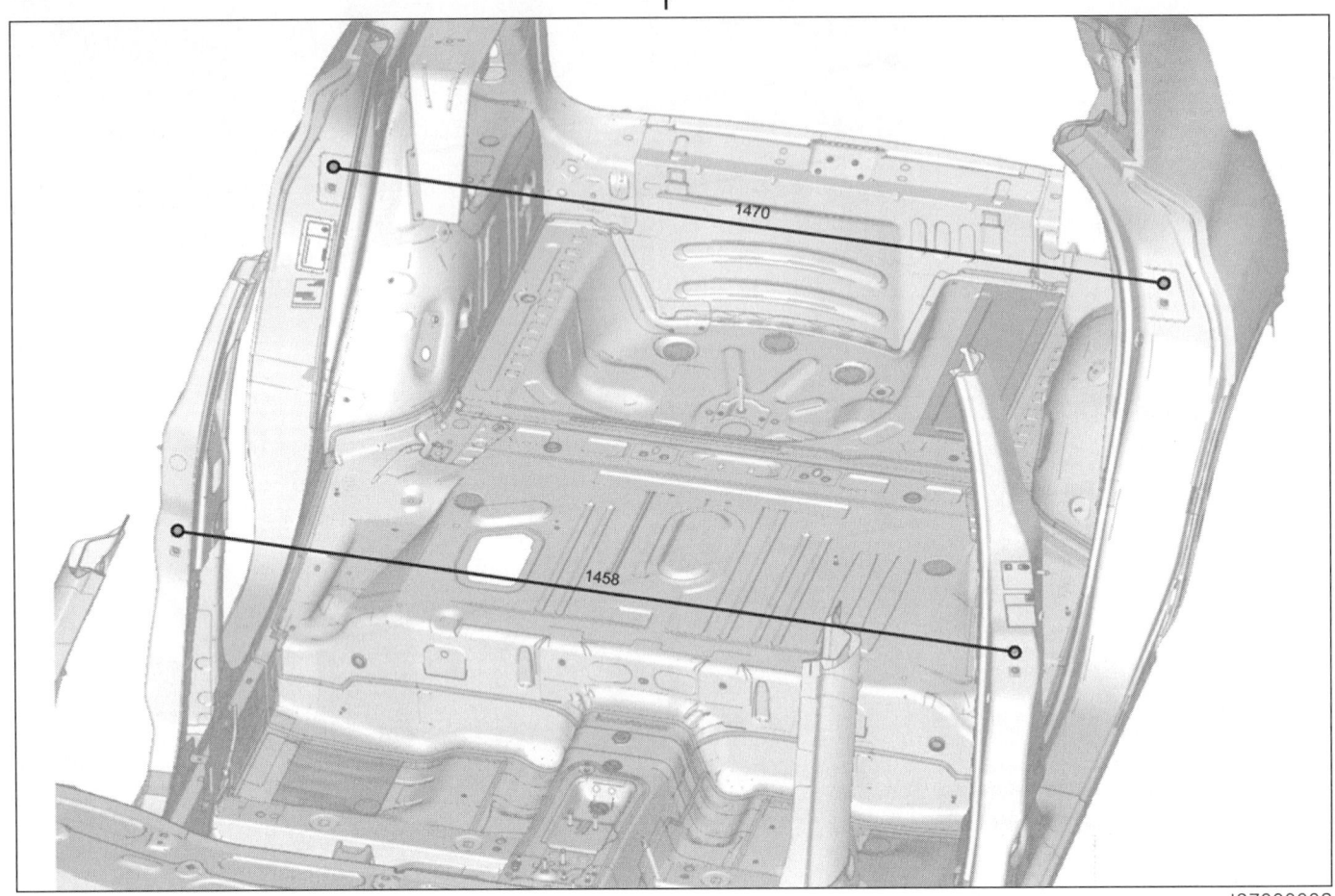

첨부판
바디 얼라이먼트 : 일반 설명

J87

내부 사이드

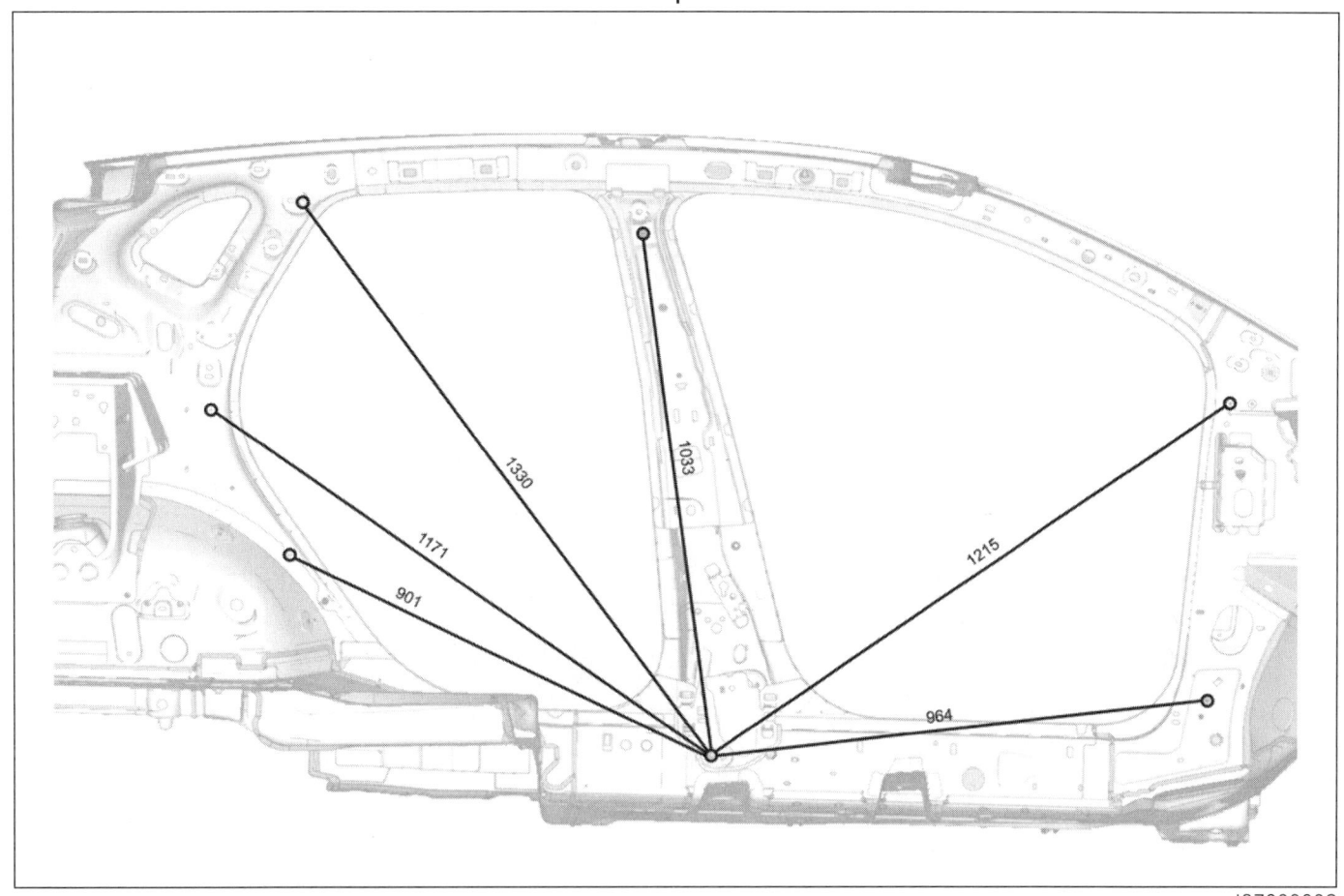

언더바디 스펙은 40A, 서브 프레임 매뉴얼 내용 참조
할 것.

첨부판
바디 실링 : 설명

4

| J87 |

- 바디 실링

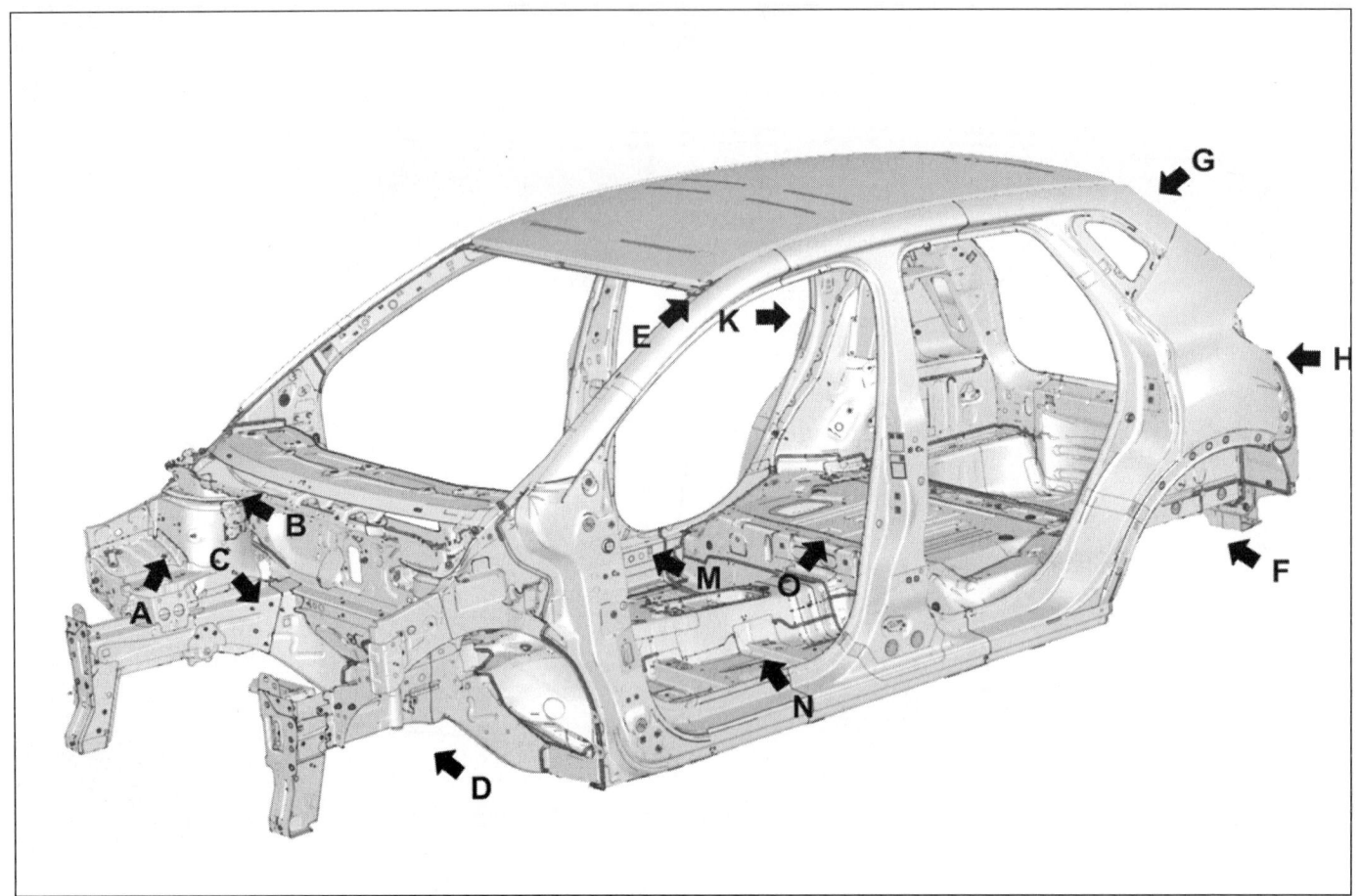

J87000024

- 바디 실링의 목적

1) 부식 방지

2) 외부의 소음 감소

3) 수분의 실내 침투 방지 및 수분에 의한 부식 방지

위의 목적을 위하여 판금 작업 후 반드시 해당부위엔 실링 작업을 실시한다.

작업 시 패널 사이의 갭은 확실히 메우도록 한다.

첨부판
바디 실링 : 설명

J87

—— 표시는 실링 도포부위를 나타낸다.

A view

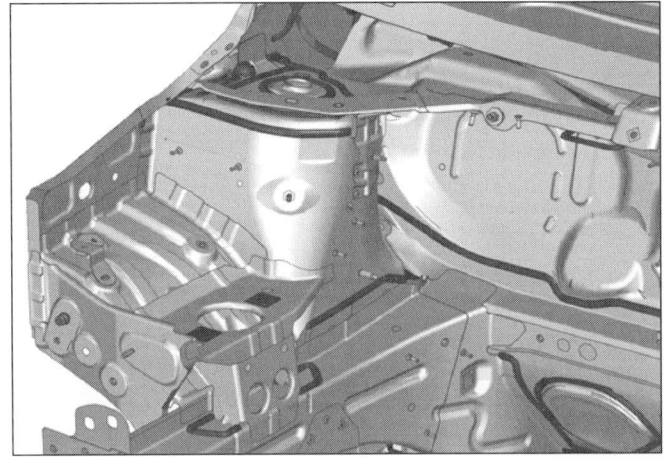
J87000012

B view

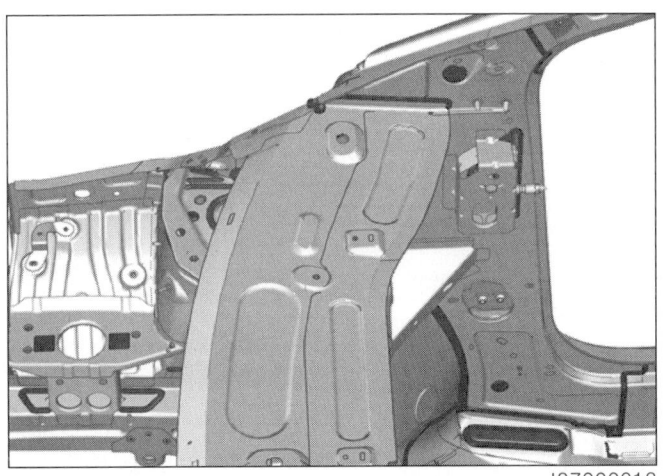
J87000013

C view

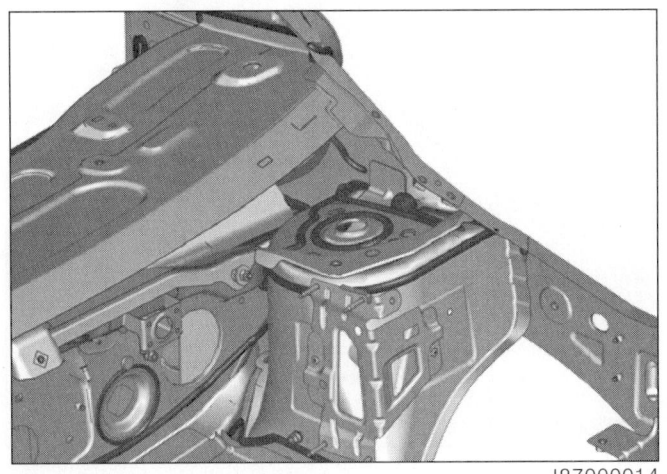
J87000014

D view

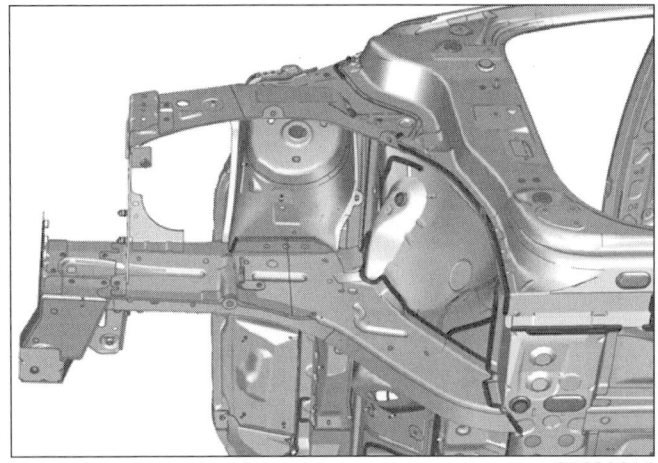
J87000015

E view

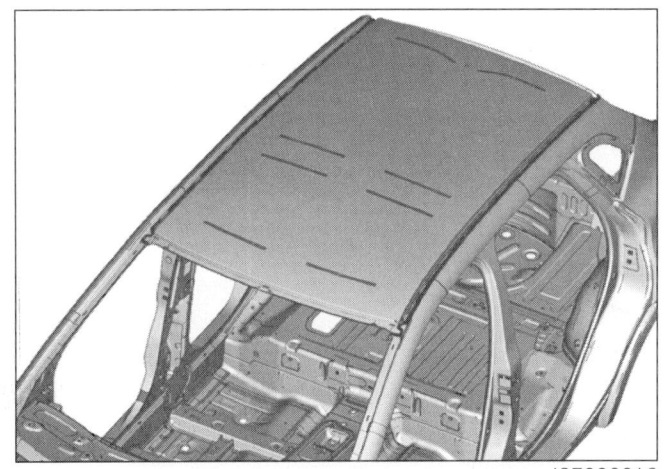
J87000016

F view

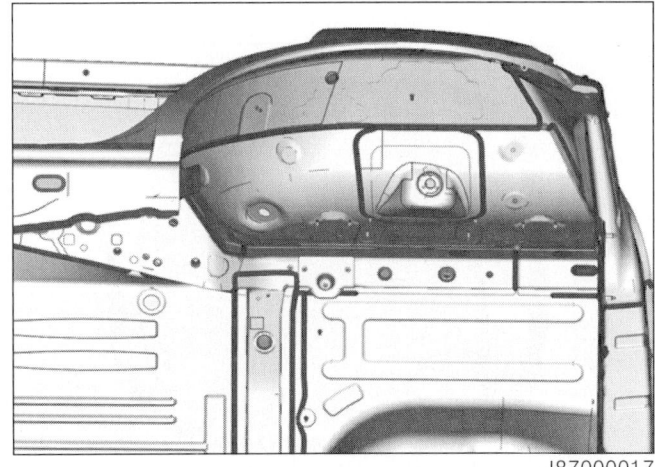
J87000017

첨부판
바디 실링 : 설명

J87

G view

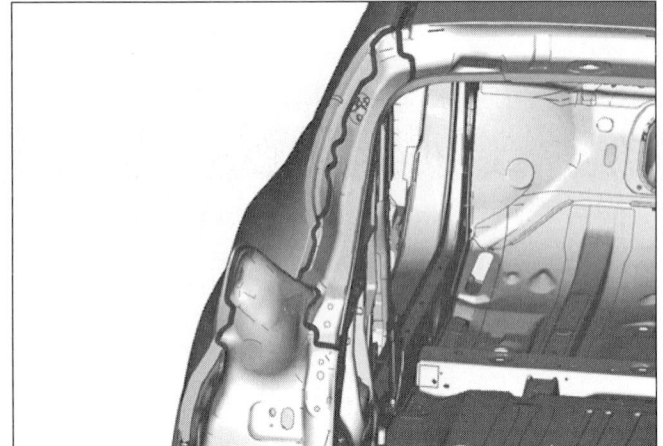

J87000018

H view

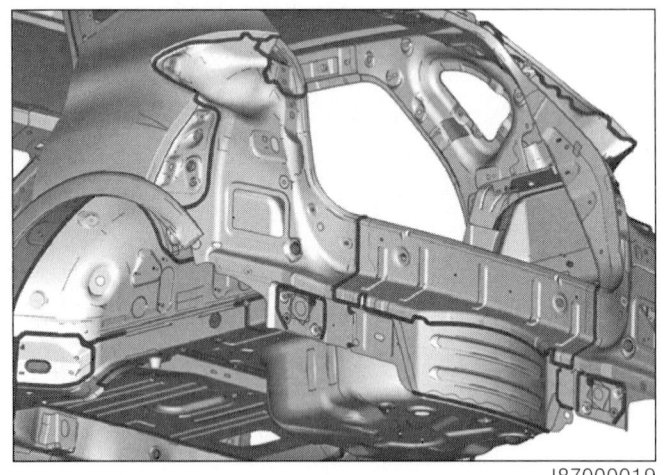

J87000019

K view

J87000020

M view

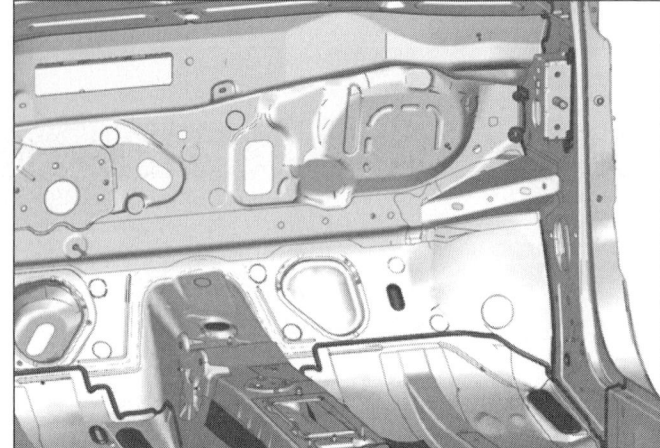

J87000021

N view

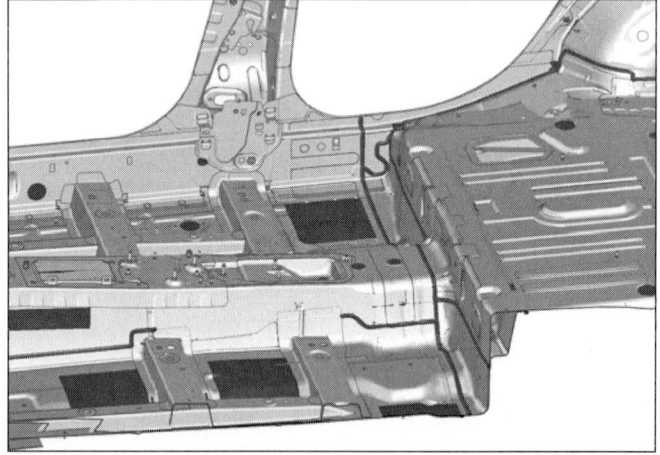

J87000022

O view

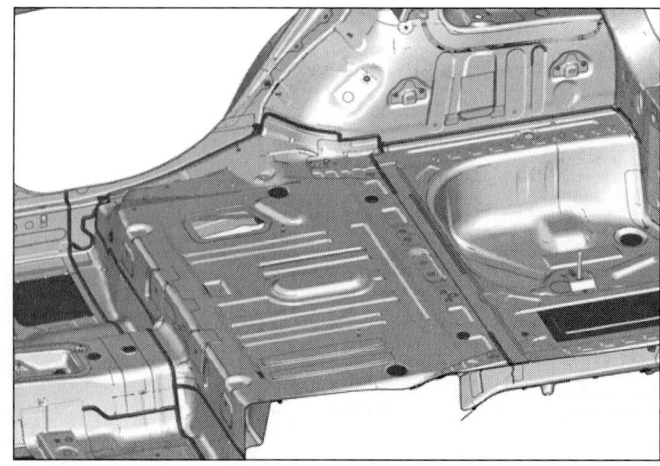

J87000023

르노삼성자동차 도서목록

※ 참고 : 아래 정가는 원자재의 상승 등으로 변동될 수 있음, 또한 절판된 매뉴얼은 주문 제작도 가능함

차 종	도 서 명	정 가
SM5 서비스 매뉴얼	엔 진	15,000
	섀 시	16,000
	전 장	14,000
	LPG	25,000
	전기배선도	28,000
	가솔린편(보충판 I)	16,000
	보충판(II : KLEV)	9,700
	보충판(III : NPQ)	10,500
	New LPG	43,000
	보충판(I : DF M1G/LPG)	28,000
	배선도북(DF)	19,000
SM3 서비스 매뉴얼	엔진·전장	17,000
	섀 시	15,500
	보충판(I : KGN-E)	9,500
	보충판(II : QG16)	23,000
	보충판(III : CF QG15/16)	32,500
뉴 SM3 서비스 매뉴얼	리페어매뉴얼(MR445)	40,000
	바디리페어매뉴얼(MR446)	25,000
	오버홀매뉴얼 H4M엔진(TN6049E) / JH3TM(TN6029A)	11,500
	SM3_M4R 리페어매뉴얼(MR445/바디리페어매뉴얼(MR446)	14,000
QM3 리페어 매뉴얼 (2013년판)	리페어(MR469)	28,000
	바디리페어(MR470)	11,000
	오버홀 K9K 엔진(TN6006A)	5,000
SM7 서비스 매뉴얼	엔 진	30,000
	섀 시	39,000
	전장회로도(I편)	35,000
	전장회로도(II편)	35,000
	보충판(I : KOBD)	13,000
	보충판(I : LF 엔진, 섀시,전장)	12,500
	배선도북(LF)	21,000
SM7 서비스 매뉴얼 (2011년판)	리페어(MR433)	51,000
	바디리페어(MR434)	19,000

차 종	도 서 명	정 가
SM5 서비스 매뉴얼 (2010년판)	리페어매뉴얼(MR436)	37,000
	바디리페어매뉴얼(MR437)	19,500
	바디리페어매뉴얼(TN6020A)	7,500
QM5 리페어 매뉴얼	정비 I (MR420)	41,000
	정비 II (MR420)	42,000
	정비 (MR421)	25,000

♣ 전화 「(02) 713-4135」로 주문(책명, 수령자의 주소, 성명, 전화번호, 송금은행)하십시오.

♣ 송료는 수신자 부담입니다.

은 행 명	계좌번호	예 금 주
농 협	065 - 12 - 078080	김 길 현
우 체 국	012021 - 02 - 023279	골 든 벨

제 목 :	**QM3** 바디리페어매뉴얼(MR470)
발행일자 :	2016년 3월 25일 발 행
저 자 :	르노삼성자동차(주) 서비스&부품 엔지니어링팀
발 행 인 :	김 길 현
발 행 처 :	도서출판 골든벨
	서울시 용산구 원효로 245(원효로 1가 53-1)
	◆ http : // www.gbbook.co.kr
	◆ E-mail : 7134135@naver.com
등 록 :	제 3-132호(1987. 12. 11)
대표전화 :	02) 713-4135
F A X :	02) 718-5510
정 가 :	11,000원
PUB NO:	BRHK1312 - R1
I S B N :	979-11-5806-102-9

※ 본 책에서 저자 및 발행처의 동의없이 내용의 일부 또는 도해를 무단복제할 경우 저작권법에 저촉됩니다.